河合塾
SERIES

名問の森
物理
力学・熱・波動Ⅰ
四訂版

河合塾講師 浜島清利［著］

河合出版

なぜ「名問」の「森」なのか

物理の実力を伸ばすには…何より基本を大切にすることです。そして，いろいろな問題に出会って理解を深めていくことです。この本は，すでに基本を身につけ，標準問題までは終えていて，高度な入試問題で腕を磨きたい人を対象にしています。

ただ，入試問題は数限りなくあります。一方，皆さんの時間は限られています。そこで，できるだけ **良い問題に取り組みたい** のです。良問とは，理解を深め，視野を広げてくれるもので，それ1題で何題分もの大きな効果をもたらしてくれるものです。また，「こんな見方もあったのか！」とか，一見複雑に見える状況が，快刀乱麻を断つがごとく解決されて，感動を覚えるものです。

この問題集を作成するに当たって，過去60年間ほどの入試問題を見直してみました。物理というのは古い問題だからといって，内容が古びるとか価値が低くなるといったことはありません。自然法則に変わりはないからです。そこで**入試問題から良問を選りすぐり，さらに思い切って手を加えました。元々が優れた素材なのですから，磨きをかけることによって「名問」と呼ぶにふさわしいもの**になったと思っています。2つの問題を融合させた場合もあります。(北海道大＋九州大) などとしたものがそうです。ただ，名問はしばしばレベルの高い問題にならざるを得ません。本書は上級者用の問題集です。

問題集にとって大切なことの一つは，**解説が分かりやすく，詳しい**ことです。答え合わせで終わっては，せっかく苦労して解いたかいがないと言ってもいいでしょう。考え方の検証をしてほしいのです。自分で用いた方法より良い方法があればどんどん吸収していきましょう。問題を味わうというか，いろいろな角度から眺めることも大切です。そこで**図解や別解を重視**しました。

数多くの名問が，森の如く奥深く広がっています。１本の木，つまり１題ごとに磨きをかけただけでなく，森全体の調和も考えて構成してあります。この森を探索していくうちに，物理のもつ魅力ある風景に出会い，実力は自ずからついていくことでしょう。問題番号順にきちんと進んで行くのもいいですし，「これは」と思う興味を感じた問題から入ってくれてもいいでしょう。気がついたら，森の中全体に及んでいたというふうに…。**冒険に挑む勇気と，散歩を楽しむ心**をもって名問の森を進んでみて下さい。

問題を選ぶに当たって，多くの参考書や問題集を参考にさせていただきました。いちいちは記せませんが，先人達の力のお陰でこの本ができたことをつけ加えておきたいと思います。

この本の使い方

基礎力がしっかりしていない状態でこの本にとりかかるのは無謀としか言いようがありません。まず，「**物理のエッセンス**」(河合出版)などで学力を整え，「**良問の風**」(河合出版)のような標準的な入試問題集を経てから挑んでみて下さい。

① まず，問題文だけを見て解いてみて下さい。

② 次に，**Point & Hint** を読んで，できなかった設問や考え方の誤りが見つかったら解き直してみて下さい。ヒントを上手に活用しましょう。ヒントを見た後でも解ければ，答えを見てから理解するよりずっといいのです。でも，はじめからヒントに頼ってはいけません。

③ **LECTURE** では，講義に近い形をめざし，詳しい解説を心がけました。答え合わせが目的ではありません。考え方をよく検討してみて下さい。答えが合った設問でもいろいろと得るところが多いはずです。

設問ごとのレベル（**Level**）を次のように分けて表示しました。

★★：基本　　★：標準　　★：応用　　★★：難

★★や★で間違えたのなら，繰り返しやり直して必ず解けるようにして下さい。**入試の合否は標準問題で決まる**といっても過言ではないでしょう。標準問題が確実に解けること，それが何より大切です。難関大学をめざす人や物理を得点源にしたい人は★まで（ある程度でいいですから）こなせるようにして下さい。そして，難問にぶつかることによって，物理の面白さを感じたり，基本の理解の浅さを思い知らされることがあるものです。★★にはそのようなものが含まれていますので，いくらかでも吸収していってくれたらと思います。

■ とくに**重要な問題**には問題番号に赤いバック　　をつけました。重要問題だけでもかなりの大学に対処できます。

■ 習った範囲で解けるかどうか，確認できるように，問題にはタイトルをつけています。

■ 大学名は出題時ではなく，現在名で表記しています。大学名のない問題は創作です。とはいえ，いろいろな入試問題を背景にして作っています。

■ **Base** は骨格となる法則や考え方です。本当に大切なことは意外に少ないものです。

■ できる限り基本に立ち戻っての解説を心がけましたが，限られたスペースでは十分に理由が説明しきれないこともあり，その場合は「物理のエッセンス」の参照ページを書いておきました。(☞エッセンス（上）p　）は「力学・波動」編を，（下）は「熱・電磁気・原子」編を指しています。

■ 設問文中，例えば「(1)……の距離 d を求めよ。」とある場合，文字 d は問(2)以下の答えには用いないように。計算式を合わせたいための表示です。

■ 問題の内容をより深めたい場合には，解説の終わりに設問を入れました。それが **Q** です。かなり難しいものが多いですが，挑戦してみて下さい。解答は巻末にあります。

目　次

（重要問題には問題番号に赤色がついています。）

力　学

とくに断らない限り，次のように考えて下さい。

- ♣ 空気の抵抗は無視する。
- ♣ 糸は伸び縮みせず，質量は無視できる。
- ♣ ばねの質量は無視できる。
- ♣ 滑車は滑らかなものとする。
- ♣ 地面，床，天井は水平とする。

熱

♣ 気体は理想気体とする。

波動 I

♣ 波が伝わるときの減衰は無視する。
♣ 空気の(絶対)屈折率は1とする。

力学

1　放物運動

図のように水平方向にx軸，鉛直方向にy軸をとる。時刻 $t=0$ に，原点Oから小球Pを速さv_0でx軸からθの角度で投げ出す。これと同時に点$(a,\ b)$から小球Qを自由落下させる。運動はx，y面内で起こるとし，重力加速度をgとする。

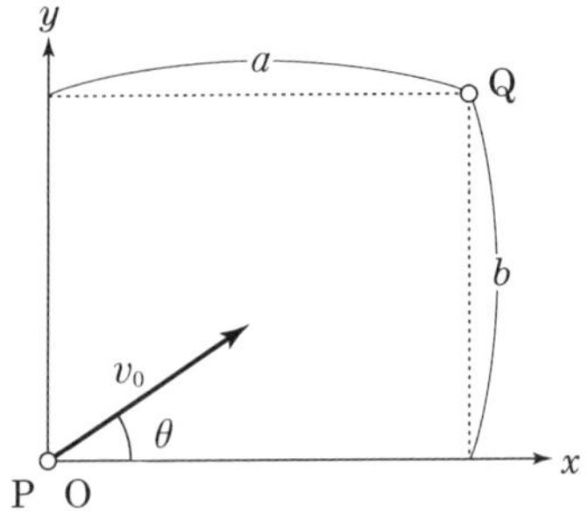

(1)　投げ出されたPが，Qの置かれた点を通る鉛直線（$x=a$）を横切る時刻tを求めよ。

(2)　この時刻のP，Qのy座標y_P，y_Qをそれぞれ求めよ。

(3)　Pを投げ出す角度θがある値のとき，v_0の値にかかわらず両物体は衝突する。そのときの$\tan\theta$を求め，a，bで表せ。

(4)　x軸の上側（$y \geqq 0$）で衝突が起こるために必要なv_0に対する条件をa，b，gで表せ。

(5)　Qから見るとPの運動はどのように見えるか。そして，Pが投げ出されてから衝突するまでの時間t_0をv_0，a，bで表せ。

（信州大＋滋賀医大）

Level　(1) ★★　(2),(3) ★　(4),(5) ★

Point & Hint

「重力加速度g」は「重力加速度の大きさg」と同じ意味で，gはいつも正の値。本書では「重力加速度g」で統一した。「重力の加速度g」と表されることもある。

(2) Pの鉛直方向の運動は，上向きを正としているので（y軸が上向きなので），$a=-g$として等加速度運動の公式を用いる。Qのy座標は少し注意が必要。等加速度運動の公式は，初めの位置を原点として成立している。

(3) 前問(2)の結果を利用する。

Base　放物運動

水平方向は等速運動

鉛直方向はgでの等加速度運動

(5) Q に対する P の相対加速度はいくらか？　そこから運動が決まる。すると，衝突までの時間も素直に求められる。

相対速度＝相手の速度－自分の速度

相対加速度についても同様であり，ベクトルの引き算をする。

Base　等加速度直線運動

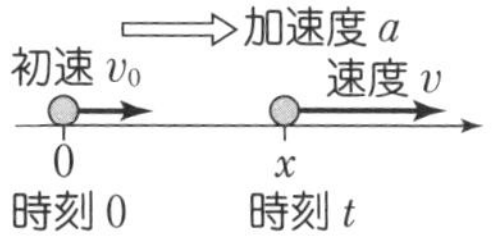

$$v = v_0 + at \quad \cdots❶$$

$$x = v_0t + \frac{1}{2}at^2 \quad \cdots❷$$

$$v^2 - {v_0}^2 = 2ax \quad \cdots❸$$

※ a は符号をもつ（x 軸の向きを正）。x は座標で，負となることもある。

自由落下・投げ上げ・投げ下ろしなど個別のケースを公式で覚えることはない。上の 3 つで十分。

LECTURE

(1)　P は水平方向には $v_0\cos\theta$ の等速で動くから

$$a = v_0\cos\theta\cdot t \qquad \therefore \quad t = \boldsymbol{\frac{a}{v_0\cos\theta}}$$

(2)　P の鉛直方向の運動は初速 $v_0\sin\theta$ で，$a = -g$ の等加速度運動となる。公式❷より（公式の x は y と読み替えて）

$$y_P = v_0\sin\theta\cdot t - \frac{1}{2}gt^2$$

$$= \boldsymbol{a\tan\theta - \frac{g}{2}\left(\frac{a}{v_0\cos\theta}\right)^2}$$

Q は初速 0 で自由落下をするから，落下距離 y' は❷より $y' = \frac{1}{2}gt^2$ となる。

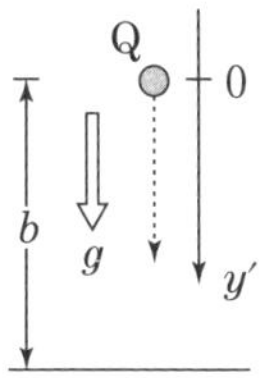

よって　　$y_Q = b - \frac{1}{2}gt^2$

$$= \boldsymbol{b - \frac{g}{2}\left(\frac{a}{v_0\cos\theta}\right)^2}$$

Q に対しては，下向きの座標軸 y' をセットして考えている。だから $a = +g$ だ。

(3)　P が Q に衝突するのは，y_P と y_Q が一致するケース（P が $x = a$ にきたときを考えているから）。

$$y_P = y_Q \quad \text{より} \qquad a\tan\theta = b$$

$$\therefore \quad \tan\theta = \boldsymbol{\frac{b}{a}}$$

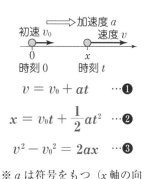

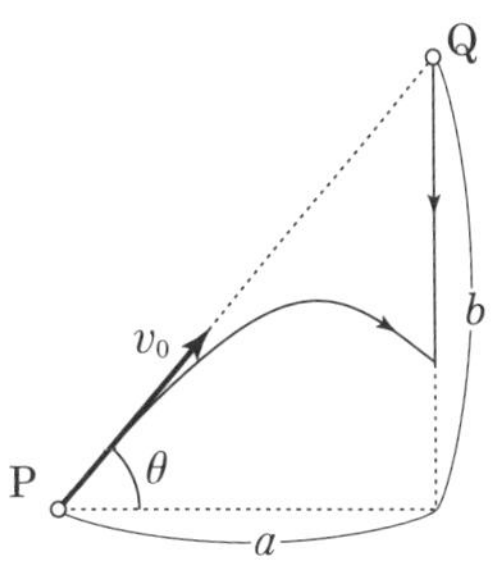

この結果から，初速度ベクトルが初めの Q の位置を指すとき衝突が起こることが分か

る。この問題はモンキーハンティングとよばれる。Qが猿で木にぶら下がっている。それを猟師が鉄砲で狙って打つ。その瞬間気づいた猿が木から手をはなして逃げる。するとヘナチョロ弾（だま）が放物線軌道を描いて，かえって猿に命中してしまうというもの。

(4)　$y_P \geqq 0$　より　　$a\tan\theta \geqq \dfrac{g}{2}\left(\dfrac{a}{v_0\cos\theta}\right)^2$

衝突するときだから $\tan\theta = \dfrac{b}{a}$ であり，右の図より $\cos\theta = \dfrac{a}{\sqrt{a^2+b^2}}$　これらを代入して

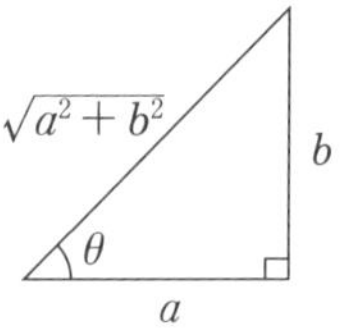

$$b \geqq \frac{g}{2}\left(\frac{\sqrt{a^2+b^2}}{v_0}\right)^2 \quad \therefore \quad \boldsymbol{v_0 \geqq \sqrt{\frac{g(a^2+b^2)}{2b}}}$$

$\tan\theta = \dfrac{b}{a}$ となる直角三角形をつくると，$\cos\theta$ も $\sin\theta$ も分かる。

あるいは，$y_Q \geqq 0$ より求めてもよい。なお，x 軸が地面上にあるのならこの v_0 に対する条件が必要ということで，地面がなければ(3)の条件だけで衝突は必ず起こる（右下図）。

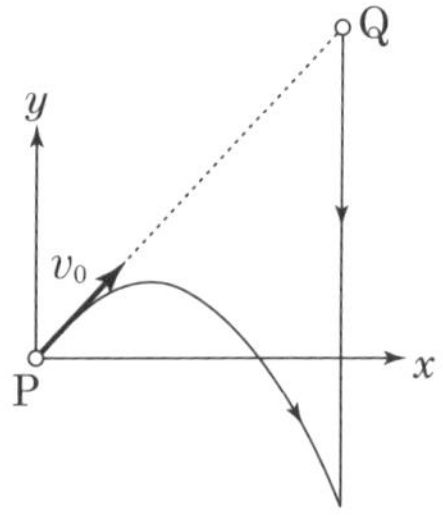

(5)　PとQは共に鉛直下向きの重力加速度 g で運動するから，相対加速度は $g-g=0$ となる。つまり，Qから見るとPの速度（相対速度）は変わらない。初めの相対速度が v_0 だから，Qから見てPは **v_0 で等速直線運動をする**。しかも，初めにPの速度ベクトルの矢が自分を指すと，以後ずっとその向きが変わらない――つまり衝突は必然的になる。上のような計算をしなくても理解できるというわけである。

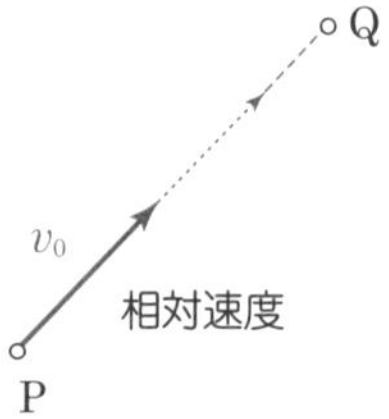

PQ間の初めの距離は $\sqrt{a^2+b^2}$ で，Qにとって P は v_0 でこの直線距離をやってくるように見えるのだから　　$\boldsymbol{t_0 = \dfrac{\sqrt{a^2+b^2}}{v_0}}$

Qにとっては，Pは v_0 でまっすぐに飛んでくるように見える。

(1)の t に $\cos\theta = \dfrac{a}{\sqrt{a^2+b^2}}$ を代入して求めることもできる。

2 放物運動

水平面上の点Oから角 θ の方向に初速 v_0 で小球を投げ出したところ，点Oから l だけ離れた所にある鉛直面の点Aに当たってはね返り，水平面上の点Bに落下してはね上がった。水平面と鉛直面は滑らかであり，小球の反発係数はいずれも e とし，重力加速度を g とする。

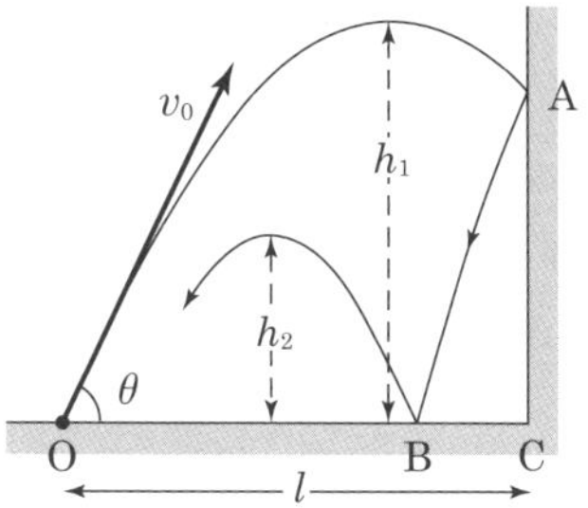

(1) 投げ出された小球が鉛直面に衝突するまでの時間 t_1 および最高点の高さ h_1 を求めよ。

(2) 点Oで投げ出されてから点Bに達するまでの時間 t_2 を求めよ。

(3) 点Bと鉛直面との距離BCを求めよ。

(4) 点Bではね上がった後，達する最高点の高さ h_2 を求めよ。

(5) この後，再び床と衝突することなく点Oに戻るためには，v_0 はいくらであればよいか。

（都立大＋名城大）

Level (1) t_1：★★ h_1：★ (2)〜(4) ★ (5) ★★

Point & Hint (1) **最高点では，速度の鉛直成分が0**

(2) 滑らかな固定面との斜め衝突では，**面方向の速度成分は不変であり，面に垂直な方向では e 倍の大きさ**になる。ここでは鉛直方向の運動に注目する。それはある運動と同じになっている。なお，e ははね返り係数ともいう。

(3) 水平方向の運動に着目する。AB間の時間と，速度の水平成分を押さえる。

(4) 問(2)が解ければ，あと一歩。

LECTURE

(1) 水平方向は $v_0\cos\theta$ での等速運動だから $t_1 = \dfrac{l}{v_0\cos\theta}$

最高点では速度の鉛直成分が0となるから，等加速度運動の公式❸（p9）を用いて

$$0^2-(v_0\sin\theta)^2=2(-g)h_1 \qquad \therefore\quad h_1=\boldsymbol{\frac{v_0{}^2}{2g}\sin^2\theta}$$

(2)　壁に衝突しても速度の鉛直成分は変わらないから，O→A→B 間の鉛直方向での運動は，初速 $v_0\sin\theta$ での投げ上げ運動にほかならない。落下点では $y=0$ となるから，公式❷より

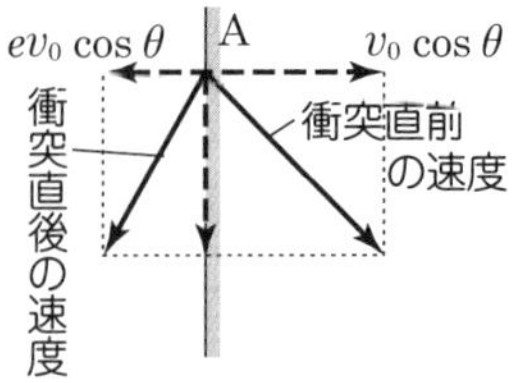

$$0=v_0\sin\theta\cdot t_2-\frac{1}{2}gt_2{}^2 \qquad \therefore\quad t_2=\boldsymbol{\frac{2v_0}{g}\sin\theta}$$

(3)　AB 間の時間は t_2 と t_1 の差　t_2-t_1　に等しい。壁との衝突で速度の水平成分は　$e\times v_0\cos\theta$　の大きさになるから

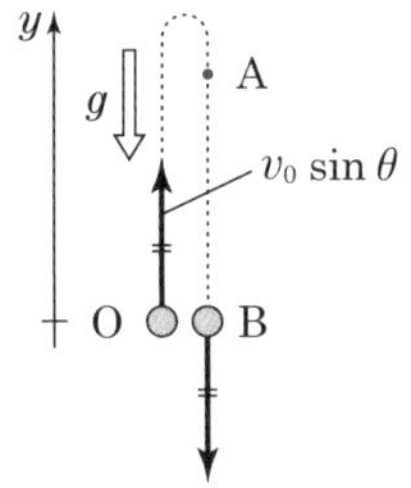

$$\mathrm{BC}=ev_0\cos\theta\cdot(t_2-t_1)$$

$$=\boldsymbol{e\left(\frac{2v_0{}^2}{g}\sin\theta\cos\theta-l\right)=e\left(\frac{v_0{}^2}{g}\sin2\theta-l\right)}$$

(4)　鉛直方向は上の図のような初速　$v_0\sin\theta$　での投げ上げ運動だから，床に当たる直前の鉛直成分は $v_0\sin\theta$　に等しい。はね返ると　$e\times v_0\sin\theta$　となる。最高点に対しては，(1)と同様で

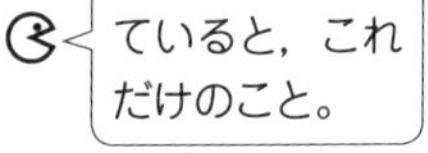

$$0^2-(ev_0\sin\theta)^2=2(-g)h_2$$

$$\therefore\quad h_2=\boldsymbol{\frac{(ev_0\sin\theta)^2}{2g}}$$

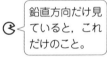

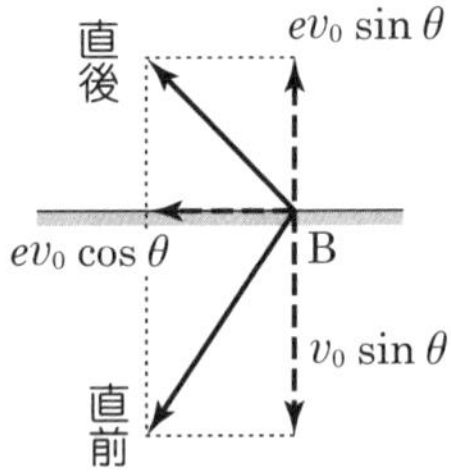

(5)　BO 間の時間を t_3 とすると，(2)と同様に

$$0=ev_0\sin\theta\cdot t_3-\frac{1}{2}gt_3{}^2$$

$$\therefore\quad t_3=\frac{2ev_0}{g}\sin\theta$$

B で衝突しても水平成分は $ev_0\cos\theta$ のままだから

$$\mathrm{OB}=ev_0\cos\theta\cdot t_3=\frac{2e^2v_0{}^2}{g}\sin\theta\cos\theta$$

$$\therefore\quad l=\mathrm{OB}+\mathrm{BC}=\frac{2ev_0{}^2}{g}(1+e)\sin\theta\cos\theta-el$$

$$\therefore\quad v_0=\boldsymbol{\sqrt{\frac{gl}{2e\sin\theta\cos\theta}}=\sqrt{\frac{gl}{e\sin2\theta}}}$$

3　放物運動

傾角 θ の長い滑らかな斜面がある。いま，小球Pが高さ h だけ静かに落下し，点Oで斜面と衝突してはね返された。はね返されたPは，放物運動をして，再び斜面上の点 A_1 で衝突し，以後，点 A_2，…で次々と衝突をくり返した。Pと斜面との反発係数を $e\,(<1)$ とし，重力加速度を g とする。

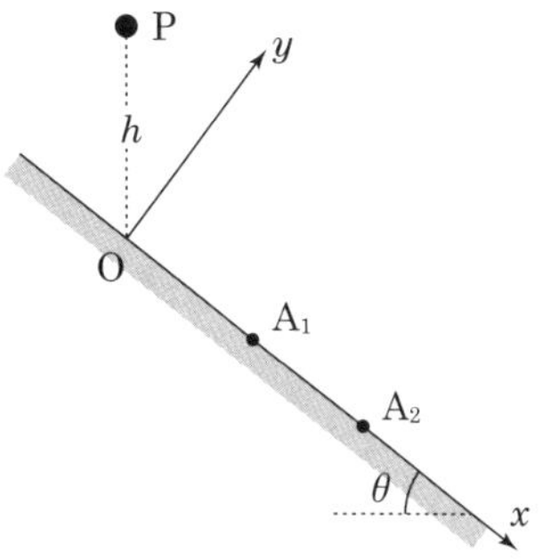

(1)　Pが点Oに達したときの速さを求めよ。

(2)　点Oを原点にして，斜面にそって下向きに x 軸，斜面に垂直で上方に y 軸をとる。衝突直後のPの速度の x 成分と y 成分をそれぞれ求めよ。また，直後の速度の向きが斜面となす角を α として，$\tan\alpha$ を求めよ。

(3)　Pの行う放物運動の加速度の x 成分と y 成分をそれぞれ求めよ。

(4)　OA_1 間を飛ぶ時間と，距離 OA_1 を求めよ。

(5)　A_1A_2 間を飛ぶ時間は OA_1 間を飛ぶ時間の何倍か。

(6)　やがてPははね返らなくなり，点B以後は斜面に沿って滑り下りるようになった。OB間の距離を求めよ。　（島根大＋愛知工大）

Level　(1) ★★　(2),(3) ★　(4) ★　(5),(6) ★★

Point & Hint　(3) 成分の符号に注意。座標軸の向きに従うこと。

(4) y 方向の運動から時間が決まる。点 A_1 の特徴は $y=0$。x 方向の運動から OA_1 が求められるが，運動は等速運動ではない！

(5) **Uターン型の等加速度直線運動では，行きと戻りが対称的**になる。A_1 で衝突する直前の速度の y 成分は計算しなくても分かる。

(6) x 方向の運動に不連続は起こっていない。ずーっと一貫して，ある運動が続いている。

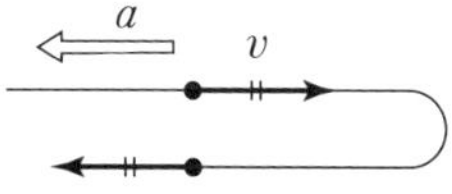

同じ位置では同じ速さ
折り返し点まで行く時間と戻る時間は等しい

LECTURE

(1)　求める速さを v_0 とすると，等加速度運動の公式❸より

$$v_0^2 - 0^2 = 2gh \qquad \therefore \quad v_0 = \boldsymbol{\sqrt{2gh}}$$

別解　力学的エネルギー保存則 $mgh = \frac{1}{2}mv_0^2$ から求めてもよい。

(2)　斜面方向の x 成分は変わらないから

$$v_0 \sin\theta = \boldsymbol{\sqrt{2gh}\sin\theta}$$

y 方向は大きさが e 倍になるから

$$e \times v_0 \cos\theta = \boldsymbol{e\sqrt{2gh}\cos\theta}$$

図より　$\tan\alpha = \frac{ev_0\cos\theta}{v_0\sin\theta} = \boldsymbol{\frac{e}{\tan\theta}}$

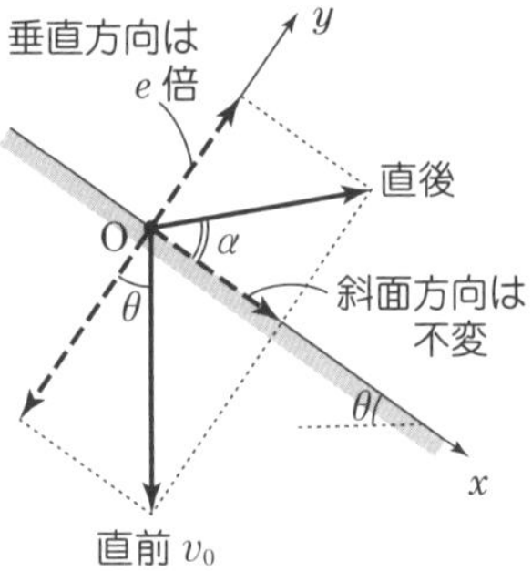

(3)　放物運動の加速度とは，もちろん重力加速度のことであり，x，y 方向へ分解すると右のようになるから

x 成分：　$\boldsymbol{g\sin\theta}$　　y 成分：　$\boldsymbol{-g\cos\theta}$

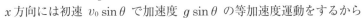

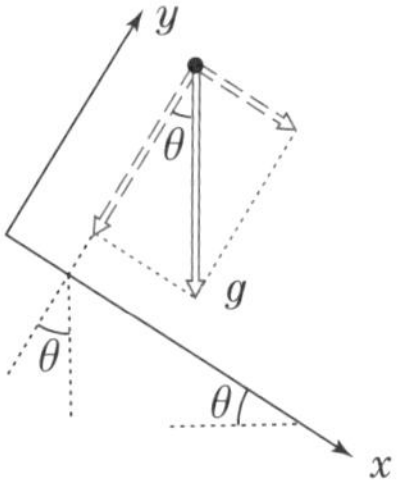

成分は正・負に注意

(4)　A_1 の y 座標は0であり，y 方向には初速 $ev_0\cos\theta$ で加速度 $-g\cos\theta$ の等加速度運動をするから，求める時間を t_1 とすると

$$0 = ev_0\cos\theta \cdot t_1 + \frac{1}{2}(-g\cos\theta)t_1^2$$

$$\therefore \quad t_1 = \frac{2ev_0}{g} = \boldsymbol{2e\sqrt{\frac{2h}{g}}}$$

x 方向には初速 $v_0\sin\theta$ で加速度 $g\sin\theta$ の等加速度運動をするから

$$\mathrm{OA_1} = v_0\sin\theta \cdot t_1 + \frac{1}{2}(g\sin\theta)t_1^2$$

$$= \frac{2e(1+e)v_0^2}{g}\sin\theta = \boldsymbol{4e(1+e)h\sin\theta}$$

(5)　y 方向はＵターン型の等加速度運動であり，点 A_1 に当たる直前の速度の y 成分の大きさは点Ｏでの $ev_0\cos\theta$ に等しい。よって，衝突直後は $e \times ev_0\cos\theta = e^2v_0\cos\theta$

A_1A_2 間の時間を t_2 とすると

$$0 = e^2 v_0 \cos\theta \cdot t_2 + \frac{1}{2}(-g\cos\theta)\,t_2^{\,2}$$

$$\therefore \quad t_2 = \frac{2e^2 v_0}{g} = et_1 \qquad \therefore \quad \boldsymbol{e}\,倍$$

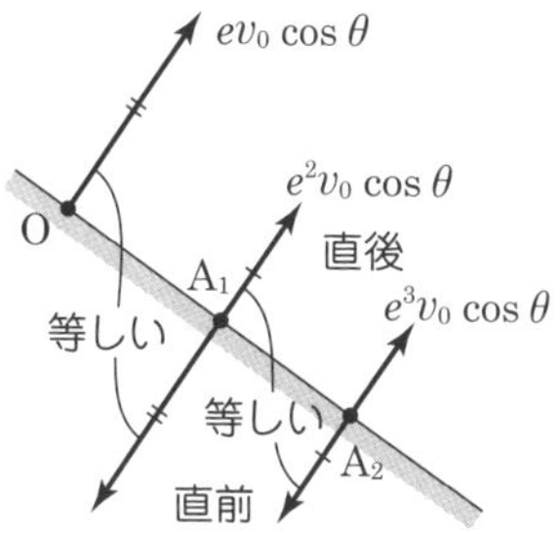

(6) 同じことのくり返しで，以後，衝突の時間は e 倍，その e 倍，…となっていく。つまり，初項 t_1，公比 e の等比数列となる。同時に，衝突直後の y 成分も e 倍，その e 倍，…となって 0 に近づく。したがって，滑り始めるまでの時間 T は

> 衝突したときの速度の y 成分は次から次へと簡単に決まっていく

$$\begin{aligned} T &= t_1 + t_2 + t_3 + \cdots \\ &= t_1(1 + e + e^2 + \cdots) \\ &= \frac{2ev_0}{g} \cdot \frac{1}{1-e} \qquad \cdots\cdots ① \\ &= \frac{2e}{1-e}\sqrt{\frac{2h}{g}} \end{aligned}$$

> $e<1$ だから，無限等比級数は収束する。①では数学の公式を用いた。

衝突しても，x 方向の速度成分は変わらないから，この時間 T の間，初速 $v_0 \sin\theta$ で加速度 $g\sin\theta$ の等加速度運動がずっと続いている。

$$\begin{aligned} \mathrm{OB} &= v_0 \sin\theta \cdot T + \frac{1}{2}(g\sin\theta)\,T^2 \\ &= \frac{2ev_0^{\,2}\sin\theta}{g(1-e)} + \frac{2e^2 v_0^{\,2}\sin\theta}{g(1-e)^2} \\ &= \frac{2ev_0^{\,2}\sin\theta}{g(1-e)^2} = \boldsymbol{\frac{4eh}{(1-e)^2}\sin\theta} \end{aligned}$$

（①を用いた）

(4)の問いだけなら，普通どおり，運動を水平と鉛直に分解しても解けるが，このように次々と衝突が続く場合は，斜面方向とそれに垂直な方向に分解して考えると扱いやすい。

Q₁ $\mathrm{OA_1}$ 間で，P が斜面から最も離れるときの距離を求めよ。(★★)

Q₂ 最終的に P が失う力学的エネルギー ΔE を求めよ。(★★)

4　剛体のつり合い

滑らかな鉛直壁の前方 $6l$ の所から，長さ $10l$，質量 M の一様なはしごが壁に立てかけてある。床とはしごの静止摩擦係数は $\frac{1}{2}$ であり，重力加速度を g とする。

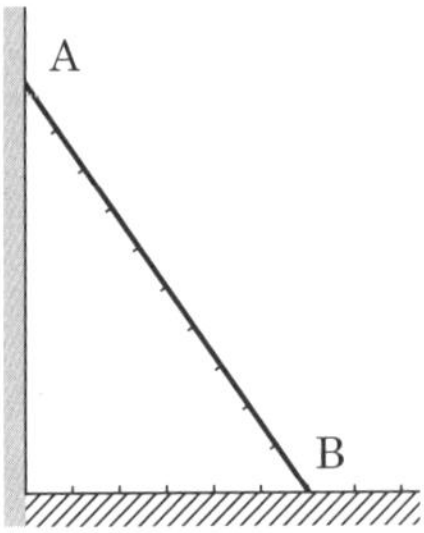

(1) 上端Aが壁から受ける抗力の大きさと下端Bが床から受ける抗力の大きさを求めよ。

(2) もし，床とはしごの間の静止摩擦係数がある値より小さければ，はしごは滑ってしまう。その値を求めよ。

(3) いま，このはしごを質量 $5M$ の人が登り始めた。この人は下端Bからいくらの距離の所まで登れるか。

(4) この人が下端Bから $2l$ の距離にいるとき，上端Aと下端Bで働く抗力の作用線の交点Pの位置を図中に示せ。　(徳島大)

Level　(1) ★　(2),(3) ★　(4) ★★

Base　剛体のつり合い

力のつり合い ｛左右つり合い／上下つり合い｝

力のモーメントのつり合い
(反時計回り＝時計回り)

Point & Hint　(1) はしごに働く力をきちんと図示することが何より大切。**力の図示…注目物体が受けている力を矢印で描く。まず重力 mg を，次に接触による力を描く**。接触による力とは，糸の張力や接触面からの垂直抗力や摩擦力などである。なお,「抗力」とは垂直抗力と摩擦力の合力を指していることに注意。
(2) 静止摩擦係数を μ，垂直抗力を N とすると，最大摩擦力 $F_{\max}$ は，$F_{\max}=\mu N$ となる。ただし，$F_{\max}$ は静止摩擦力の限界値であり，物体がまさに滑り出そうとするギリギリの状況でしか現れない力である。(4) Bでの抗力を計算する必要はない。「剛体に3つの力が働き，互いに平行でないときには，作用線は一点で交わる」(なぜか？)ことを応用したい。そこで重心の知識を生かす。質量 m_1，m_2，… の質点の座標を x_1，x_2，… とすると，重心の座標 x_G は

$$x_G=\frac{m_1x_1+m_2x_2+\cdots}{m_1+m_2+\cdots}\qquad (y\text{ 座標も同様})$$

LECTURE

(1)　はしごに働く力は右のようになっている。BC：AB＝$6l$：$10l$＝3：5　なので，直角三角形ABCの辺の比は 3：4：5 である。Bのまわりのモーメントのつり合いより

$$Mg \times 5l\cos\theta = R \times 10l\sin\theta \quad \cdots\cdots①$$

$\cos\theta=\dfrac{3}{5}$，$\sin\theta=\dfrac{4}{5}$　より　　$R=\boldsymbol{\dfrac{3}{8}Mg}$

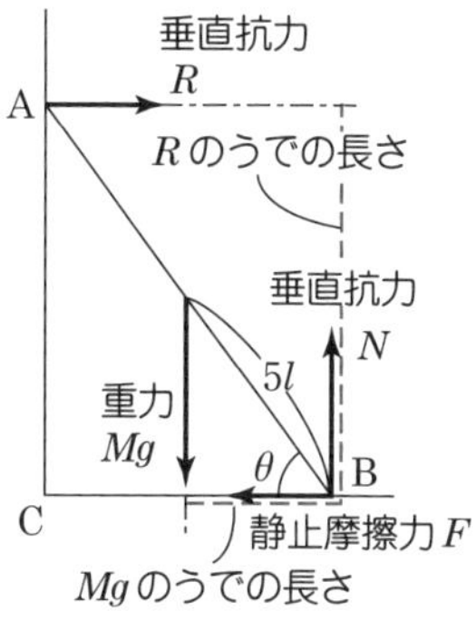

回転軸としてBを選んだのは，未知数のNやFに顔を出させないため（モーメントが0となっている）。

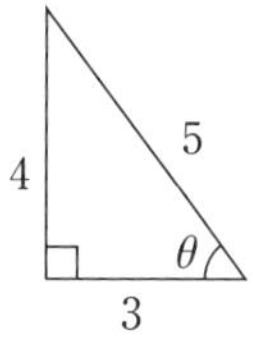

別解　Bと力の作用点との距離をうでの長さとしてもよい。ただし，力を分解し，はしごに垂直な分力(赤矢印)を用いる。

$$Mg\cos\theta \times 5l = R\sin\theta \times 10l$$

こうしてRが求められる。

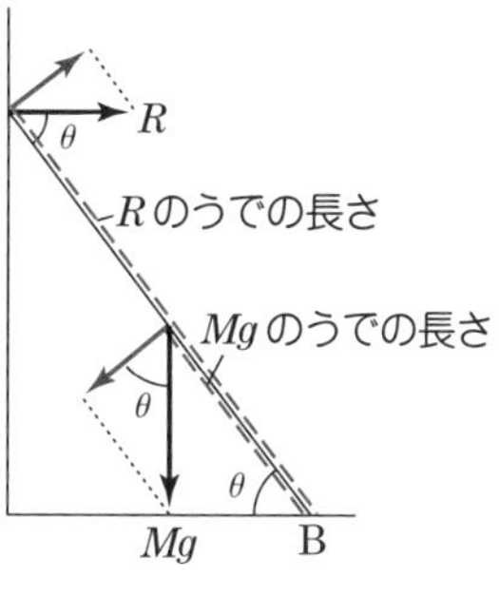

上図で，鉛直方向の力のつり合いより

$$N=Mg \cdots\cdots②$$

水平方向の力のつり合いより

$$F=R \quad \cdots\cdots③$$
$$=\frac{3}{8}Mg$$

Bでの抗力は　$\sqrt{N^2+F^2}=\sqrt{1+\dfrac{9}{64}}Mg$

$$=\boldsymbol{\frac{\sqrt{73}}{8}Mg}$$

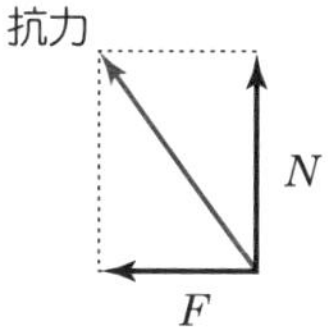

別解　Aのまわりのモーメントのつり合いより

$$N\times 10l\cos\theta = Mg\times 5l\cos\theta + F\times 10l\sin\theta$$

これと，①，②，③のうちどれか2つを用いて連立させてもよい。ただ，未知の力が集中している点（この場合はB）を回転軸に選ぶほうが計算しやすい。

(2)　(1)で求めた F は F_{max} 以下でなくてはならない。よって　$F \leqq \mu N$

上で求めた値を入れると　$\frac{3}{8}Mg \leqq \mu Mg$　$\therefore$　$\mu \geqq \mathbf{\frac{3}{8}}$

問題文の $\mu = \frac{1}{2}$ はこの条件をクリアーしている。

(3)　人がBから x だけ登ったときが限度とすると，そのときは最大摩擦力 $\frac{1}{2}N$ が働いている。Bのまわりのモーメントのつり合いより

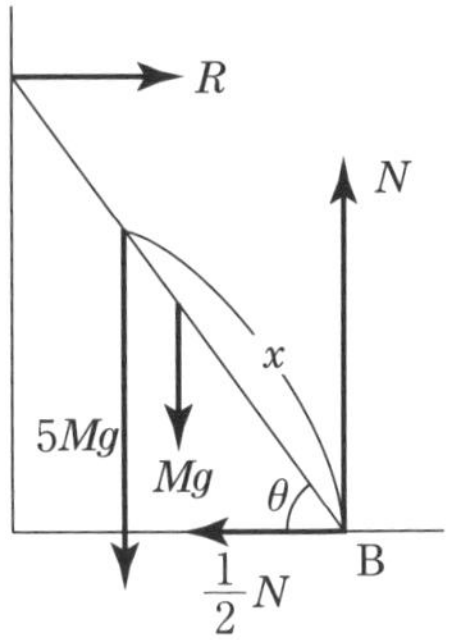

$$Mg\times5l\cos\theta+5Mg\times x\cos\theta=R\times10l\sin\theta$$

$$\cos\theta=\frac{3}{5},\ \sin\theta=\frac{4}{5}\quad より$$

$$R=\frac{3Mg}{8l}(l+x)$$

鉛直方向の力のつり合いより

$$N=Mg+5Mg=6Mg$$

水平方向の力のつり合いより　$\frac{1}{2}N=R$

よって　$\frac{1}{2}\cdot6Mg=\frac{3Mg}{8l}(l+x)$　$\therefore$　$x=\mathbf{7l}$

(4)　はしごと人，全体の重心GのBからの距離を x_G とすると

$$x_G=\frac{M\times5l+5M\times2l}{M+5M}=\frac{5}{2}l$$

全体の重力 $6Mg$ の作用線と R の作用線の交点が求める点Pである。

なぜなら，Pのまわりのモーメントのつり合いを考えると，$6Mg$ や R はうでの長さがないからモーメントはいずれも0。すると，残りのBでの抗力 f のモーメントも0でなくてはならない。つまり，f の作用線もPを通ることになる。

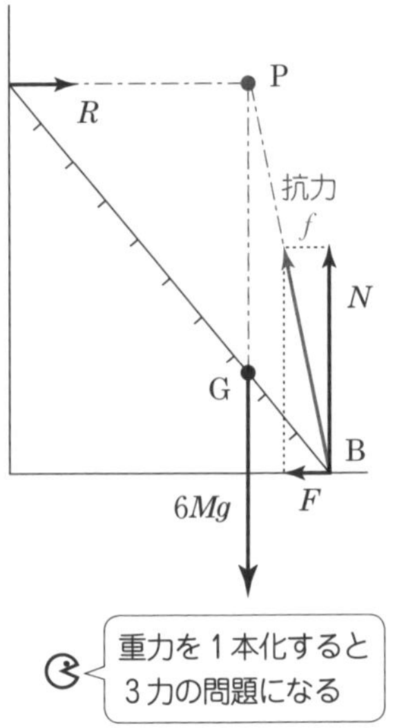

このように，モーメントのつり合いを考えるときの回転軸の位置は，注目している物体の外にとってもよい。

5　剛体のつり合い

傾角 θ の斜面上に，質量 M〔kg〕の一様な直方体Mが置かれて静止している。Mに斜面に平行な力 F〔N〕を，上端の水平な辺の中央に加える。Mと斜面との静止摩擦係数を μ（$\mu>\tan\theta$）とし，重力加速度を g〔m/s²〕とする。a, b は辺の長さ〔m〕である。

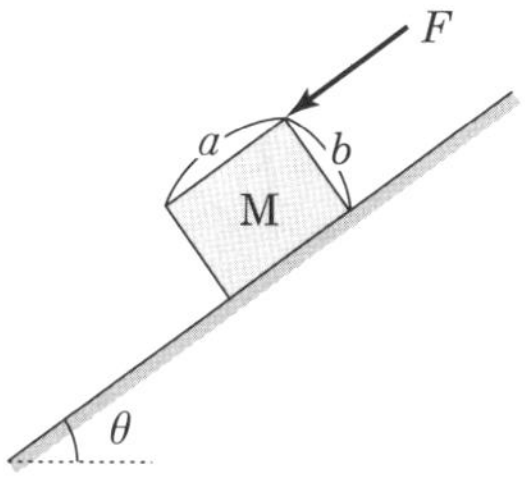

Mが斜面上を滑り始めるためには，力 F は

$$F > \boxed{\text{ア}}\ \text{〔N〕}$$

を満たす必要がある。また，Mが倒れ始めないためには，力 F は

$$F \leqq \boxed{\text{イ}}\ \text{〔N〕}$$

を満たさなければならない。したがって，Mを倒れ始めることなく滑らせるためには，これらの条件を同時に満たす力 F を作用させる必要がある。このような力 F が存在するためには $\dfrac{a}{b}$ と θ，μ の間に

$$\frac{a}{b} > \boxed{\text{ウ}}$$

が成立する必要がある。（京都大）

Level　ア ★　イ, ウ ★

Point & Hint　**ア** 最大摩擦力の問題。
イ 倒れ始めるときを考える。抗力（垂直抗力と摩擦力の合力）の作用点はある位置にきている。

LECTURE

ア　斜面に垂直な方向での力のつり合いより（次図），垂直抗力 N は

$$N = Mg\cos\theta \quad \cdots\cdots①$$

滑り出す直前の力 F_1 は，斜面方向の力のつり合いより

$$F_1 + Mg\sin\theta = \mu N \quad \cdots\cdots②$$

①, ②より　$\boldsymbol{F_1 = Mg(\mu\cos\theta - \sin\theta)}$

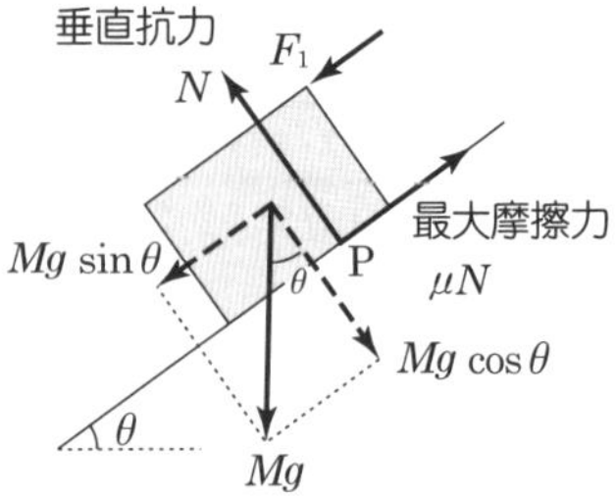

よって，$F > F_1$ なら滑り出す。

なお，$F_1 = Mg\cos\theta(\mu - \tan\theta)$ と変形してみると，問題文の　$\mu > \tan\theta$ は F_1 が正となることを保証している。

$\mu < \tan\theta$ だと斜面上に置いた途端に滑り出してしまう。また，不等式の問題はぎりぎりのケースを等式で解くのが分かりやすい。

斜面問題では，力を斜面方向と垂直方向に分解して考える。

力のつり合いを扱うときには，作用点は適当でよい。力の矢印は重なり合わないように見やすく描けばよい。一方，力のモーメントのつり合いを扱う際は，作用点が重要になる。実は，図の N と μN の作用点 P は，正しくはもっと左下にある（図の P だと，そのまわりの F_1 と Mg のモーメントがいずれも反時計回り！ P は重力の矢印より左のはず）。

運動方程式でも，作用点は適当でよい。扱う内容に応じて，臨機応変に。

イ　倒れ始める直前の外力 F_2 を調べればよい。このとき N と静止摩擦力 f の作用点は A にある。A のまわりのモーメントのつり合いより（重力 Mg は分解して考える）

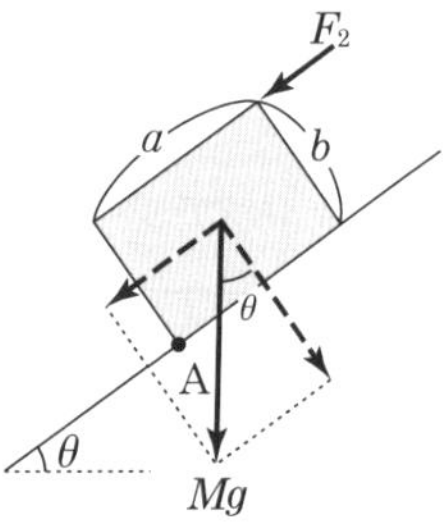

$$F_2 b + Mg\sin\theta\cdot\frac{b}{2} = Mg\cos\theta\cdot\frac{a}{2}$$

$$\therefore\quad \boldsymbol{F_2 = \frac{Mg}{2b}(a\cos\theta - b\sin\theta)}$$

A を回転軸にとることにより，N と f のモーメントが顔を出さないことに注意。また，Mg のうでの長さが測りにくいので，重力を分解して扱うのがテクニック。

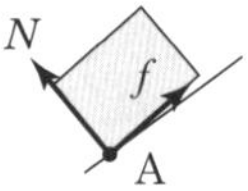

倒れ始めはこんな感じ。すき間は本当は見えない。

ウ　$F_1 < F \leqq F_2$　であればよい。このような F が存在できるためには，$F_1 < F_2$ となることが必要。よって

$$Mg(\mu\cos\theta - \sin\theta) < \frac{Mg}{2b}(a\cos\theta - b\sin\theta)\quad\therefore\quad \boldsymbol{\frac{a}{b} > 2\mu - \tan\theta}$$

6　剛体のつり合い

点Oを中心とする半径Rの一様な円板がある。この円板には，点Aで内接し，点Dを中心とする円形(半径$\frac{1}{2}R$)の穴が開いている。円板の厚さをd，密度をρとする。

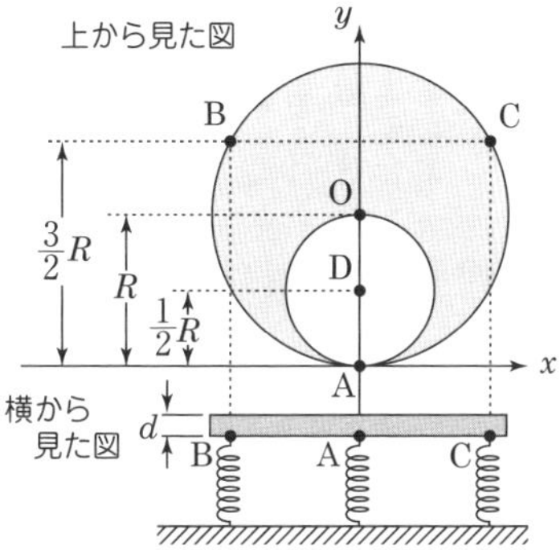

(1)　円板の重心の位置は，点Aを原点として，$x=$ **ア** ，$y=$ **イ** である。

(2)　円板は点Aと，$y=\frac{3}{2}R$ の直線が円周と交わる点B，Cの3点で，同じ3つのばねにより水平な床上で支えられている。このままだと円板は水平から少し傾いてしまう。そこで，円板上に1つのできるだけ軽い小さなおもりをのせ，円板を水平にさせるには，$x=$ **ウ** ，$y=$ **エ** の位置に，質量$m=$ **オ** のおもりをのせてやればよい。　(大阪産業大)

Level　ア ★★　イ ★　ウ,エ ★★　オ ★

Point & Hint

対称性を活用したい。(1) 切り取られた部分を元に戻すと，全体の重心は……？ (2) 円板が水平になると，ばねの縮みは同じで，ばねの力も同じになる。

LECTURE

ア　対称性から重心Gはy軸上にあるはず。よって，　$x=\mathbf{0}$

イ　くり抜いた穴の部分（Pとする）を元に戻せば，対称性から重心は点Oになり，質量は $M_0=\rho\cdot\pi R^2\cdot d$ となる。一方，Pの重心は点Dで，質量は $M_P=\rho\pi(R/2)^2 d=M_0/4$ である。よって，与えられた円板の質量Mは

$$M=M_0-M_P=\frac{3}{4}M_0$$

右図のように，D と G にある 2 つの「質点」の重心が O になるのだから，重心の公式より

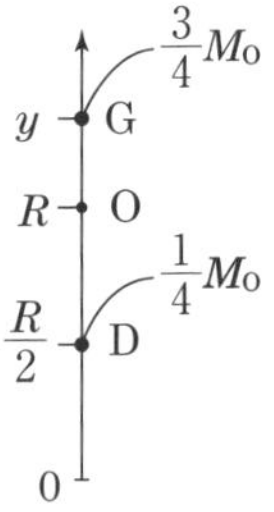

$$R=\frac{\frac{3}{4}M_0\,y+\frac{1}{4}M_0\cdot\frac{R}{2}}{\frac{3}{4}M_0+\frac{1}{4}M_0}\qquad\therefore\quad y=\boldsymbol{\frac{7}{6}R}$$

GD 間を 1：3（質量の逆比）で内分したのが点 O と考えてもよい。

別解　穴の部分を「マイナスの質量」として扱う方法もある。完全な円板にマイナスの質量の部分を加えて穴としたという見方であり，y はダイレクトに求められる。

$$y=\frac{M_0R+\left(-\frac{1}{4}M_0\right)\cdot\frac{R}{2}}{M_0+\left(-\frac{1}{4}M_0\right)}=\boldsymbol{\frac{7}{6}R}$$

ウ, エ　軽い A 側が上がっている。A 側を下げるには，点 A におもりを置くのが最も効果的だから（うでの長さが最も長くなる）　　$x=\mathbf{0}$　　$y=\mathbf{0}$

オ　G のまわりのモーメントのつり合いを考える（G を通る水平線で，x 軸に平行な線を回転軸とする）。各ばねの弾性力を F とする。B，C で働く弾性力のうでの長さは

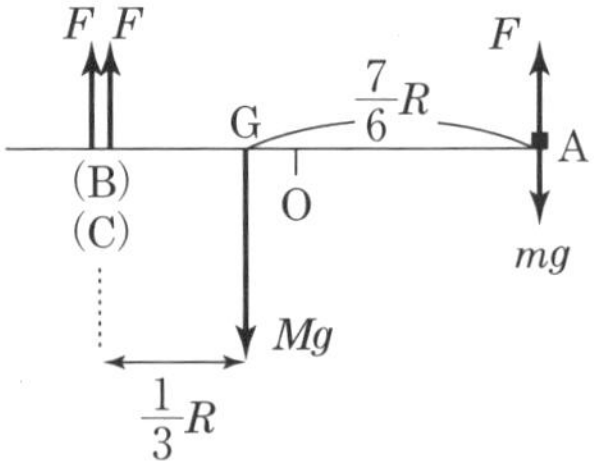

$$\frac{3}{2}R-\frac{7}{6}R=\frac{1}{3}R$$

よって　$F\cdot\frac{7}{6}R=F\cdot\frac{R}{3}+F\cdot\frac{R}{3}+mg\cdot\frac{7}{6}R$

$\therefore\quad F=\frac{7}{3}mg$　……①

B, C で働く弾性力のうでの長さの測り方に注意

一方，力のつり合いより　　$3F=Mg+mg$　……②

①, ②より　　$m=\frac{1}{6}M=\frac{1}{6}\cdot\frac{3}{4}M_0=\boldsymbol{\frac{1}{8}\pi R^2\rho d}$

モーメントを考えるときの回転軸は「点」のように思っている人が多いが，このように本来は「直線の軸」である。

7　運動方程式

質量 m〔kg〕, 長さ l〔m〕の伸び縮みしない一様な綱の下端に，質量 M〔kg〕のおもり P をつるし，綱の上端に一定の大きさの力 F〔N〕を鉛直上向きに加えて引き上げる。重力加速度を g〔m/s^2〕として，$F>(M+m)g$ とする。

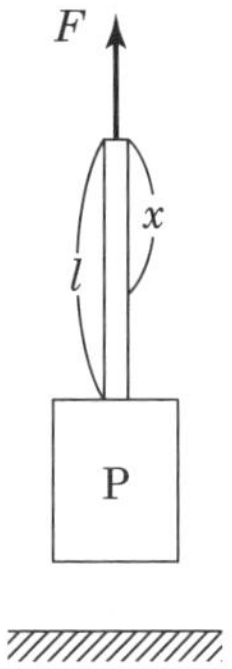

(1)　P の加速度を求めよ。

(2)　P に働く綱の張力を求めよ。

(3)　綱の上端から x〔m〕のところでの綱の張力を求めよ。ただし，$0 \leqq x \leqq l$ とする。

(4)　はじめ，P は地上で静止していたとする。鉛直な綱の上端に $F=2(M+m)g$ の力を加えて引き上げたところ，P が地上 h〔m〕の高さに達したとき綱からはずれた。P が引き上げられ始めてから地上に落下するまでの時間を求めよ。　（九州大）

Level　(1), (2) ★　(3), (4) ★

Base　運動方程式

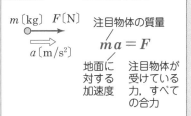

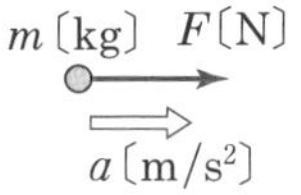

注目物体の質量

$$ma = F$$

地面に対する加速度　　注目物体が受けている力，すべての合力

※ 本来は $m\vec{a}=\vec{F}$　つまり合力 $\vec{F}$ の向きに加速度 $\vec{a}$ が生じる。

Point & Hint

運動方程式は，運動の第 2 法則を式で表したもので，力学の基礎をなし，慣性系（静止系と等速度系）で用いる。基本的には静止系（静止している観測者）で用いるが，等速度系（等速度運動している観測者）で用いてもよいことまで押さえておきたい。

(1) 運動方程式に入る前に，力の図示をすることが先決。P と綱を一体として扱うとよい。

(2) P だけの運動方程式を立てる。

(3) 上端から x〔m〕の範囲の綱（綱の一部）を注目物体とする。

(4) 綱からはずれた P は自由落下に入るという誤解が多い。

LECTURE

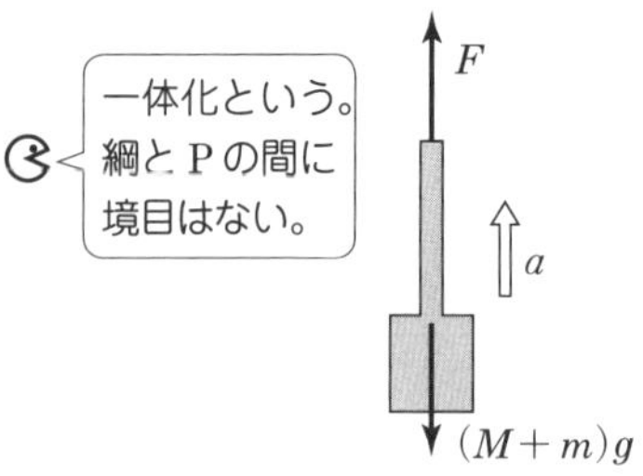

(1)　Ｐと綱を一体として考える。その質量は $M+m$ で，働いている力は重力と F しかない。上向きを正として，加速度を a とすると

$(M+m)a=F-(M+m)g$　……①

$$\therefore\quad a=\boldsymbol{\frac{F}{M+m}-g}\ \text{〔}\mathbf{m/s^2}\text{〕}$$

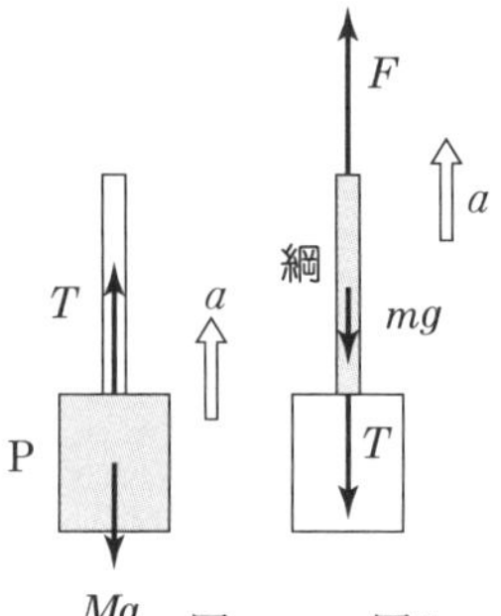

図 a　　図 b

(2)　Ｐに注目する（図 a）。綱から受ける張力を T とすると

$$Ma=T-Mg\quad\cdots\cdots②$$

$$\therefore\quad T=M(a+g)=\boldsymbol{\frac{M}{M+m}F}\ \text{〔}\mathbf{N}\text{〕}$$

（(1)の答えを代入する）

別解　綱に注目してもよい。作用・反作用の法則により，綱はＰから下向きに張力 T の反作用を受けていることに注意する（図 b）。

$$ma=F-mg-T\quad\cdots\cdots③$$

やはり a に(1)の答えを代入すれば T が求められる。

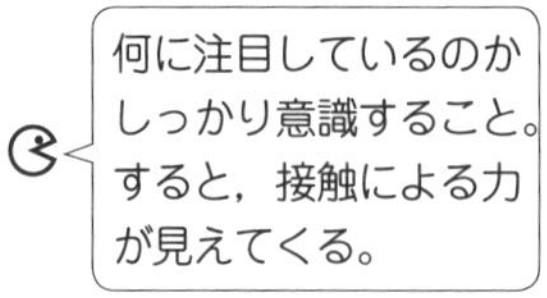

実は，①，②，③は無関係な式ではない。②と③の辺々を足すと①になる。つまり，部分・部分で正しい式をつくると全体についての式①が構成できる。話は合理的にできている。初めから②と③を立て，連立方程式として a, T を求めるのも良い方法である。

(3)　綱の上端から x の部分に注目する。質量は比例配分により $m\times\dfrac{x}{l}$ となる。下側の白い綱から受ける張力を T_x とすると

$$\left(m\frac{x}{l}\right)a=F-\left(m\frac{x}{l}\right)g-T_x$$

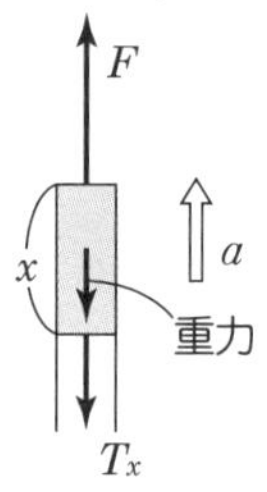

やはり(1)で求めた a を代入して T_x を求めると

$$T_x=\boldsymbol{\left\{1-\frac{mx}{(M+m)l}\right\}F}\ \text{〔}\mathbf{N}\text{〕}$$

$x = l$ のとき，$T_x = T$ と(2)の答えに戻る。こうしたチェックも大切。また，綱に質量がなければ(糸のケースなら)，$m = 0$ としてみると，x によらず，$T_x = F$ となる。つまり，**糸の張力はどこでも同じ**になる。1本の糸の張力は両端で同じという，ふだん何げなく使っている事実は，質量がない（無視できる）からだということを改めて認識し直したい。

(4)　(1)の答えに $F = 2(M+m)g$ を代入すると

$$a = 2g - g = g$$

h だけ上げるのにかかる時間 t_1 は

$$h = \frac{1}{2}gt_1^2 \quad より \qquad t_1 = \sqrt{\frac{2h}{g}}$$

このときの速さ v_0 は　　$v_0 = gt_1 = \sqrt{2gh}$

この後は，初速 v_0 での投げ上げ運動となる。落下するまでの時間を t_2 とし，右のように y 軸をセットすると，地面の座標は $y = -h$ だから

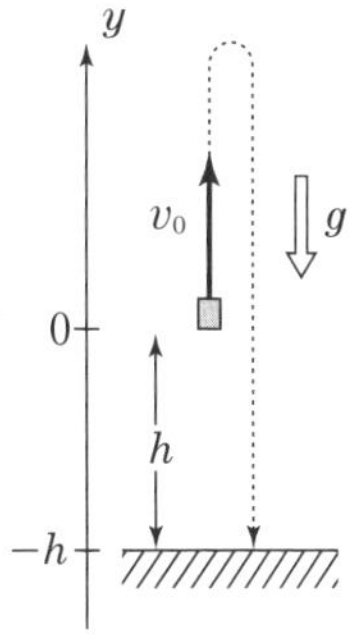

$$-h = v_0t_2 - \frac{1}{2}gt_2^2$$

$$gt_2^2 - 2v_0t_2 - 2h = 0$$

2次方程式の解の公式を用いて，$t_2 > 0$ を考えると

$$t_2 = \frac{v_0 + \sqrt{v_0^2 + 2gh}}{g} = (\sqrt{2} + 2)\sqrt{\frac{h}{g}}$$

よって，求める時間は

$$t_1 + t_2 = \boldsymbol{2(1+\sqrt{2})\sqrt{\frac{h}{g}}}\ 〔\mathrm{s}〕$$

初速 v_0 の位置を座標の原点とすること。等加速度運動の公式（p9）の x は距離ではなく，座標！

このように，問題文中に単位が記されている場合には，答えにも単位を付ける。反対に，単位のない問題では，答えに単位を付けてはいけない。

8 運動方程式

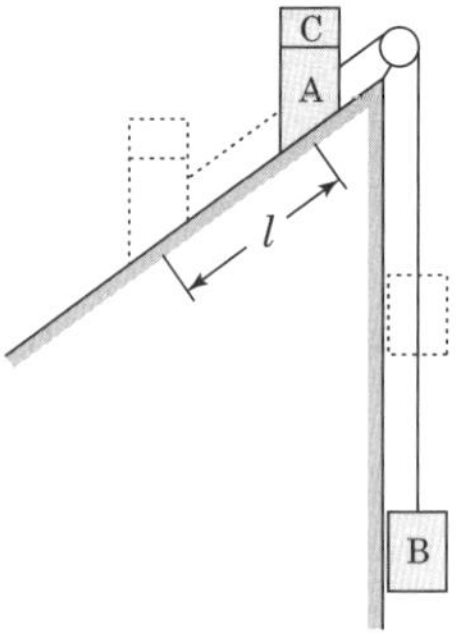

物体A（質量 M）およびB（質量 $\frac{M}{2}$）を糸の両端に結び，Aを滑らかな斜面上におき，Bを斜面の上端に取り付けた滑車を通してつり下げる。いま，Aを手で支え，その水平な上面に物体Cをのせてから，Aを静かに放したら，AはCをのせたまま斜面に沿って加速度 $\frac{g}{8}$（g は重力加速度）で滑りおり始めた。Aが距離 l だけ進んだとき，CをAの上から取り去ったところ，Aはその後一定の速度で滑りおりていった。

(1) 斜面が水平面となす角はいくらか。

(2) 加速度運動をしているときの糸の張力はいくらか。

(3) 等速度運動をしているときのAの速さはいくらか。

(4) 物体Cの質量はいくらか。

(5) 加速度運動をしているときCがAに及ぼす鉛直方向の力はいくらか。

(6) 加速度運動中，CとAの間に滑りを起こさないためには，両者間の静止摩擦係数はいくら以上でなければならないか。

（兵庫県立大）

Level　(1)～(4) ★　(5),(6) ★

Point & Hint

(1) Cを取り去った後の運動に目をつける。**等速度運動は力のつり合い**のもとで起こる。

(2) Bに注目する。

(5) 力は2物体間で生じ，それぞれが受ける力の大きさは等しく，向きは逆向きであるという**作用・反作用の法則**を意識して，Cに注目する。

(6) AC間に滑りはないから，AC間の摩擦は静止摩擦。

LECTURE

(1)　C を取り去った後の等速度運動では力がつり合っている。斜面の角度を θ，糸の張力を T_0 とする。

A の斜面方向でのつり合いより

$$Mg\sin\theta = T_0 \quad \cdots\cdots①$$

B のつり合いより

$$T_0 = \frac{M}{2}g \quad \cdots\cdots②$$

①, ②より T_0 を消去すると

$$\sin\theta = \frac{1}{2} \qquad \therefore\ \theta = \mathbf{30°}$$

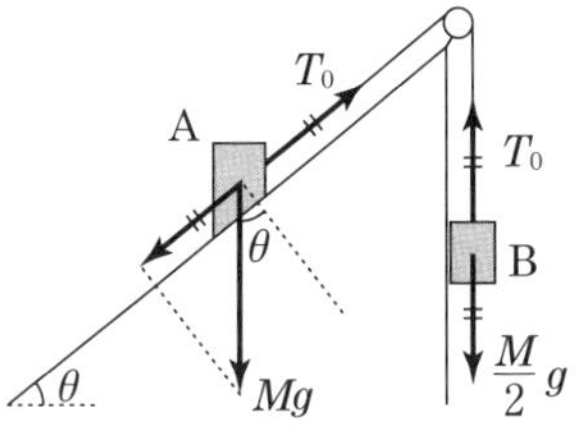

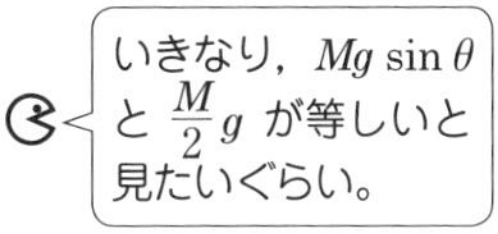

(2)　糸の張力を T とすると，B の運動方程式は

$$\frac{M}{2}\cdot\frac{g}{8} = T - \frac{M}{2}g$$

$$\therefore\ T = \boldsymbol{\frac{9}{16}Mg}$$

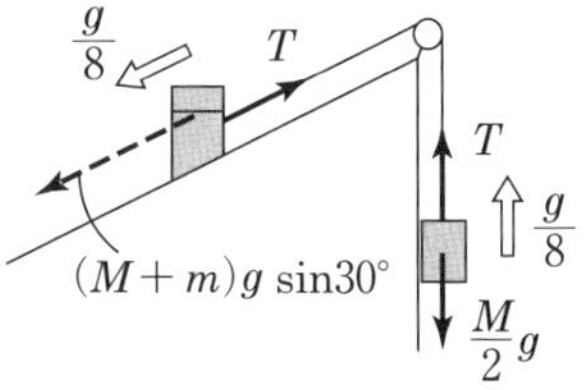

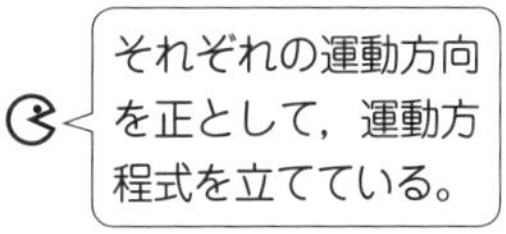

(3)　距離 l だけ滑りおりたときの速さ v を求めればよい。等加速度運動の公式❸（p 9）より

$$v^2 - 0^2 = 2\cdot\frac{g}{8}\cdot l \qquad \therefore\ v = \boldsymbol{\frac{\sqrt{gl}}{2}}$$

(4)　C の質量を m とする。A，C を一体化すると，運動方程式は

$$(M+m)\frac{g}{8} = (M+m)g\sin30° - T$$

(2)で求めた T を代入して m を求めると　$m = \boldsymbol{\frac{M}{2}}$

(5)　C が A から受ける垂直抗力を N，静止摩擦力を F とする。水平方向を見ると，加速度（の水平成分）が左向きとなっているから F も左向きと決まる。C の運動方程式は，斜面方向の力を取り出して

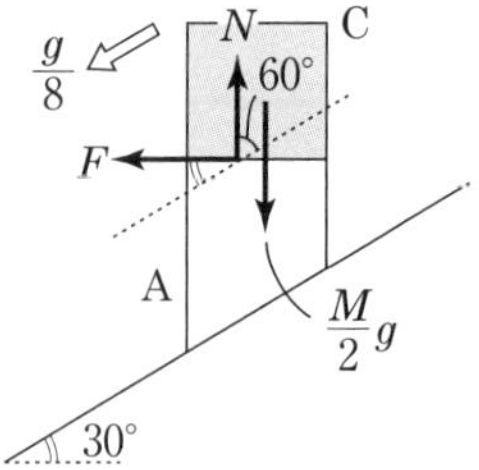

$$\frac{M}{2}\cdot\frac{g}{8}=\frac{M}{2}g\sin 30^\circ+F\cos 30^\circ-N\cos 60^\circ$$

両辺を16倍して

$$Mg=4Mg+8\sqrt{3}F-8N \qquad \cdots\cdots①$$

直線運動では，直線に垂直な方向では力のつり合いが成り立つ。　C について，斜面に垂直な方向でのつり合いより

$$F\sin 30^\circ+N\sin 60^\circ=\frac{M}{2}g\cos 30^\circ$$

角度を押さえれば力の分解ができる

両辺を 4 倍して

$$2F+2\sqrt{3}N=\sqrt{3}Mg \qquad \cdots\cdots②$$

①, ②より　　$N=\dfrac{15}{32}Mg$　　$F=\dfrac{\sqrt{3}}{32}Mg$

尋ねられたのは「C が A に及ぼす鉛直方向の力」，つまり N の反作用である。作用・反作用の法則により大きさは等しいから　　$\boldsymbol{\dfrac{15}{32}Mg}$

なお，静止摩擦力の向きが見抜けなければ，F を符号を含めて扱っていると思えばよい（左向きを正として）。

別解　加速度を右のように水平方向と鉛直方向に分解して，それぞれの方向で運動方程式を立ててもよい（この見方も大切）。

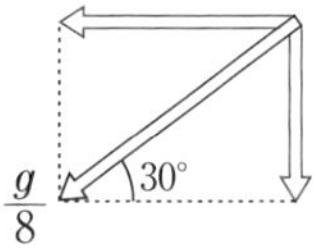

水平：　$\dfrac{M}{2}\cdot\dfrac{g}{8}\cos 30^\circ=F$

鉛直：　$\dfrac{M}{2}\cdot\dfrac{g}{8}\sin 30^\circ=\dfrac{M}{2}g-N$

いろいろな観点があることを学んでほしい

水平は左向きを正，鉛直は下向きを正とした。この方法では，N と F が独立に解けるので，計算は速く進む。

(6)　F は最大摩擦力 μN 以下でなければならないから

$$F\leqq\mu N \qquad \therefore\quad \mu\geqq\frac{F}{N}=\boldsymbol{\frac{\sqrt{3}}{15}}$$

9　運動方程式

ゴンドラGの上の体重計Hに乗っている人が，定滑車を通した綱を引張って，空中でつり合いの状態にある。人，ゴンドラおよび体重計の質量をそれぞれ，60kg，20kg，10kgとし，重力加速度をg〔m/s²〕とする。綱の質量は無視できるものとする。

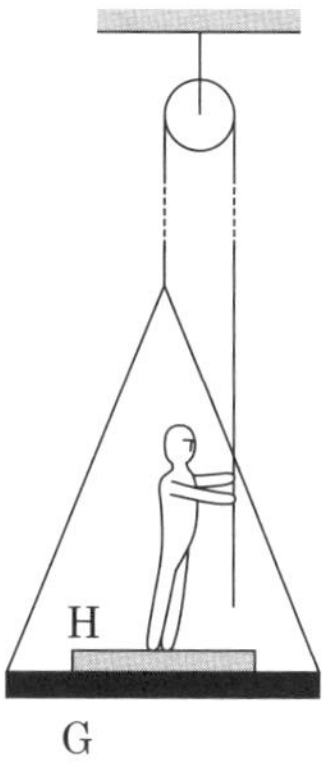

(1)　この人に作用する力を，矢印を用いて，図の中に描き込め。

(2)　綱(鉛直部分)の張力はいくらか。また，体重計の読みはいくらか。

次に，綱に一定の力を加えながら，たぐりつつ上昇したり，綱をくり出しながら下降したりした。ある時間のあいだ，体重計の読みが，16.5kgであった。

(3)　このときのゴンドラの加速度を求めよ。鉛直上向きを正とする。

（信州大）

Level　(1) ★★　(2) ★　(3) ★

Point & Hint　(1)「人が綱を引張って」という文章に引きずられないように。人が受けている力を図示する。

(2) HとG，さらにはGをつるしている斜めの綱まで一体としてみるとよい。作用・反作用の法則に注意。

LECTURE

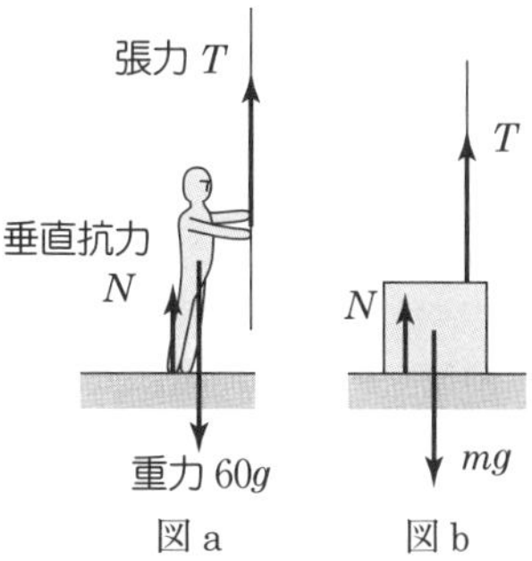

図 a　　図 b

(1)　人に働く力は右のようになっている。力のつり合いより

$$N+T=60g \quad \cdots\cdots①$$

人が綱を下へ引く（下向きの力を加える）ので，人は綱から上向きの力（張力）を受ける —— 作用・反作用の法則である。ただ，

そんな面倒くさいことをいわなくても，「綱や糸は物体を引くだけ」であり，張力 T が上向きなのは自明といってよい。人間がからむと難しく思えてしまうが，図bと同じことなのである。

(2)　GとHの間で働く力は問題になっていないから一体（質量は30 kg）として扱う。さらに斜めの綱まで含めると右のように力が図示できる。Hが人から垂直抗力の反作用 N を受けていることに注意しよう。力のつり合いは

$$T = 30g + N \quad \cdots\cdots ②$$

①, ②より　$T = \mathbf{45}\boldsymbol{g}$〔**N**〕　$N = 15g$〔N〕

さて，体重計Hの読みに移ろう。もともと単に人がHに乗れば目盛りは60 kgを指す。このときHは $60g$〔N〕の力を受けている。いまは $N = 15g$〔N〕の力を受けているのだから，目盛りは **15 kg** を指すことになる。

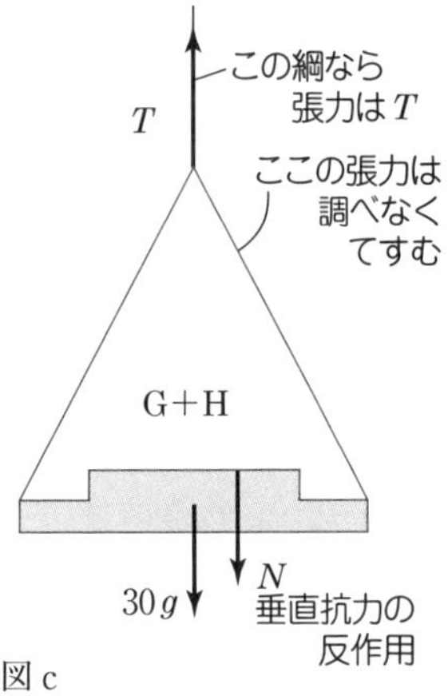

図 c

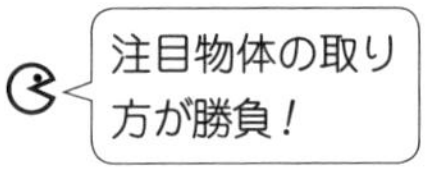

(3)　Hの読みが16.5 kgだから，$N = 16.5g$〔N〕となっている。運動方程式の問題だが，力の図示は図a，cと同様で，上向きを正として加速度を a とすると（a には符号を含める）

人について：　$60a = T + 16.5g - 60g$　……③

G＋Hについて：　$30a = T - 30g - 16.5g$　……④

③－④より　$30a = 3g$　　∴　$a = \boldsymbol{\frac{g}{10}}$〔$\mathbf{m/s^2}$〕

a は正だから，加速度は上向きと分かる。

Q₁　人が静止しているとき，綱の張力だけなら簡単に求められる。注目物体をどのようにとって考えればよいか。（★）

Q₂　人が動き，体重計の読みが0となるときの加速度はいくらか。（★）

10 運動方程式

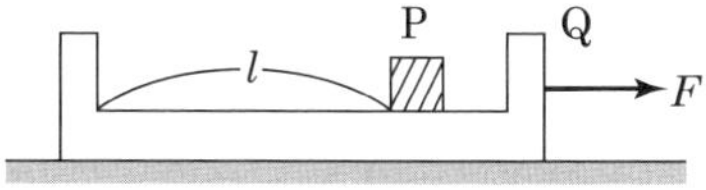

水平面上に置かれた質量 M の箱Qの中に質量 m の小物体Pを入れ，静止状態から箱に外力 F を水平右向きに加えて運動させる。PとQの間の静止摩擦係数を μ_0，動摩擦係数を μ とし，Qと水平面の間の動摩擦係数も μ とする。重力加速度を g とする。

まず，$F = F_0$ のとき，P，Qは一体となって運動した。

(1) 加速度を求めよ。

(2) PがQから受けている摩擦力の大きさ f を求めよ。

(3) P，Qが一体となって運動するためには，F_0 はいくら以下でなければならないか。その限界値 F_1 を求めよ。

次に，$F = F_2 (> F_1)$ として，静止状態から動かすと，Pは箱Qに対して滑って動いた。

(4) Pの加速度 a とQの加速度 A をそれぞれ求めよ。

(5) はじめPはQの左端から l の距離の所にあったとする。PがQの左端に達するまでの時間 t を求めよ。

最後に，外力は加えず，静止状態から箱Qだけに右向きの初速 v_0 を与える。

(6) Pが l 離れた箱の左端に達するためには，v_0 はいくら以上であるべきか。　　　　（鹿児島大＋名古屋市立大）

Level (1)〜(4) ★　(5),(6) ★

Point & Hint

(1) P，Qを一体として扱う。
(2) Pだけの運動方程式を考える。
(3) PとQの間に滑りがないので，f は静止摩擦力である。
(4) 作用・反作用の法則が大切。
(5),(6) 箱Qに対するPの運動(相対運動)を考えるとよい。

LECTURE

(1)　P，Qを一体化して，力を図示すると右のようになる。上下方向は力がつり合うから　$N=(m+M)g$

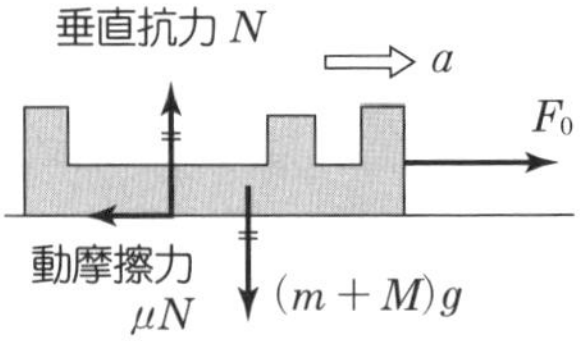

水平方向の加速度を a として，運動方程式は

$$(m+M)a=F_0-\mu N$$
$$=F_0-\mu(m+M)g$$
$$\therefore\quad a=\boldsymbol{\frac{F_0}{m+M}-\mu g}$$

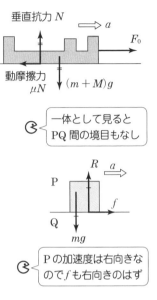

一体として見ると
PQ 間の境目もなし

(2)　Pの運動方程式は　　$ma=f$

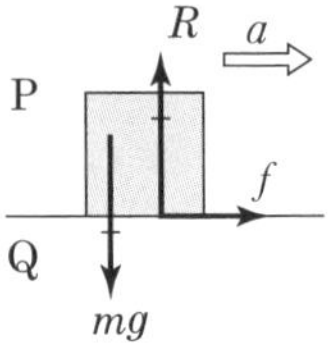

$$\therefore\quad f=ma=\boldsymbol{m\left(\frac{F_0}{m+M}-\mu g\right)}$$

QがPを右へひきずって動くから，f は右向きと判断してもよい。

Pの加速度は右向きな
ので f も右向きのはず

(3)　PがQから受ける垂直抗力を R とすると，上下のつり合いから　$R=mg$
一方，静止摩擦力 f は最大摩擦力 $\mu_0 R$ 以下でなければならないから

$$f\leqq\mu_0 R$$

よって，　　$m\left(\dfrac{F_0}{m+M}-\mu g\right)\leqq\mu_0 mg$

$$\therefore\quad F_0\leqq\boldsymbol{(\mu_0+\mu)(m+M)g}=F_1$$

(4)　Pに働く力を赤で，Qに働く力を黒で示すと右のようになる。PはQに対して左へ滑るから，動摩擦力 μR が右向きに働く（これもQがPをひきずると考えてもよい）。Qはその反作用を受けること，および床からの動摩擦力はやはり　$\mu N=\mu(m+M)g$　であることに注意して，それぞれの運動方程式を立てると

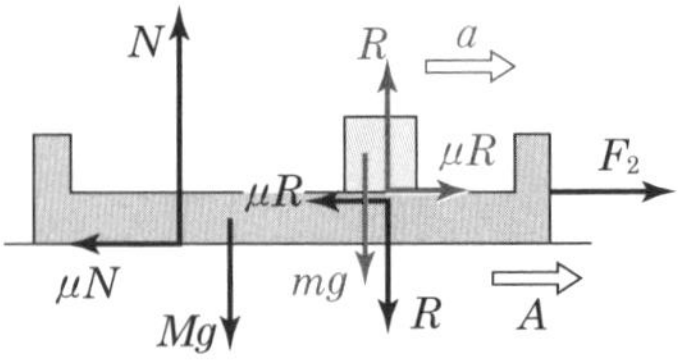

R と R　μR と μR は作用と反作用。
Pの上下つり合いから　$R=mg$
Qの上下つり合いから
$N=Mg+R=(M+m)g$
上下方向は一体と同じこと。

$$\text{P}：\quad ma = \mu R$$
$$= \mu mg \qquad \therefore \quad a = \boldsymbol{\mu g}$$
$$\text{Q}：\quad MA = F_2 - \mu N - \mu R$$
$$= F_2 - \mu(m+M)g - \mu mg$$
$$\therefore \quad A = \frac{\mathbf{1}}{\boldsymbol{M}}\{\boldsymbol{F_2 - \mu(2m+M)g}\}$$

$m+M$ としてはいけない。注目物体Qの質量を！

(5)　Qに対するPの相対加速度を α とすると

$$\alpha = a - A = -\frac{1}{M}\{F_2 - 2\mu(m+M)g\}$$

マイナス符号は左向きを意味している。

Pは Q に対して大きさ $|\alpha|$ の加速度で左へ l の距離を滑るから

左向きを正に，頭を切りかえたい。

$$l = \frac{1}{2}|\alpha|t^2 \qquad \therefore \quad t = \sqrt{\frac{2l}{|\alpha|}} = \sqrt{\frac{\boldsymbol{2Ml}}{\boldsymbol{F_2 - 2\mu(m+M)g}}}$$

なお，平方根の中は正の値となっている。なぜなら，一般に静止摩擦係数は動摩擦係数以上の値であり，　$\mu_0 \geqq \mu$ なので

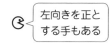

$$F_2 > F_1 = (\mu_0 + \mu)(m+M)g \geqq 2\mu(m+M)g$$

(6)　やはりPはQに対して左へ滑るので，(4)で $F_2 = 0$ として考えればよい。よって

$$a = \mu g \qquad A = -\frac{\mu}{M}(2m+M)g$$
$$\alpha = a - A = \frac{2\mu}{M}(m+M)g$$

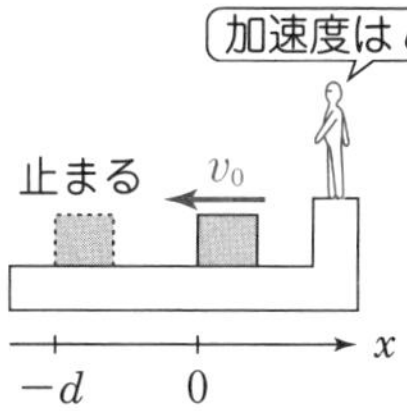

Pが箱の中で止まるまでに左へ進む距離を d とする。

Qに対するPの初速度は $0 - v_0 = -v_0$ だから

$$0^2 - (-v_0)^2 = 2\alpha \cdot (-d)$$
$$\therefore \quad d = \frac{{v_0}^2}{2\alpha} = \frac{M{v_0}^2}{4\mu(m+M)g}$$

ここでは右向きを正としている。Pの座標は $x = -d$

$d \geqq l$ ならPは箱の左端に達するから

$$v_0 \geqq \mathbf{2}\sqrt{\frac{\boldsymbol{\mu(m+M)gl}}{\boldsymbol{M}}}$$

左向きを正とする手もある

11　エネルギー保存則

質量mの小球Pと$3m$の小物体Qを糸で結び，Qを傾角30°の斜面上の点Aに置き，糸を斜面と平行にし，滑車にかけてPをつるす。斜面は点Aの上側では滑らかであるが，下側は粗く，Qとの間の動摩擦係数は$\frac{1}{\sqrt{3}}$である。Pに鉛直下向きの初速v_0を与えたところ，Qもv_0で点Aから動き出した。重力加速度をgとし，エネルギー保存則を用いて答えよ。

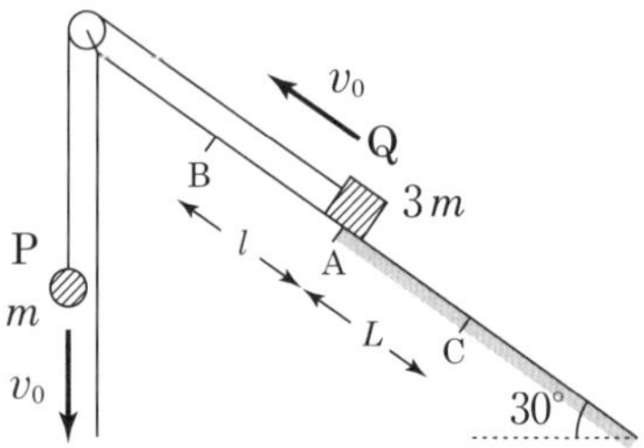

(1)　Qの達する最高点Bと点Aとの距離lはいくらか。

(2)　Qはやがて下へ滑り点Cで止まった。AC間の距離Lはいくらか。

Level　(1) ★　(2) ★

Point & Hint

Pの重力mgよりもQの重力の斜面方向の分力$3mg\sin 30°$の方が大きいので，静かに放せばQが下がりPが上がる状況。

運動方程式でも解けるが，エネルギー保存則で解かなければならないし，そのほうが早く解ける。

Base　力学的エネルギー保存則

$$\frac{1}{2}mv^2 + \text{位置エネルギー} = \text{一定}$$

※ 位置エネルギーには，重力の位置エネルギー mgh やばねの弾性エネルギー $\frac{1}{2}kx^2$ などがある。

※ 摩擦がないとき成り立つ。厳密には非保存力の仕事が0のとき成り立つ。

(1) 摩擦がないので力学的エネルギー保存則が成り立つが，PとQが糸を通して力を及ぼし合い，エネルギーのやり取りをしているので，PやQ単独では成立しない。全体(物体系)について扱うこと。運動エネルギーと位置エネルギーの総量が保存されるが，**失われたエネルギー ＝ 現れたエネルギー** とすると式を立てやすい。

(2) 元の位置に戻ったときの速さをまず押さえたい。その後は摩擦があるので，摩擦熱を取り入れ，エネルギー保存則を立てる。

摩擦熱 ＝ 動摩擦力×滑った距離

LECTURE

(1) Qが最高点に達したとき，QもPも一瞬静止する。この間に失われた(減少した)のは，P，Qの運動エネルギーとPがlだけ下がったことによる位置エネルギーである。一方，現れた(増した)のは，Qが $l\sin 30^\circ$ 高く上がった分の位置エネルギーだから

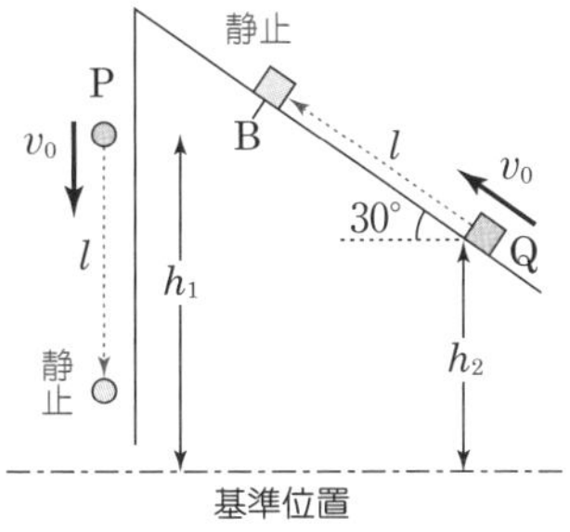

$$\frac{1}{2}mv_0^2+\frac{1}{2}\cdot 3m\cdot v_0^2+mgl=3m\cdot g\cdot l\sin 30^\circ \qquad \therefore\quad l=\boldsymbol{\frac{4v_0^2}{g}}$$

運動エネルギーが $\frac{1}{2}mv_0^2+\frac{1}{2}\cdot 3mv_0^2$ だけ失われ，位置エネルギーが実質的に $3mgl\sin 30^\circ-mgl$ だけ現れたとみてもよい。式表現は考え方で変わってくる。

別解 初めのP，Qの，基準位置からの高さをh_1，h_2とする。全体の力学的エネルギーを調べ，「はじめ＝あと」とおいてもよい。

$$\frac{1}{2}mv_0^2+mgh_1+\frac{1}{2}\cdot 3mv_0^2+3mgh_2$$
$$=0+mg(h_1-l)+0+3mg(h_2+l\sin 30^\circ)$$

両辺からmgh_1，$3mgh_2$は消え，上の式と一致してくる。

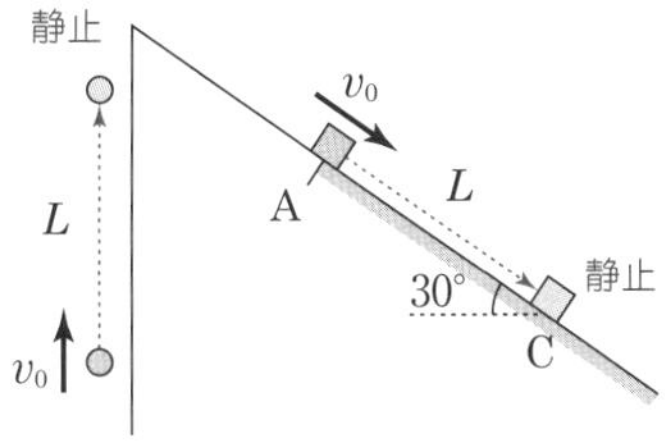

(2) 力学的エネルギー保存則より，QがAに戻ったときの速さはv_0となる（Pも）。位置エネルギーが元の値に戻るので，運動エネルギーも元の値になるからである。

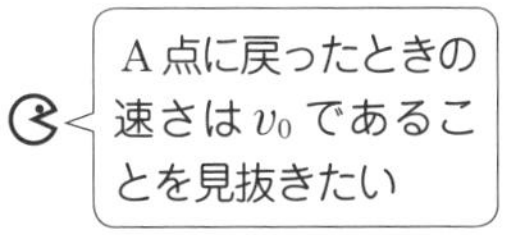

最下点Cで止まるから，失ったのはP，Qの運動エネルギーとQの位置エネルギー。一方，現れたのはPの位置エネルギーと摩擦熱。

$$\frac{1}{2}mv_0^2+\frac{1}{2}\cdot 3mv_0^2+3mgL\sin 30^\circ$$
$$=mgL+\frac{1}{\sqrt{3}}\cdot \underbrace{3mg\cos 30^\circ}_{\text{斜面からの垂直抗力}}\cdot L \qquad \therefore\quad L=\boldsymbol{\frac{2v_0^2}{g}}$$

12　エネルギー保存則

長さ $6a$ の糸の両端と中央に，同じ質量 m の小さいおもり A, B, C を付け，水平線上に固定された滑らかなくぎ P, Q に掛けた。PQ $= 2a$ であり，重力加速度を g とする。

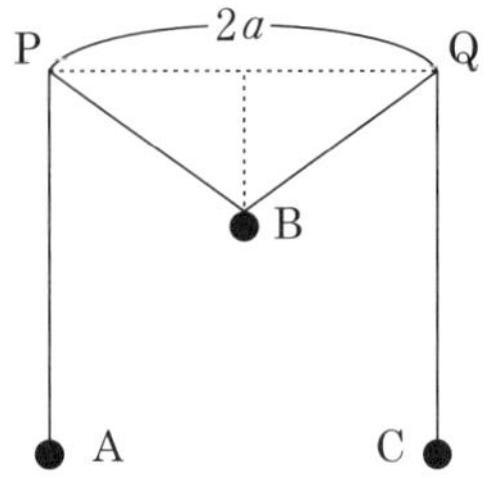

(1)　3つのおもりがつり合って静止している。B は水平線 PQ よりどれだけ下がっているか。

(2)　B を手でつまんで PQ の中点まで持ち上げる。このとき手のした仕事を求めよ。

(3)　(2)の状態で B を静かに放すと，おもりは動き始める。B は水平線 PQ より最大どれだけ下がるか。　（京都工繊大）

Level　(1) ★　(2), (3) ★

Point & Hint

(2) 手のした仕事は位置エネルギーの増加をもたらす。一般に，物体を静かに動かすときは，**外力の仕事＝位置エネルギーの変化**　もちろん，この場合は物体系で考える。
(3) 物体系に対して力学的エネルギー保存則を適用する。

LECTURE

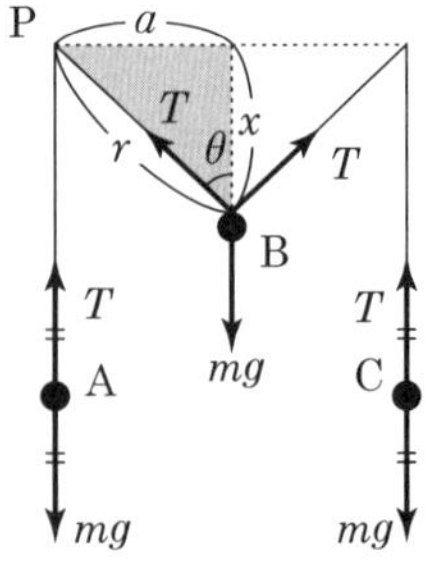

(1)　糸の張力を T とすると，A(または C)のつり合いから　　$T = mg$

求める距離を x とし，図のように角 θ をとると，B の鉛直方向のつり合いは

$$T\cos\theta \times 2 = mg$$

灰色の直角三角形の斜辺 r は $\sqrt{a^2 + x^2}$ だから，$\cos\theta$ が決まる。以上の式より

$$mg\cdot\frac{x}{\sqrt{a^2+x^2}}\times 2 = mg \qquad \therefore\quad 4x^2 = a^2 + x^2 \qquad \therefore\quad x = \frac{\boldsymbol{a}}{\sqrt{\boldsymbol{3}}}$$

別解 $T = mg$ であるから，Bに働く3つの力は大きさが等しい。さらに，2つの張力の合力が mg に等しいことから右の図の赤色の三角形は正三角形となっている。よって，$\theta = 60°$ であり，$x = \dfrac{\boldsymbol{a}}{\sqrt{\boldsymbol{3}}}$

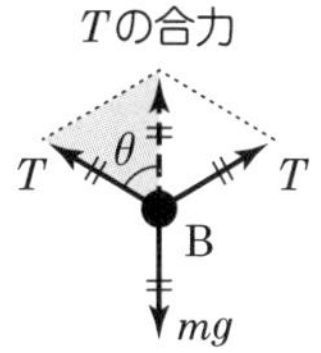

(2) Bは $a/\sqrt{3}$ だけ上がり，AとCは $r-a$ だけ下がる。(BP間の糸の長さが r から a になるから)。

$$r-a=\sqrt{a^2+x^2}-a=\sqrt{a^2+\left(\frac{a}{\sqrt{3}}\right)^2}-a=\left(\frac{2}{\sqrt{3}}-1\right)a$$

「変化」といえば「後−前」の引き算

よって，全体の位置エネルギーの変化（つまり手の仕事）は

$$mg\frac{a}{\sqrt{3}}-mg\left(\frac{2}{\sqrt{3}}-1\right)a\times 2 = \boldsymbol{(2-\sqrt{3})\,mga}$$

変化を調べるときは位置エネルギーの基準点は無関係で，気にすることはない。

(3) Bが下がる距離を y とおくと，AとCは $\sqrt{a^2+y^2}-a$ だけ上がる。

Bが最も下がったとき，Bは一瞬止まり，AとCも一瞬止まる。運動エネルギーははじめも後も0だから，Bが位置エネルギーを失った分だけAとCが獲得する。

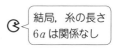

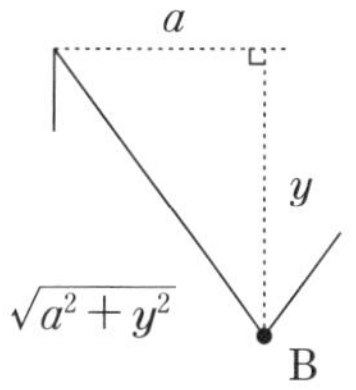

$$mgy = mg(\sqrt{a^2+y^2}-a)\times 2$$

$$\therefore\quad \left(\frac{y}{2}+a\right)^2 = a^2+y^2$$

$$\therefore\quad y\left(\frac{3}{4}y-a\right)=0 \qquad \therefore\quad y=\frac{\boldsymbol{4}}{\boldsymbol{3}}\boldsymbol{a}$$

結局，糸の長さ $6a$ は関係なし

Q (3)のとき，(1)で求めたつり合い位置でのBの速さ v を求めよ。(★★)

13 運動量保存則

滑らかで水平な床の上に質量 M, 直径 $2a$ の一様なリングがあり，その中心Oの位置に質量 m の質点をおく。質点とリングの側面との間の反発係数（はね返り係数）を e $(0 < e < 1)$ とし，質点とリングの運動はリングの直径BOAを通る直線上で起こるものとする。

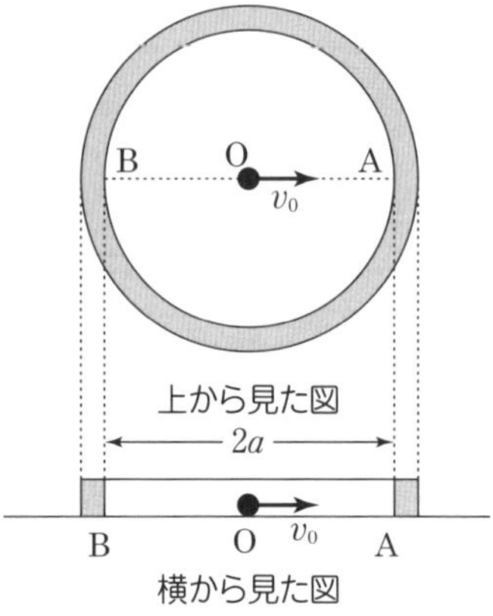

(1)　質点を初速 v_0 で右向きに運動させる。リングの側面Aに質点が衝突した後，質点およびリングの速度はいくらになるか。また，衝突の際，質点が受ける力積はいくらか。速度や力積は右向きを正とする。

(2)　次に，質点は左側のリング側面Bに衝突する。中心Oを出発してから，この左側面Bに衝突するまでに要する時間を求めよ。

(3)　(2)の衝突後，リングの速度はいくらになるか。また，次に質点が右側の側面Aに衝突するまでにかかる時間を求めよ。

(4)　このように質点とリングが衝突をくり返して十分に時間が経過した後，リングの速度はいくらになるか。また，衝突で失われた運動エネルギーは全体でいくらになるか。　　（宇都宮大）

Level　(1) ★　(2)〜(4) ★

Base　運動量保存則

$$m_1 \vec{v}_1 + m_2 \vec{v}_2 + \cdots = 一定$$

※ 衝突や分裂のケースで用いる。
※ 厳密には，物体系に対して外力が働かないとき成立する。
※ ベクトルの関係式。

Point & Hint

(1) **衝突問題は運動量保存則と反発係数の式の連立で解く**——これがセオリー。反発係数 e の式は人によって覚え方は異なるが，たとえば，

衝突後の速度差＝$-e$×前の速度差

e の値は $0 \leqq e \leqq 1$ で，$e=1$ のときを(完全)弾性衝突という。

力積は力と時間の積だが，いずれも分からない。そこで **力積＝運動量の変化** という定理を用いる。

⑵ 衝突後は相対速度で考えるとよい。

⑷ 最終状態を直観的に押さえたい。

$e<1$ のときは運動エネルギーは保存しない。弾性衝突なら保存するが，$e=1$ の式を用いたほうが計算はずっと楽。

LECTURE

⑴　衝突後の質点とリングの速度を v_1，V_1 とおく。

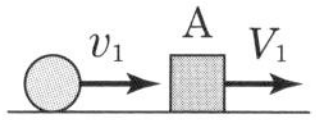

運動量保存則より

$$mv_1 + MV_1 = mv_0 + 0 \quad \cdots\cdots①$$

衝突後を左辺に書くと後の計算がしやすい

未知数は速さでなく速度で。質点ははね返るかもしれないがとりあえず正の向きに矢印を描いておくとよい。

反発係数の式は

$$v_1 - V_1 = -e(v_0 - 0) \quad \cdots\cdots②$$

e の前のマイナスを忘れないこと
両辺の速度差は，「質点－リング」のように順序を合わせる

①＋M×② で V_1 を消去して

$$(m+M)v_1 = (m-eM)v_0 \qquad \therefore \quad v_1 = \frac{m-eM}{m+M}v_0$$

①－m×② より（または v_1 を②へ代入して）　$V_1 = \dfrac{(1+e)m}{m+M}v_0$

運動量は(質量m)×(速度 $\vec{v}$)であり，運動量保存則は速度を必要としているし，反発係数の式も速度の式である。そこで，未知数は速さでなく速度とすべき。

さて，衝突後の質点は左右どちらへ動いているかというと……答えは「分からない」 つまり，v_1 の符号による。$m>eM$ なら v_1 は正だから右へ，$m<eM$ なら左へと条件によるが，速度としているお陰で①，②，さらに上の答えはどちらの場合も含めて成立している（以下の議論も同様）。

衝突時に働く力の大きさを F，時間を Δt とすると，質点が受けた力積は $-F\Delta t$ と表され，質点の運動量の変化に等しい。

$$-F\Delta t = mv_1 - mv_0 \qquad \cdots\cdots ⓐ$$
$$= -\frac{\boldsymbol{(1+e)mMv_0}}{\boldsymbol{m+M}}$$

別解　リングが受けた力積 $F\Delta t$ を調べてもよい。

$$F\Delta t = MV_1 - 0 \qquad \cdots\cdots ⓑ$$

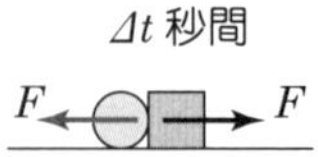

作用・反作用の法則により，符号を変えて，$-MV_1$ が答えとなる。

> 作用・反作用の法則により２つの力の大きさは等しい。
> ⓐ＋ⓑとしてみると運動量保存則が導ける！

(2)　まず，A に衝突するまでの時間は　$\dfrac{a}{v_0}$

次に，衝突後のリングに対する質点の相対速度は

$$v_1 - V_1 = -ev_0$$

つまり，リングから見ると，質点は左へ ev_0 の速さで動き，$2a$ だけ進んで B に当たるから，求める時間は

> v_1 と V_1 を代入しなくても，②を見れば明らか！　e の式は相対速度の式だ。

$$\frac{a}{v_0} + \frac{2a}{ev_0} = \frac{\boldsymbol{(e+2)a}}{\boldsymbol{ev_0}}$$

反発係数の式は，(後の相対速度)＝$-e$×(前の相対速度) とも表せる。右辺にマイナスがつく理由は…いまの場合，リングから見れば，衝突により質点は必ずはね返る。つまり，相対速度の向きが反転するからである。

(3)　左側面 B との衝突後の質点とリングの速度を v_2，V_2 とすると，運動量保存則より

$$mv_2 + MV_2 = mv_1 + MV_1$$
$$= mv_0 \qquad \cdots\cdots ③$$
（①を用いて）

何度衝突がくり返されようとも，全運動量は保存していることを認識してほしい。そうすれば③はダイレクトに書き下せる。

e の式より　$v_2 - V_2 = -e(v_1 - V_1)$
$$= e^2 v_0 \qquad \cdots\cdots ④$$
（②を用いて）

③ $-m$ × ④　より　$V_2 = \dfrac{\boldsymbol{(1-e^2)m}}{\boldsymbol{m+M}}\boldsymbol{v_0}$

衝突後のリングに対する質点の相対速度 $v_2 - V_2$ は ④より $e^2 v_0$ だから，

右側面Aに衝突するまでの時間は　$\boldsymbol{\dfrac{2a}{e^2 v_0}}$

(4)　$e < 1$ なので，衝突するたびに全運動エネルギーは減っていく。やがて両者は衝突しなくなる。つまり，一体として動くようになる。そのときの速度を u とすると，運動量保存則より

$$mv_0 = (m+M)u \qquad \therefore \quad u = \boldsymbol{\frac{m}{m+M}v_0}$$

ここに至るまでに失われた運動エネルギーは，1回，1回の衝突を追わなくても，はじめと最後の差から分かる。

$$\frac{1}{2}mv_0{}^2 - \frac{1}{2}(m+M)u^2 = \boldsymbol{\frac{mMv_0{}^2}{2(m+M)}}$$

両者の衝突が続き全運動エネルギーが減っても，0になる（両者が静止する）わけにはいかない。全運動量が0になり，運動量保存則に反してしまうからである。こうして両者は一体となって動くようになる。

両者の速度が一致してくるのは，反発係数の式で考えると明確になる。④のときと同様に3回目の衝突後は

$$v_3 - V_3 = -e(v_2 - V_2) = -e^3 v_0$$

このくり返しだから，n 回目の衝突後の速度差は $(-e)^n v_0$

$e < 1$ だから，これは $n \to \infty$ で0になる。

14　運動量保存則

図1のような yz 鉛直面内で，物体Pを仰角 θ，初速 v_0 で原点Oから打ち出したところ，Pは軌道Iを描き最高点Aに達したのち，軌道Ⅱを描いて y 軸上の地点Bに落下した。ところが，Pが最高点Aに達したときに破裂し質量が同じ2個の物体 P_1，P_2 に分裂した場合には，一方の物体 P_1 は図のように yz 平面に垂直方向に軌道Ⅱとまったく同じ形をした軌道Ⅲを描き，ABと等距離の地点Cに落下した。重力加速度を g とする。

(1)　最高点Aの高さ h と水平距離OBを求めよ。

(2)　Pが分裂した直後の P_1 の速さと，P_2 の速度成分 v_x，v_y，v_z を求めよ。

(3)　図2はPが分裂する直前の速度ベクトルの水平成分を表している。分裂直後の P_1, P_2 の速度ベクトルの水平成分を描き，P_1, P_2 の記号を付けよ。

(4)　P_1 に対する P_2 の相対速度の大きさはいくらか。

(5)　P_2 が地面に落下した地点の座標 x，y を求めよ。

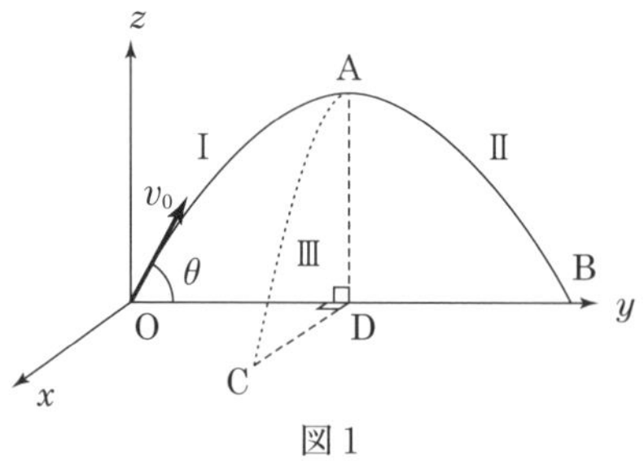

図1

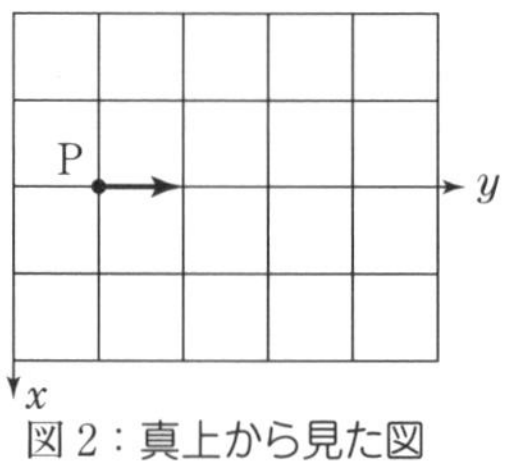

図2：真上から見た図

(名古屋市立大)

Level　(1)〜(3) ★　(4), (5) ★

Point & Hint

分裂現象は運動量保存則を用いる典型タイプ。運動量保存則はベクトルの関係だから x，y など各方向ごとに成り立つ。

LECTURE

(1) 鉛直方向の初速は $v_0 \sin\theta$ であり，最高点では速度の鉛直成分が 0 となるから

$$0^2 - (v_0 \sin\theta)^2 = 2(-g)h \qquad \therefore \quad h = \boldsymbol{\frac{v_0^2}{2g}\sin^2\theta}$$

別解 力学的エネルギー保存則を用いる。

放物運動は力学的エネルギー保存則が成り立つ典型例だ

P の質量を m として

$$\frac{1}{2}mv_0^2 = \frac{1}{2}m(v_0\cos\theta)^2 + mgh$$

忘れやすい。最高点での速さは $v_0\cos\theta$

鉛直方向は初速 $v_0 \sin\theta$ での投げ上げ運動と同一だから

$\frac{1}{2}m(v_0\sin\theta)^2 = mgh$ とする手もある。

落下点 B の z 座標は 0 だから，O から B までの時間を t とすると

$$0 = v_0\sin\theta\cdot t - \frac{1}{2}gt^2 \qquad \therefore \quad t = \frac{2v_0}{g}\sin\theta$$

水平方向は $v_0\cos\theta$ の等速運動であり

$$\mathrm{OB} = v_0\cos\theta\cdot t = \boldsymbol{\frac{2v_0^2}{g}\sin\theta\cos\theta} = \boldsymbol{\frac{v_0^2}{g}\sin 2\theta}$$

最後の変形は，v_0 を一定にして θ を変え，到達距離の最大値を調べたいときなどには必要になる。$\theta = 45°$ で OB は最大となり，最大値は v_0^2/g と分かる。

(2) 軌道Ⅲは Ⅱ と同じ形だから，A での P_1 の速さは P と同じであり，　$\boldsymbol{v_0\cos\theta}$

また，P_1 の速度の向きが水平方向であることはいうまでもない。

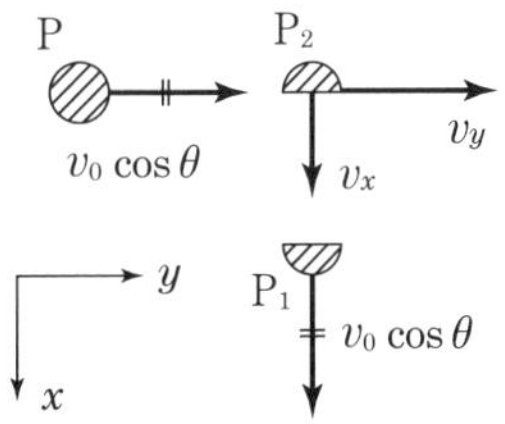

水平面内での分裂の様子は右のようになる。水平方向には外力がないので，運動量保存則が厳密に成り立つ。x 方向については，

未知量はとりあえず正の姿で描いておいた

$$0 = \frac{m}{2}v_0\cos\theta + \frac{m}{2}v_x$$

$$\therefore \quad v_x = \boldsymbol{-v_0\cos\theta}$$

P の x 方向の運動量はないので，P_1 が $+x$ 方向に動いたことから P_2 は

$-x$ 方向と速断もできる。

y 方向については　$mv_0\cos\theta=\dfrac{m}{2}v_y$　$\therefore$　$v_y=\boldsymbol{2v_0\cos\theta}$

z 方向では，P, P_1 ともに運動量が 0 だから P_2 も 0 のはず。

よって　$v_z=\boldsymbol{0}$

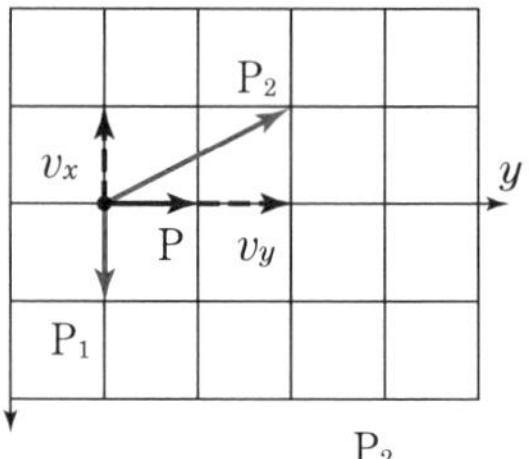

鉛直 z 方向は重力が働いているので気になるかもしれない。瞬間的な分裂や衝突では重力 mg など一定の力の力積は無視できるので，運動量保存則を「近似的に」適用することができる。

(3)　前問の結果から，P_1，P_2 の速度は右のようになる。下の運動量ベクトルの図と比較してみるとよい。

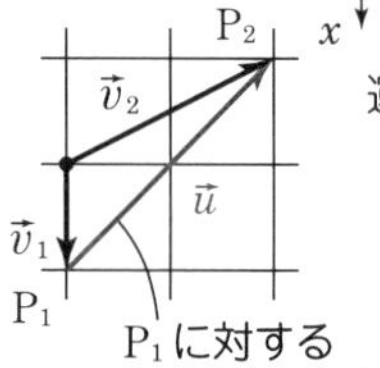

運動量ベクトル

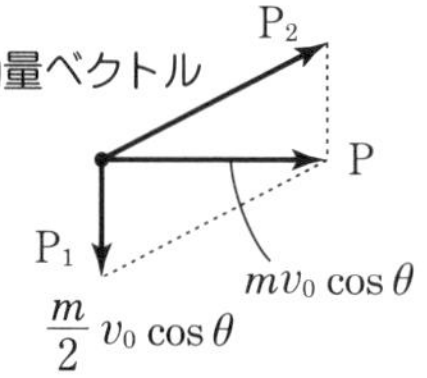

(4)　P_1, P_2 の速度ベクトル $\vec{v}_1$, $\vec{v}_2$ の引き算をすればよい。

(3)の図を用いると早い。1 目盛りが $v_0\cos\theta$ で相対速度の大きさ u は $2\sqrt{2}$ 目盛りだから

$$u=\boldsymbol{2\sqrt{2}\,v_0\cos\theta}$$

運動量ベクトルにしてみると，保存していることが分かる

別解　ただ，一般には，　$\vec{v}_1=(v_0\cos\theta,\ 0)$，

$\vec{v}_2=(-v_0\cos\theta,\ 2v_0\cos\theta)$　と成分に分けて，

$\vec{u}=\vec{v}_2-\vec{v}_1$　より

$(u_x,\ u_y)=(-2v_0\cos\theta,\ 2v_0\cos\theta)$　とし，

$u=\sqrt{{u_x}^2+{u_y}^2}$　として求めるのがふつうである。

(5)　点 A から後の運動は水平投射となる。落下時間は初速によらないので，水平方向に飛ぶ距離は初速に比例する。P_2 の運動を x, y 方向に分けて考えると，いずれも水平投射であり，$-x$ 方向には P と同じ距離 DB を飛び，y 方向にはその 2 倍の距離を飛ぶ。

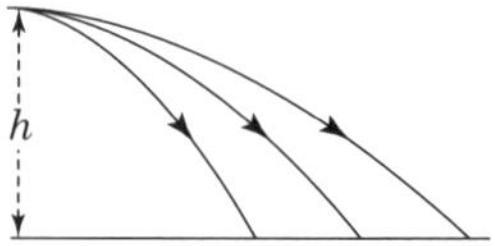

落下時間はみな同じ
$\boldsymbol{h=\dfrac{1}{2}gt^2}$ で決まる

$$x = -\mathrm{DB} = -\frac{\mathrm{OB}}{2}$$

$$= -\frac{\boldsymbol{v_0}^2}{\boldsymbol{g}}\sin\theta\cos\theta = -\frac{\boldsymbol{v_0}^2}{2\boldsymbol{g}}\sin 2\theta$$

$$y = \mathrm{OD} + \mathrm{DB} \times 2 = \frac{\mathrm{OB}}{2} + \mathrm{OB} = \frac{3}{2}\mathrm{OB}$$

$$= \frac{3\boldsymbol{v_0}^2}{\boldsymbol{g}}\sin\theta\cos\theta = \frac{3\boldsymbol{v_0}^2}{2\boldsymbol{g}}\sin 2\theta$$

別解 Aから地面に落下するまでの時間は (1) で求めた t の半分だから，次のようにして求めてもよい。

$$x = v_x \cdot \frac{t}{2} \qquad y = \frac{\mathrm{OB}}{2} + v_y \cdot \frac{t}{2}$$

Q $\mathrm{P_1}$, $\mathrm{P_2}$ が地面に落下したときの，$\mathrm{P_1P_2}$ 間の距離を求めよ。ただし，問 (5) の結果は用いず，問 (4) までの結果から $\mathrm{P_1}$ に対する $\mathrm{P_2}$ の運動を考えて求めること。(★)

15　保存則

ばね定数 k の軽いばねの一端を質量 M の円筒容器の底に固定する。質量 m の物体Pと容器の間に摩擦はなく，容器の厚みは無視できるものとする。重力加速度の大きさを g とする。

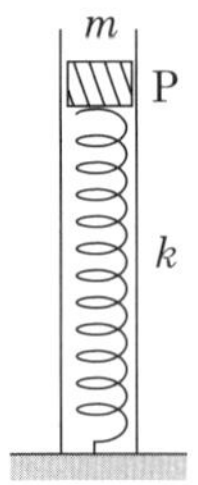

図1

(1)　図1のように，容器を鉛直にして台上におき，Pをばねの上端に静かにのせ，Pを支えてゆっくり下げていくとき，ばねは最大いくら縮むか。

(2)　図1のような状態で，はじめPをばねの上端に静かにのせ，急にPを放したとき，ばねは最大いくら縮むか。

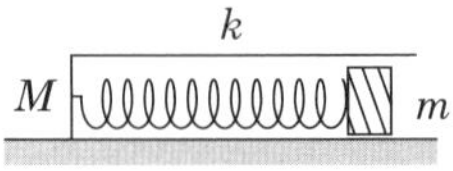

図2

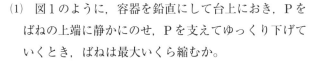

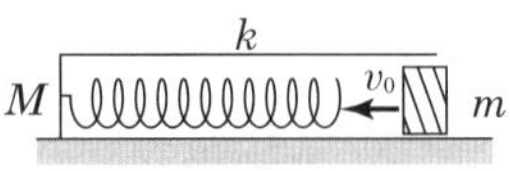

図3

(3)　図2のように，容器を滑らかな水平面上におき，容器を押さえて，Pをばねに押しつけて a だけ縮め，全体が静止している状態で，容器とPを同時に放す。ばねから離れた後のPの速さを求めよ。

(4)　図3のように，滑らかな水平面上に静止している容器のばねに，Pを水平方向に速さ v_0 であてたとき，

　(ア)　ばねは最大いくら縮むか。

　(イ)　やがてPはばねから離れる。その後のPの速さを求めよ。

（弘前大）

Level　(1) ★★　(2) ★　(3) ★　(4) (ア) ★　(イ) ★★

Point & Hint

ばねの力，**弾性力は kx** で，その位置エネルギーである**弾性エネルギーは $\frac{1}{2}kx^2$**（k はばね定数，x は自然長からの伸びや縮み）

(2) 力学的エネルギー保存則を用いる。　$\frac{1}{2}mv^2 + mgh + \frac{1}{2}kx^2 = $ 一定

(3), (4)　2つの保存則の連立で解く。(4)(ア)では，ばねが最も縮んだときの容器とPの間の相対速度にまず着目する。

LECTURE

(1)　図aのように，力のつり合い位置でPは静止する。ばねの縮みをlとすると

$$kl = mg \qquad \therefore \quad l = \boldsymbol{\frac{mg}{k}}$$

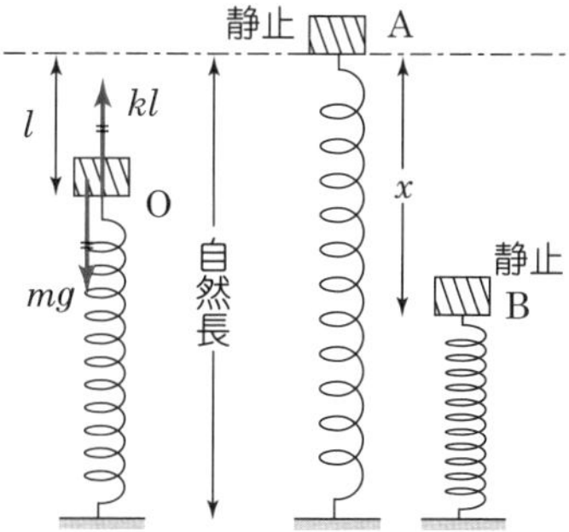

図a　　図b

(2)　ばねが最も縮んだとき，Pは一瞬静止する。図bのように，求める縮みをxとすると，力学的エネルギー保存則より（mghの基準は点B）

$$0 + mgx + 0 = 0 + 0 + \frac{1}{2}kx^2 \qquad \therefore \quad x = \boldsymbol{\frac{2mg}{k}}$$

重力の位置エネルギーmgx（失った分）が弾性エネルギー$\frac{1}{2}kx^2$（現れた分）に変換されたとみると早い。

別解　単振動まで習っている人なら，図aのつり合い位置Oが振動中心で，点Aが端だから，振幅lの単振動と見抜ける。点Bは下の端だから

$$x = 2l = \boldsymbol{\frac{2mg}{k}}$$

(3)　縮んでいるばねは，容器には左向きの力を，Pには右向きの力を加え続けるから，離れた後は右の図のように動く。物体系には外力が働かないから運動量保存則が成り立つ。それぞれの速さをV，vとし，右向きを正とすると

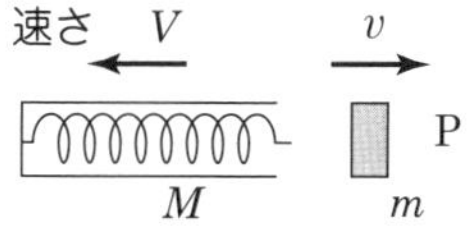

$$0 = -MV + mv$$

$$\therefore \quad MV = mv \qquad \cdots\cdots ①$$

容器とPだけでなくばねも仲間に含める。するとばねの力は内力となってくれる。含めても，質量のないばねの運動量は0で，保存則には顔を出さない。

初めから①の形で書いてもよい。全運動量が0だから，左向きの分と右向きの分の大きさが等しいはず。

一方，摩擦がないから力学的エネルギー保存則が使える。もちろん物体系についてであり

$$\frac{1}{2}ka^2 = \frac{1}{2}MV^2 + \frac{1}{2}mv^2 \qquad \cdots\cdots ②$$

①, ②より　Vを消去して　　$v = \boldsymbol{a\sqrt{\frac{kM}{m(m+M)}}}$

(4)　(ア)　容器から見ると，Pは近づいてきて，ばねを押し縮め，次に押し戻され，やがて離れる。最も近づくのは（最もばねが縮むのは）Pが一瞬止まって見えるときである。つまり相対速度が0のときであり，容器とPの速度が等しくなったときを意味している。その速さを u とする。左向きを正として，運動量保存則より

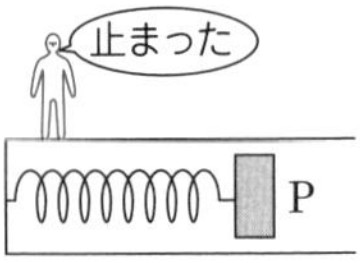

最接近のとき

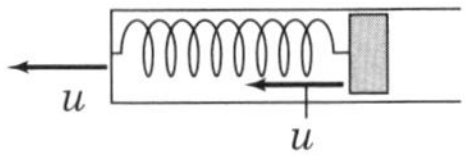

$$mv_0 = Mu + mu \qquad \therefore \quad u = \frac{m}{m+M}v_0$$

一方，力学的エネルギー保存則より，ばねの縮みを d として

$$\frac{1}{2}mv_0{}^2 = \frac{1}{2}Mu^2 + \frac{1}{2}mu^2 + \frac{1}{2}kd^2$$

u を代入

$$= \frac{m^2}{2(m+M)}v_0{}^2 + \frac{1}{2}kd^2 \qquad \therefore \quad \boldsymbol{d = v_0\sqrt{\frac{mM}{k(m+M)}}}$$

ひとことつけ加えておくと，容器上の人に保存則まで用いさせてはいけない。**保存則は**運動方程式に基づくので，**静止系で用いるべきものである**。そして等速度系までは許される（これらをまとめて慣性系とよぶ）。

ただし，慣性力の効果をきちんと考慮すれば，非慣性系でも保存則を用いることが可能になる（問題**31**で扱う）。

(イ)　左向きを正として，両者の速度を V，v とする（問(3)のように向きが歴然としていれば速さでもよいが）。運動量保存則より

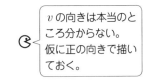

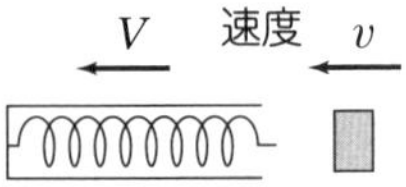

$$mv_0 = MV + mv \qquad \cdots\cdots③$$

力学的エネルギー保存則より（ばねは自然長で弾性エネルギーは0）

$$\frac{1}{2}mv_0{}^2 = \frac{1}{2}MV^2 + \frac{1}{2}mv^2 \qquad \cdots\cdots④$$

> v の向きは本当のところ分からない。仮に正の向きで描いておく。

③, ④より V を消去して整理すると

$$(m+M)v^2 - 2mv_0v + (m-M)v_0{}^2 = 0$$

2次方程式の解の公式を用いて

$$v = \frac{mv_0 \pm \sqrt{m^2v_0{}^2 - (m^2 - M^2)v_0{}^2}}{m+M} = \frac{m \pm M}{m+M}v_0 \qquad \cdots\cdots⑤$$

Pは，ばねからたえず右向きの力を受けていたから，$v < v_0$ のはず。

よって　$v = \frac{m-M}{m+M}v_0$　　速さは　$\boldsymbol{\frac{|m-M|}{m+M}v_0}$

v の符号より $m > M$ ならPは左に動き，$m < M$ なら右へ動くことになる。ここでは m と M の大小関係が与えられていないので，「速さ」とするには絶対値をつけておく必要がある。

なお，⑤で $v=v_0$ を採用すると，③より $V=0$ となる。それは衝突前の状態にほかならない。

別解　Pがばねに接触してから離れるまで時間がかかるが，Pと容器の間で1つの衝突が起こったとみなすことができる。しかも運動エネルギーが保存されるので，弾性衝突であり，反発係数は1である。よって

$$V - v = -(0 - v_0) \qquad \cdots\cdots⑥$$

③と⑥の連立で解くと早い。

Q　(3) において，Pがばねから離れる時までに容器が動いた距離 X を求めよ。(★★)

16　保存則

質量M〔kg〕，長さl〔m〕の木材を質量m〔kg〕の弾丸で打つ実験を行った。ただし，弾丸は水平線上を進み，木片から受ける抵抗力は常に一定であるとする。

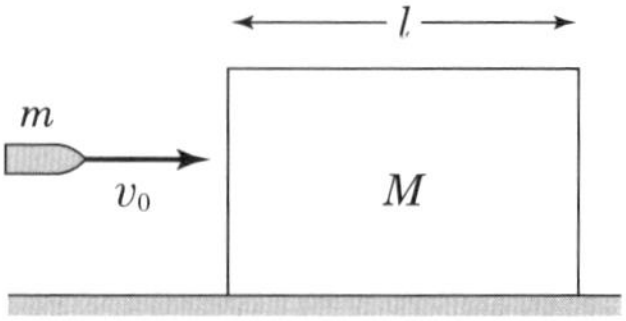

Ⅰ　最初，木材を固定し，弾丸を速さv_0〔m/s〕で打つと，深さd〔m〕まで入り込んで止まった。

(1)　抵抗力の大きさを求めよ。

(2)　弾丸が木材を貫くには，はじめの速さはいくら以上でなければならないか。

Ⅱ　次に，木材を滑らかな床の上に置く。

(3)　弾丸をⅠと同じ速さv_0で打つと，木材に入り込み，一体となって一定の速さで動いた。その速さを求めよ。また，当てた弾丸が入り込んだ深さを求めよ。

(4)　弾丸が木材を貫くためには，はじめの速さはいくら以上でなければならないか。　　　　（大阪大）

Level　(1),(2) ★　(3),(4) ★★

Point & Hint　Ⅰ．運動方程式で解いてもよいし，エネルギー保存則で解いてもよい。抵抗力は動摩擦力と同じように摩擦熱を発生させる。
Ⅱ．保存則で考えるとよい。もちろん運動方程式で扱うこともできる。Ⅰ，Ⅱとも2つの考え方を試してみると学ぶことが多い。

LECTURE

(1)　抵抗力の大きさをFとする。右向きを正として加速度をaとおくと，運動方程式は

$$ma=-F \qquad \therefore \quad a=-\frac{F}{m}$$

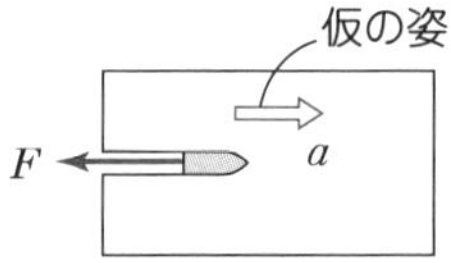

公式❸より　$0^2 - v_0{}^2 = 2\left(-\dfrac{F}{m}\right)d$　　$\therefore\ F = \dfrac{\boldsymbol{mv_0{}^2}}{\boldsymbol{2d}}$〔N〕

別解　運動エネルギーが摩擦熱に変わっている。この場合，摩擦熱は（抵抗力）×（距離）で与えられるから，エネルギー保存則より

$$\frac{1}{2}mv_0{}^2 = Fd \qquad \therefore\ F = \frac{\boldsymbol{mv_0{}^2}}{\boldsymbol{2d}}\text{〔N〕}$$

(2)　求める初速を v_1 とおくと，貫くぎりぎりは木材の右端で止まることだから

$$0^2 - v_1{}^2 = 2\left(-\frac{F}{m}\right)l$$

F を代入して，v_1 を求めると　　$v_1 = \boldsymbol{v_0\sqrt{\dfrac{l}{d}}}$〔m/s〕

別解　エネルギー保存則 $\dfrac{1}{2}mv_1{}^2 = Fl$ より求めてもよい。

(3)　床が滑らかで物体系には外力が働かないので運動量保存則が成り立つ。一体となったときの速さを v とすると

$$mv_0 = (m+M)v \qquad \therefore\ v = \frac{\boldsymbol{m}}{\boldsymbol{m+M}}\boldsymbol{v_0}\text{〔m/s〕}$$

求める深さを d' とすると，エネルギー保存則より

$$\frac{1}{2}mv_0{}^2 = \frac{1}{2}(m+M)v^2 + Fd'$$

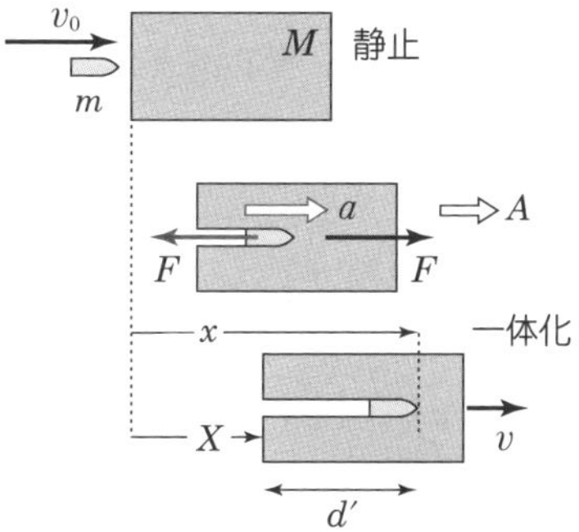

Ⅰと違って，全体が動く運動エネルギーを入れることと，摩擦熱は両者がこすれ合った距離 d' で決まることに注意する。　v，F を代入して d' を求めると

$$d' = \frac{\boldsymbol{M}}{\boldsymbol{m+M}}\boldsymbol{d}\text{〔m〕}$$

別解　運動方程式を用いて考える。まず，木材は反作用 F を右向きに受ける。弾丸と木材の加速度を a，A として

弾丸：　　$ma = -F$　　　$\therefore\ a = -\dfrac{F}{m}$

木材：　$MA = F$　　　$\therefore \ A = \dfrac{F}{M}$

一体となるまでの時間を t とすると

弾丸：　$v = v_0 - \dfrac{F}{m}t$　　　木材：　$v = \dfrac{F}{M}t$

t を消去して v を求めると　　$v = \boldsymbol{\dfrac{m}{m+M}v_0}$ 〔**m/s**〕

前図から，弾丸：　$v^2 - v_0{}^2 = 2\left(-\dfrac{F}{m}\right)x$　　木材：　$v^2 - 0^2 = 2\dfrac{F}{M}X$

図より　$d' = x - X$　であり，上式を用いると

$$d' = \frac{1}{2F}\{mv_0{}^2 - (m+M)v^2\} = \boldsymbol{\frac{M}{m+M}d}\ 〔\mathbf{m}〕$$

なお，d' については，木材に対する弾丸の運動を考えるとよい。相対初速度は v_0 で，やがて d' 入り込んだとき相対速度が 0 になる。相対加速度は　$a-A$　だから　　$0^2 - v_0{}^2 = 2(a-A)d'$　　あとは，a，A を代入すればよい。

(4)　ぎりぎりのケースは，弾丸が木材と一体化するのが，木材の右端の位置になる場合である。そのときの速さを u，弾丸の初速を v_2 とすると

運動量保存則より　　$mv_2 = (m+M)u$

エネルギー保存則より　　$\dfrac{1}{2}mv_2{}^2 = \dfrac{1}{2}(m+M)u^2 + Fl$

これらより u を消去して　　$v_2 = \boldsymbol{v_0\sqrt{\dfrac{(m+M)l}{Md}}}$ 〔**m/s**〕

別解　運動方程式なら　$0^2 - v_2{}^2 = 2(a-A)l$　より求めるとよい。

なお，右図のように動摩擦係数 μ の板上を滑る物体の問題は，$F = \mu mg$　の動摩擦力が働き，今とまったく同様に扱える。

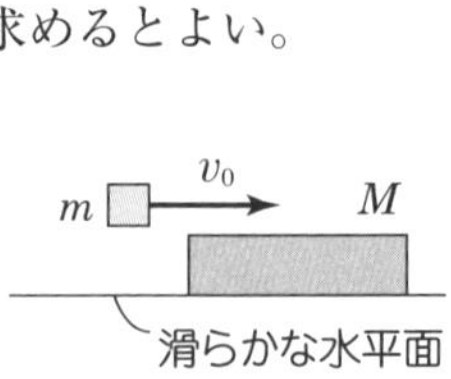

Q　前ページの図で，赤矢印で示された抵抗力 F がした仕事は負で，$-Fx$ と読み取れる。すると，摩擦熱は Fx になりそうに思えるが，この考え方はどこが誤っているのか。(★)

17 保存則

曲面ABと突起Wからなる質量Mの台が水平な床上にあり，台の左側は床に固定されたストッパーSに接している。Bの近くは水平面となっていて，そこからhだけ高い位置にあるA点で質量$m(m < M)$の小球を静かに放した。小球は曲面を滑り降りて突起Wに弾性衝突し，台はSから離れ，小球は曲面を逆方向に上り始めた。台や床の摩擦はなく，重力加速度をgとする。

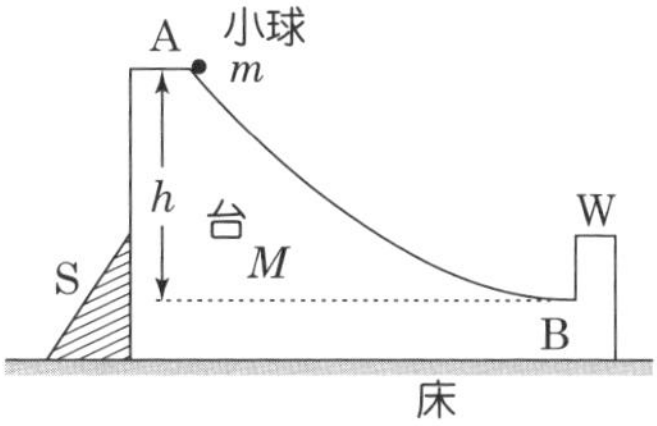

(1) 突起Wと衝突する直前の小球の速さはいくらか。

(2) 小球がWと衝突した直後の，小球と台の速さはそれぞれいくらか。

(3) 小球が曲面を上り，最高点に達したときの台の速さはいくらか。
また，最高点の高さ(Bからの高さ)はいくらか。

次に，ストッパーSをはずして，台が静止した状態で，小球をA点で静かに放す。

(4) Wに衝突する直前の，小球と台の速さはそれぞれいくらか。

(5) Wとの衝突後，小球が達する最高点の高さはいくらか。

(東京電機大＋日本大)

Level (1) ★★ (2) ★ (3) ★ (4),(5) ★★

Point & Hint

(2) 弾性衝突は運動エネルギーが保存される衝突だが，反発係数 $e=1$ で扱いたい。

(3) 最高点に達したとき，小球は台に対して一瞬止まる。水平方向には外力がないので，ある保存則が成り立つ。後半はもう一つの保存則を用いる。ただし，物体系に対して適用する。

(4) 2つの保存則の成立。

(5) (3)と同様に考えるのが正攻法だが，……もっとスッキリと解ける。

LECTURE

(1)　摩擦がないので，力学的エネルギー保存則が成り立つ。求める速さを v_0 とすると

$$mgh = \frac{1}{2}mv_0{}^2 \qquad \therefore \quad v_0 = \boldsymbol{\sqrt{2gh}}$$

(2)　衝突直後の速度を v，V とする。

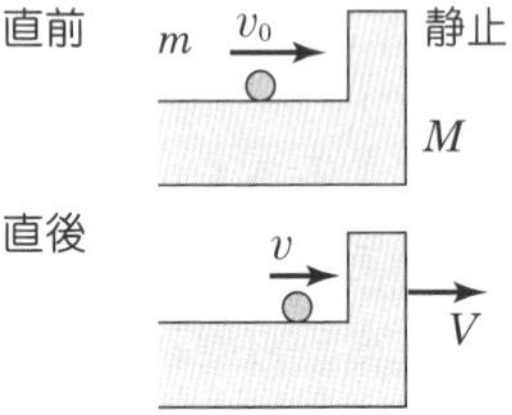

運動量保存則より

$$mv + MV = mv_0 \qquad \cdots\cdots①$$

反発係数（はね返り係数）$e = 1$ より

$$v - V = -(v_0 - 0) \qquad \cdots\cdots②$$

①＋M×② より

$$v = \frac{m-M}{m+M}v_0 = -\frac{M-m}{M+m}\sqrt{2gh}$$

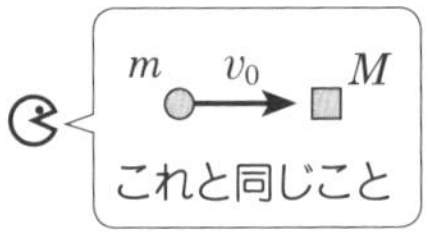

$M > m$ より $v < 0$ となり，小球は衝突後左向きに動くことが分かる。その速さは $\boldsymbol{\frac{M-m}{M+m}\sqrt{2gh}}$

①－m×② より　$V = \frac{2m}{M+m}v_0 = \boldsymbol{\frac{2m}{M+m}\sqrt{2gh}}$

(3)　台上の人から見ると，小球が止まって見えるのが最高点。つまり，相対速度が0になるときであり，小球と台の速度が等しくなる瞬間である。それを V_1 とすると，水平方向では運動量保存則が成り立つから

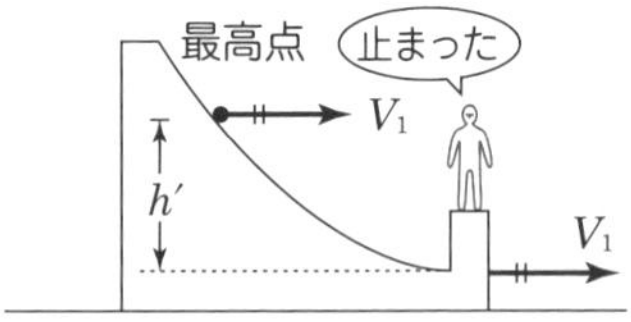

$$mv_0 = mV_1 + MV_1$$

$$\therefore \quad V_1 = \frac{m}{M+m}v_0 = \boldsymbol{\frac{m}{M+m}\sqrt{2gh}}$$

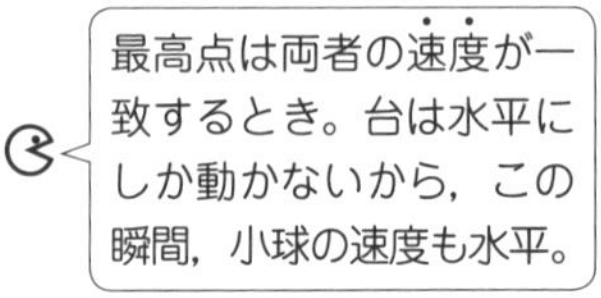

最高点は両者の速度が一致するとき。台は水平にしか動かないから，この瞬間，小球の速度も水平。

なお，運動量保存則の左辺は $mv + MV$ としてもよいが（①よりそれは mv_0），衝突に関係なく水平方向の運動量は保存されているという認識が大切。

どこにも摩擦がないことと，衝突が弾性衝突であることから，力学的エネルギー保存則が成立する。求める高さを h' とすると

$$mgh = \frac{1}{2}mV_1{}^2 + \frac{1}{2}MV_1{}^2 + mgh'$$

V_1 を代入して h' を求めると　　$h' = \boldsymbol{\dfrac{M}{M+m}h}$

(4)　水平方向の運動量保存則から，はじめの運動量0が維持され，小球が右へ動けば台は左へ動く。Wに衝突する直前の小球と台の速さを u，U とすると

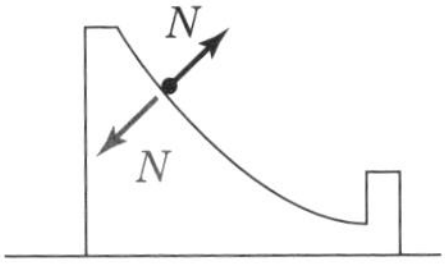

台が左へ動くのは垂直抗力 N の反作用 N を左下向きに受けるからと考えてもよい

$$0 = mu + (-MU)$$

$$\therefore \quad MU = mu \quad \cdots\cdots ③$$

このように，速度の向きがはっきりしているときは，「速さ」を未知数にすることが多い。衝突直前は小球の速度が水平になっているので，まともに運動量保存則に入れる。もし，曲面の途中の位置だったら，速度の水平成分を用いなくてはいけない。なお，全運動量が0なので，左向きの運動量の大きさと右向きの運動量の大きさが等しいはずと考えて，直接③を書いてもよい。

力学的エネルギー保存則より　　$mgh = \frac{1}{2}mu^2 + \frac{1}{2}MU^2$　　…④

③, ④より　　$u = \boldsymbol{\sqrt{\dfrac{2Mgh}{M+m}}}$　　　$U = \boldsymbol{\dfrac{m}{M}\sqrt{\dfrac{2Mgh}{M+m}}}$

M が非常に大きい場合，台は事実上動かなくなる。すると u は問(1)の答えと一致してくるはずと予想できる。実際，$M \to \infty$ としてみると，$\dfrac{M}{M+m} \to 1$ であり，$u \to \sqrt{2gh}$，$U \to 0$　こんなふうに極限状況を考えると答えのチェックになる。問(3)でも $h' \to h$ となって，なるほどということになる。

(5)　(3)と同様，最高点に達したとき，小球と台の速度は一致する。ところが，全運動量が0だから，両者の速度は0以外にあり得ない。つまり，全体が一瞬止まる。そして力学的エネルギー保存則が成り立つ……ということは，小球はA点に戻っているはずである。よって，高さは $\boldsymbol{h}$

Q　床は滑らかだが，台に摩擦がある場合，式③は成立するかどうか。また，式④についてはどうか。(★)

18　保存則

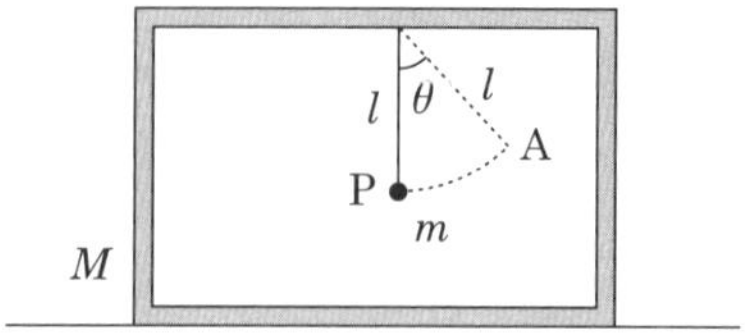

滑らかで水平な床に，質量 M の箱が置かれ，中央の位置で質量 m の小球Pが長さ l の糸でつり下げられている。重力加速度を g とする。

Ⅰ．図の静止状態で，Pだけに水平右向きに初速 v_0 を与える。

(1)　Pが最高点に達したときの箱の速さを求めよ。ただし，Pは箱には衝突しないものとする。

(2)　そのとき糸が鉛直方向となす角を θ_0 として，$\cos\theta_0$ を求めよ。

Ⅱ．糸が鉛直方向と角 θ をなす位置AまでPを移し，全体が静止した状態でPを静かに放す。

(3)　Pが最下点に達したときのPと箱の速さをそれぞれ求めよ。

(4)　そのとき，箱ははじめの位置からどれだけ動いているか。

（東工大＋京都大）

Level　(1)〜(3) ★　(4) ★★

Point & Hint

(1)〜(3) 最高点の扱い方や保存則の適用など，前問**17**と同様。

(4) **運動量が保存されるとき，重心の速度は一定となる。**ここでは，**はじめ静止しているので，重心の位置は水平方向には動かない**ことになる。　運動量保存則から両者の移動距離の比が一定になることに注目してもよい。(☞エッセンス(上)p67，68)

LECTURE

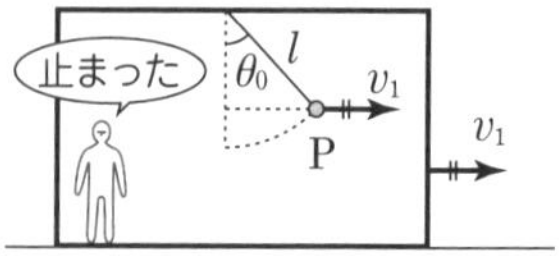

(1)　Pが最高点に達したとき，Pと箱の速度 v_1 は等しくなっている。水平方向には外力がなく，運動量保存則が成り立つので

$$mv_0 = mv_1 + Mv_1 \qquad \therefore\quad v_1 = \frac{\boldsymbol{m}}{\boldsymbol{m+M}}\boldsymbol{v_0}$$

(2)　摩擦がないので，力学的エネルギー保存則が成り立つ。Pは $l-l\cos\theta_0$ だけ高い位置にきたから

$$\frac{1}{2}mv_0{}^2=\frac{1}{2}mv_1{}^2+\frac{1}{2}Mv_1{}^2+mg(l-l\cos\theta_0)$$

(1)の v_1 を代入して $\cos\theta_0$ を求めると　$\boldsymbol{\cos\theta_0=1-\frac{Mv_0{}^2}{2(m+M)gl}}$

(3)　運動量保存則より，水平方向の全運動量が0なので，Pが左へ動けば箱は右へ動く。最下点での速さを v，V とすると

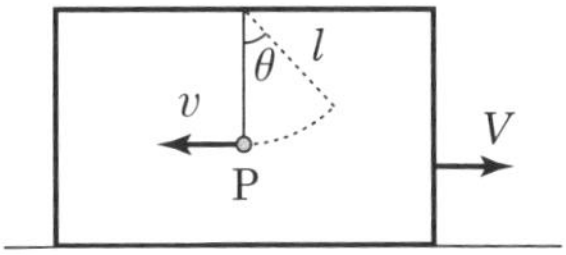

$$mv=MV \quad \cdots\cdots①$$

力学的エネルギー保存則より

$$mg(l-l\cos\theta)=\frac{1}{2}mv^2+\frac{1}{2}MV^2 \quad \cdots\cdots②$$

①，②より　$\boldsymbol{v=\sqrt{\frac{2Mgl(1-\cos\theta)}{m+M}}}$　$\boldsymbol{V=m\sqrt{\frac{2gl(1-\cos\theta)}{M(m+M)}}}$

(4)　水平方向には全体の重心Gは動かない。箱の重心をMとする。**2つの質点の重心は，質点間を質量の逆比で内分する点**である。初めのMとPの水平方向の距離 $l\sin\theta$ に着目すれば，箱が動いた距離 D は　$\boldsymbol{D=\frac{m}{m+M}l\sin\theta}$

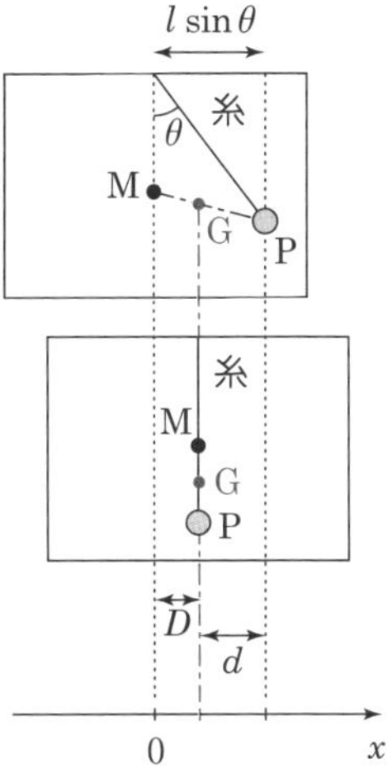

別解　初めのMの位置を原点として水平右向きに x 軸をとり，重心の公式を用いて解いてもよい。重心の座標は D だから

$$D=\frac{ml\sin\theta+M\times 0}{m+M}$$

別解　①より $\frac{v}{V}=\frac{M}{m}$ つまり，両者の速さの比は常に一定。そこで，動いた距離の比 $\frac{d}{D}$ も同じく，$\frac{d}{D}=\frac{M}{m}$ となるはず。

一方，図より　$l\sin\theta=D+d$

これら2式より D を求めることもできる。

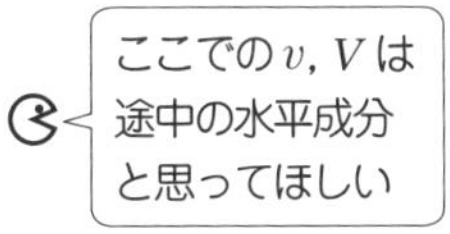
ここでの v, V は
途中の水平成分
と思ってほしい

19 保存則

天井からつるした滑車の両側に，それぞれ質量 m の皿 A，B をつるし，皿 A に質量 M の蛙，皿 B に同じ質量 M のおもりをのせてつり合わせる。皿，蛙，おもり以外の質量は無視できる。

この蛙は，床では高さ h まで鉛直にとび上がれる運動エネルギーを出せるものとする。蛙が同じエネルギーで皿 A から鉛直にとび上がるとき，以下の問に答えよ。蛙の大きさは無視する。

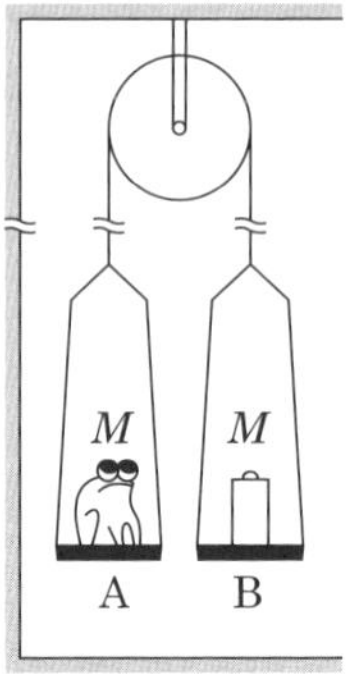

(1) 蛙が皿からとび上がるときの床に対する初速度の大きさを V とし，皿 A が床に接近する初速度の大きさ v を M，m，および V で表せ。

(2) 蛙の初速度の大きさ V を M，m，h，および重力加速度 g で表せ。

(3) 蛙が皿 A から離れる距離の最大値は h の何倍か。ただし，皿と床の衝突はないとする。（埼玉大）

Level (1)〜(3) ★★

Point & Hint (1) 問題を1次元に焼き直して考えてみるとよい（問題**24** (1)参照）。すると，物体系に対して重力という外力が左右に働くことになるが，その合力は……。「保存則」というタイトルが大きなヒントになっている。
(3) 運動方程式を用いて，皿 A に対する蛙の運動（相対運動）を考える。

LECTURE

(1) 1次元化すると次のような力学系と同等である。外力としての重力は左右とも $(M+m)g$ と等しく，合力は0となっている。よって，運動量保存則が成り立つ。右向きを正とすると

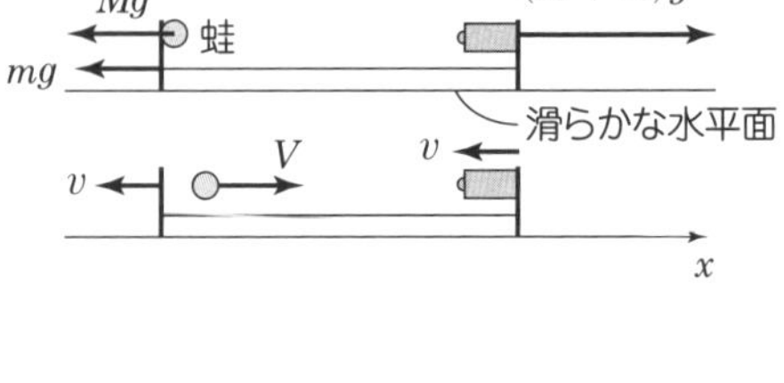

$$0=-mv+MV-(M+m)v$$

$$\therefore \quad v = \frac{\boldsymbol{M}}{\boldsymbol{M+2m}}\boldsymbol{V} \qquad \cdots\cdots ①$$

運動量保存則が成り立つためには，物体系に外力が働かないか，働くとしても，その合力が 0 であればよい。

正の向きを決めるのにUターン形の座標軸を考えている

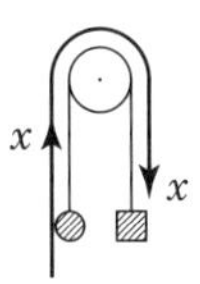

(2)　蛙が出したエネルギーは Mgh であり，いまは，それが全体の運動エネルギーに使われているから　$Mgh = \frac{1}{2}MV^2 + \frac{1}{2}(m+M+m)v^2$

①を代入して V を求めると　$V = \sqrt{\frac{\boldsymbol{(M+2m)gh}}{\boldsymbol{M+m}}}$　$\cdots\cdots ②$

(3)　蛙がとんだ後の，皿とおもりの系についても 1 次元化を利用すると，加速度を a として

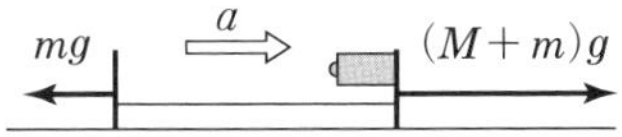

$$(m+M+m)a = -mg + (M+m)g \qquad \therefore \quad a = \frac{M}{M+2m}g \qquad \cdots\cdots ③$$

皿 A の加速度は鉛直上向きに a であり，蛙の加速度は下向きの重力加速度 g だから，皿に対する蛙の相対加速度は，上向きを正として，$-g-a$ となる。一方，相対初速度は $V-(-v)=V+v$ であり，**最も離れたときの相対速度は 0** だから

$$0^2 - (V+v)^2 = 2(-g-a)h'$$

h' は距離の最大値である。①, ②, ③より，V, v, a を代入して h' を求めると（①を用いて v を V に直してから②を代入するとよい），$h' = h$

よって，**1 倍**

Q1　蛙が皿 A から最も離れる時と，蛙が床に対して最高点に達する時では，どちらが先に起こるか。計算ではなく，定性的に考察してみよ。(★★)

Q2　(1)で蛙がとび上がるとき A を押す力を N，糸の張力を T，その際の時間を Δt とする。蛙，A，B とおもりの一体，についてそれぞれ力積と運動量の関係式を記し，次に運動量保存則を導いてみよ。(★)

20　慣性力

ばねはかりに質量 200 g の物体をつるして，エレベーターに持ちこみ，指針の示す目盛りを，動きだした瞬間から記録すると，図のようになり，エレベーターはやがて停止した。

重力加速度を $9.8\,\mathrm{m/s^2}$ とする。

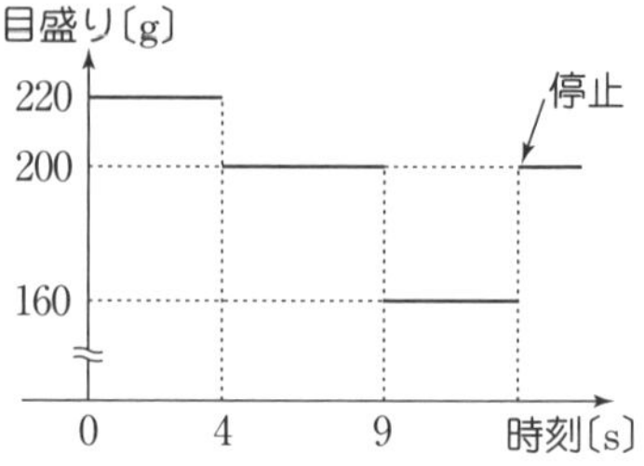

(1)　初めの 4 秒間でのエレベーターの加速度の向きと大きさを求めよ。

(2)　9 秒から停止するまでのエレベーターの加速度の向きと大きさを求めよ。

(3)　エレベーターが停止した時刻はいつか。

(4)　動きだしてから停止するまでのエレベーターの速さをグラフに描け。

(5)　エレベーターは全部で何 m 上昇または下降したか。

（一橋大＋近畿大）

Level　(1), (2) ★　(3)〜(5) ★

Base　慣性力

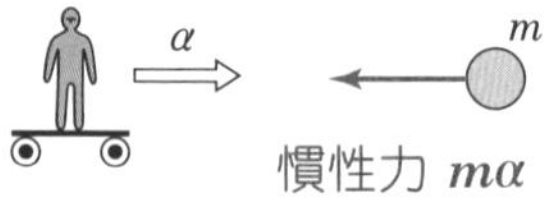

加速度 a で動く人にとって現れる見かけの力

Point & Hint

電車やエレベーターなど加速度運動をしている乗り物の中で見ると(観測者が加速度運動をしていると)，物体には慣性力が働いているように見える。**慣性力の向きは，観測者の加速度の向きと反対向き**になる。一方，慣性力を用いない解法も考えてみると勉強になる。

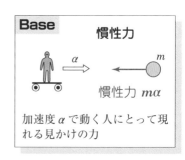

(5) 問(4)で描いたグラフを利用するとよい。**v-t グラフの傾きは加速度を表し，面積は距離を表す**。

LECTURE

(1)　目盛りが 220 g で，物体の質量より大きいことから，右図のように，物体には重力 mg のほかに慣性力 $m\alpha$ が下向きに働いていることが分かる。つまり，エレベーターの加速度は**上向き**となっている。

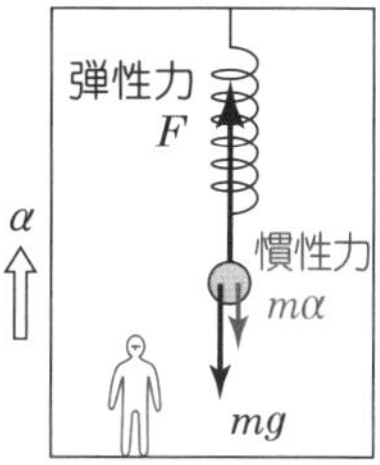

220g という目盛りは，弾性力（ばねの力）F が220g の物体に働く重力に等しいことを示している。力のつり合いより

この人から見れば物体は止まっている。そこで力のつり合いを考える。

$$F = mg + m\alpha$$

$$\therefore \quad F = m(g+\alpha) \qquad \cdots\cdots①$$

$$220\times10^{-3}\times9.8 = 200\times10^{-3}\times(9.8+\alpha)$$

$$\therefore \quad \alpha = \mathbf{0.98}\ \text{〔}\mathbf{m/s^2}\text{〕}$$

①の右辺のように，重力と慣性力の合力は１つの重力 mg'（ここで $g'=g+\alpha$）のように扱える。そこでこれを「見かけの重力」とよび，g' を「見かけの重力加速度」とよぶ。①は「弾性力＝見かけの重力」として立式してもよい。

別解 地上の観測者の立場で解くこともちろんできる。物体には F と mg という２つの力が働いており，F の方が大きいから加速度 α で上昇中と判断できる。そして運動方程式を立てることになる。

$$m\alpha = F - mg$$

数学的には①と同じだが，認識はまるで異なっている。

(2)　目盛りが160g と物体の質量より小さくなっていることから，慣性力が上向きに，したがって，エレベーターは**下向き**の加速度 β で動いていることがわかる。力のつり合いは

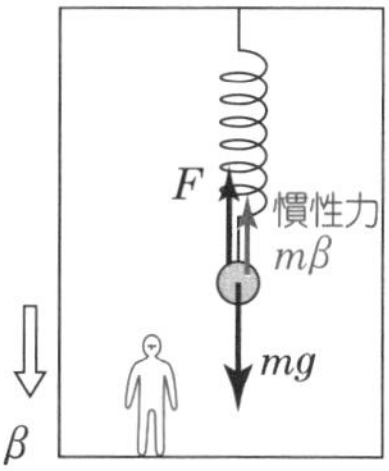

$$F + m\beta = mg$$

$$160\times10^{-3}\times9.8+200\times10^{-3}\beta = 200\times10^{-3}\times9.8$$

$$\therefore \quad \beta = \mathbf{1.96}\ \text{〔}\mathbf{m/s^2}\text{〕}$$

この場合の見かけの重力は　$mg-m\beta=m(g-\beta)$　であり，これと弾性力 F のつり合いと見て，$F=m(g-\beta)$　としてもよい。ついでながら，もしも　$\beta=g$　とすると，見かけの重力が０になる。これは無重力（無重量）状態とよばれ，物体は空

中に浮くことになる。

地上の観測者なら，$m\beta = mg - F$ という運動方程式(下向きを正)で解くことになる。

(3) $4 \leqq t \leqq 9$〔s〕の間は，慣性力が働いていないから，エレベーターの加速度は0である。ただし，エレベーターは止まっているのではなく，等速度運動をしている。$t = 4$〔s〕での速さ v_1 は

$$v_1 = \alpha t = 0.98 \times 4 = 3.92〔\mathrm{m/s}〕$$

$t=9$〔s〕以後は，v_1 を初速とし，加速度 $-\beta = -1.96$〔$\mathrm{m/s^2}$〕での等加速度運動に入る。止まるまでの時間を T とすると

$$0 = 3.92 - 1.96T \qquad \therefore \quad T = 2〔\mathrm{s}〕$$

したがって，求める時刻は

$$9 + 2 = \mathbf{11}〔\mathbf{s}〕$$

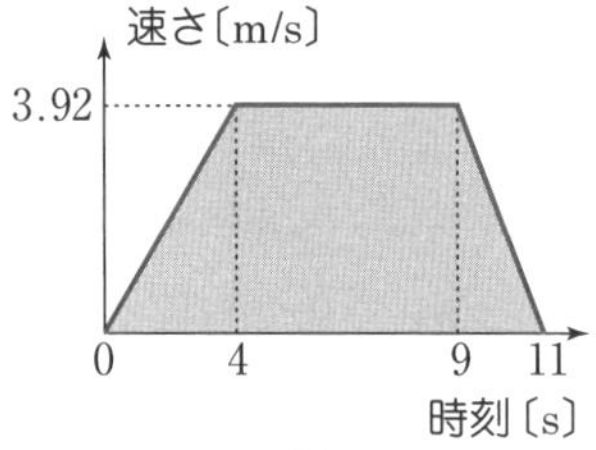

図 a

(4) 以上の結果から，グラフは図 a のようになる。

傾きが加速度に対応していることにも目を向けてほしい

(5) 図 a の灰色部分の面積が上昇距離に対応しているから，台形の面積の公式を用いて

$$\frac{11 + (9 - 4)}{2} \times 3.92 = \mathbf{31.36}〔\mathrm{m}〕 \fallingdotseq \mathbf{31.4}〔\mathrm{m}〕,\ \textbf{上昇した}$$

別解 3つの運動から成っている。それぞれの上昇距離を調べてもよい。

$$\underbrace{\frac{1}{2} \times 0.98 \times 4^2}_{\text{初めの加速度の4s間}} + \underbrace{3.92 \times 5}_{\text{等速の5s間}} + \underbrace{3.92 \times 2 - \frac{1}{2} \times 1.96 \times 2^2}_{\text{減速の2s間}}$$

$$= 7.84 + 19.6 + 3.92 = \mathbf{31.36}〔\mathrm{m}〕$$

なお，現実には慣性力が急に現れたり消えたりすると，ばねでぶら下げられている物体のつり合い位置が変わるので，物体は振動を始める。この振動はすばやく止められたものと考えてほしい。

21 慣性力

水平な面と，これに点Aで滑らかにつながる傾角θの斜面をもつ台がある。斜面上には質量mの小物体Pが糸につながれて静止している。糸は斜面と平行であり，Pと台の間に摩擦はない。重力加速度をgとする。

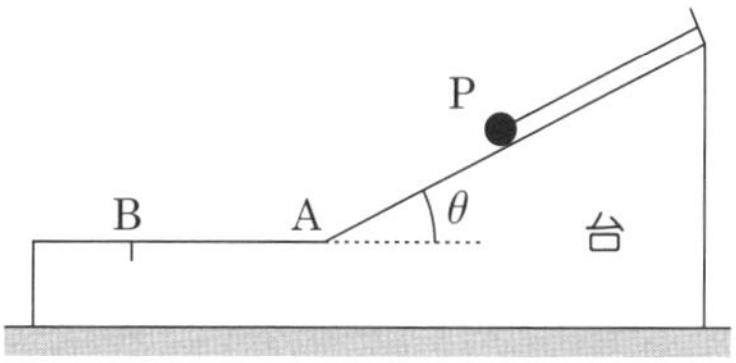

(1) 台を水平に適当な加速度で動かすと，Pが斜面から受ける垂直抗力が0になる。その加速度の向きと大きさを求めよ。また，そのときの糸の張力を求めよ。

(2) 台を水平に適当な加速度で動かすと，Pは斜面に対して静止したまま，糸の張力が0になる。その加速度の向きと大きさを求めよ。また，そのときの垂直抗力を求めよ。

(3) 問(2)の状態で糸を切り，Pを斜面に対して下向きに初速v_0で動かした。すると，Pは点Aを通過し点Bで台に対して一瞬静止した。AB間の距離を求めよ。また，ABの中点を通るときの台に対する速さを求めよ。

(東京電機大＋玉川大)

Level (1),(2) ★ (3) ★

Point & Hint 乗り物に限らず，このように，台が動く場合も慣性力が活躍する。すべての力を図示して考える。

(3) Aに達するまでの運動をまず押さえたい。Pが動いていても慣性力は同じようにかかり続けている。そこでAまでの運動が決まる。慣性力は力のつり合いの問題に限らない。AB間は運動方程式の問題に入る。

LECTURE

(1) 重力と張力が次図のように働くから，Pを静止させるには慣性力は左向きと決まる。すると台の加速度αは**右向き**。

斜面に垂直な方向での力のつり合いより

$$m\alpha \sin\theta = mg\cos\theta$$

$$\therefore\quad \alpha = \boldsymbol{\frac{g\cos\theta}{\sin\theta}} = \boldsymbol{\frac{g}{\tan\theta}}$$

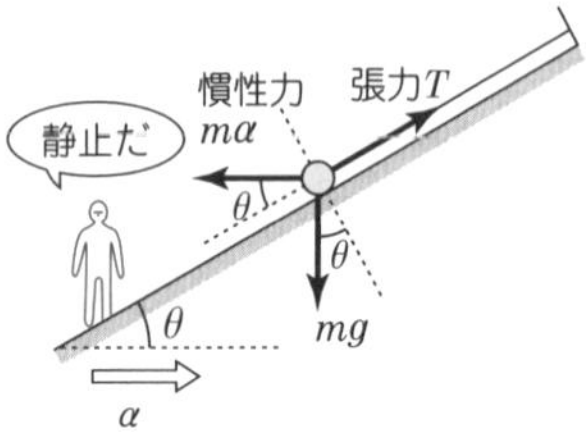

斜面方向での力のつり合いより

$$T = mg\sin\theta + m\alpha\cos\theta$$ 忘れやすい！

$$= mg\sin\theta + mg\frac{\cos^2\theta}{\sin\theta} = \boldsymbol{\frac{mg}{\sin\theta}}$$

$\sin^2\theta + \cos^2\theta = 1$ を用いた

別解1　鉛直・水平に分解して考えてもよい。鉛直つり合いより

$T\sin\theta = mg$　これから T が求まる。

水平つり合いより $m\alpha = T\cos\theta$ これから α も求まる。

別解2　重力と慣性力の合力（赤点線）をつくってみると，これと張力 T のつり合いとなる。つまり合力は糸の延長線方向であり，大きさは T と等しい。灰色の直角三角形に着目すれば

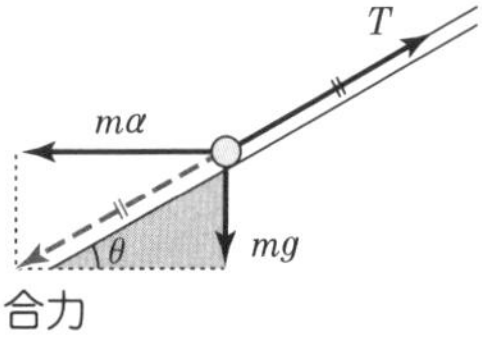

合力は見かけの重力だ

$$m\alpha\tan\theta = mg \qquad \therefore\quad \alpha = \boldsymbol{\frac{g}{\tan\theta}}$$

$$T\sin\theta = mg \qquad \therefore\quad T = \boldsymbol{\frac{mg}{\sin\theta}}$$

(2)　重力と垂直抗力 N の向きから慣性力は右向きと決まる。したがって，台の加速度 β は**左向き**。

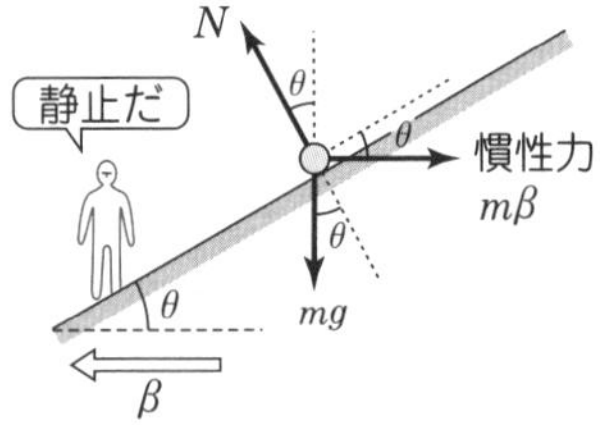

斜面方向のつり合いより

$$m\beta\cos\theta = mg\sin\theta$$

$$\therefore\quad \beta = \boldsymbol{g\tan\theta}$$

張力が0なので，糸は図から省いた

垂直方向のつり合いより

$$N = mg\cos\theta + m\beta\sin\theta$$ 忘れやすい！

$$= mg\cos\theta + mg\frac{\sin^2\theta}{\cos\theta} = \boldsymbol{\frac{mg}{\cos\theta}}$$

別解1なら N は即答できる

問(1)と同様に別解が考えられる。試みてみるとよい。

(3)　Pが動き出しても，働く力は問(2)の図と同じ。つまり，つり合っている！　力がつり合っていれば運動は等速運動だ。あるいは，見かけの重力を考えると，斜面は「水平面」となっているとみてもよい。こうしてPは点Aまで台に対して v_0 の等速で下りてくる。

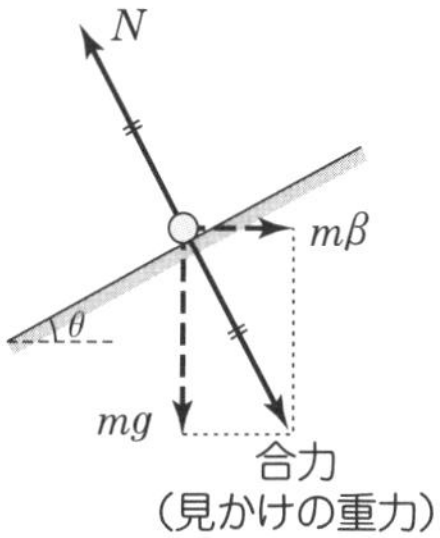

そして水平面に入ると，慣性力 $m\beta$ がブレーキとして働く。左向きを正として，台に対する加速度を a とすると，運動方程式は

$$ma = -m\beta \qquad \therefore \quad a = -\beta$$

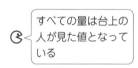

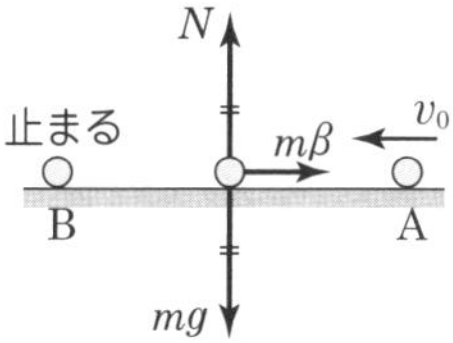

等加速度運動の公式❸を用いて

$$0^2 - v_0{}^2 = 2(-\beta)\cdot \mathrm{AB}$$

$$\therefore \quad \mathrm{AB} = \frac{v_0{}^2}{2\beta} = \boldsymbol{\frac{v_0{}^2}{2g\tan\theta}}$$

すべての量は台上の人が見た値となっている

このように，慣性力を用いて運動方程式を扱うときの加速度 a は相対加速度である。

ABの中点での速さを v とすると

$$\begin{aligned} v^2 - v_0{}^2 &= 2(-\beta)\cdot\frac{\mathrm{AB}}{2} \\ &= 2(-g\tan\theta)\frac{1}{2}\cdot\frac{v_0{}^2}{2g\tan\theta} \\ &= -\frac{v_0{}^2}{2} \qquad \therefore \quad v = \boldsymbol{\frac{v_0}{\sqrt{2}}} \end{aligned}$$

この速さはAからBに向かうときの中点での速さであるが，Bで一瞬止まった後，Aに戻ってくるときの中点での速さでもある（Uターン型の等加速度運動の対称性）。θ に関係しない答えとなったのがやや意外で面白い。

Q　v の値が θ によらない理由を，見かけの重力の観点と，ある保存則を活用することにより定性的に説明せよ。（★）

22 慣性力

水平な床に傾角 θ の斜面をもつ質量 M の三角柱 Q を置き，斜面上に質量 m の小物体 P をのせて静かに放すと，両者は動き出した。摩擦はどこにもなく，重力加速度を g とする。

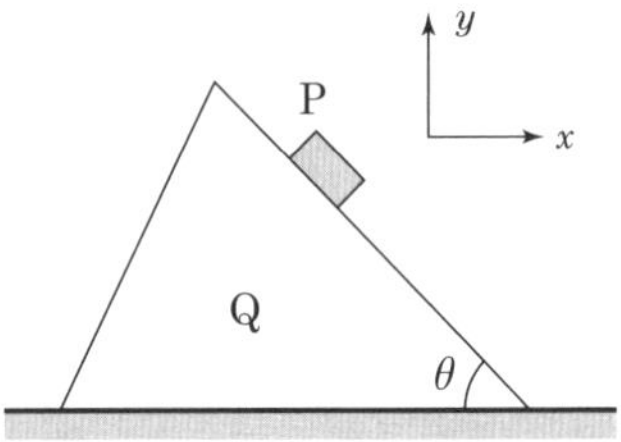

P が Q から受ける垂直抗力の大きさ N を求めてみよう。まず，Q の加速度の大きさを A とすると，Q の運動方程式は，N を用いて [(1)] と表される。そして，この後は次の 2 つの方法 I，II が考えられる。

I．慣性力を用いて考える。P について成り立つ式 [(2)] をつくり，(1)と連立させることにより N を求めると，$N=$ [(3)] となる。さらには Q が床から受ける垂直抗力の大きさ R も $R=$ [(4)] と m, M, θ, g で表される。

II．静止系で考える。P の加速度の水平成分を a_x，鉛直成分を a_y として（図の x, y の向きを正とする），各方向での P の運動方程式をつくると，N を用いて [(5)] と [(6)] となる。この場合，未知数が，N, A, a_x, a_y と 4 つあるので，(1), (5), (6)では解けない。そこで，P が Q の斜面に沿って滑ることに着目して，A, a_x, a_y, θ の間の関係式 [(7)] をつくる。こうして連立方程式が解けることになる。

（法政大＋筑波大＋大阪大）

Level　(1) ★　(2)〜(4) ★　(5), (6) ★　(7) ★★

Point & Hint

(1) Q が P から受ける力は自動的に決まってくる。ただし，$mg\cos\theta$ ではない！

(2) Q はどちら向きに動くのか，それから慣性力の向きが決まる。もちろん，Q と共に動く観測者 O の立場で考える。**直線運動では，運動に垂直な方向では力のつり合いが成り立つ**。

(7) P の加速度（単に加速度といえば，地面に対して）の向きは斜面と平行にはならない。相対加速度を調べる。

LECTURE

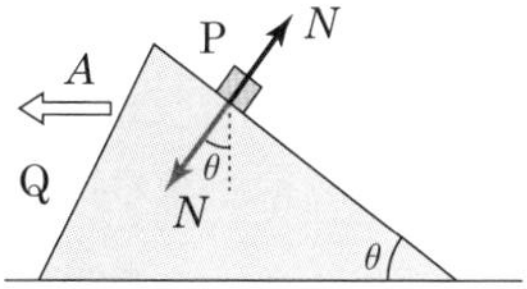

(1) Q は P から反作用 N（赤矢印）を左下向
きに受ける。水平方向の分力 $N\sin\theta$ によ
って Q は左へ動く。運動方程式は

$$MA = N\sin\theta \quad \cdots\cdots\text{①}$$

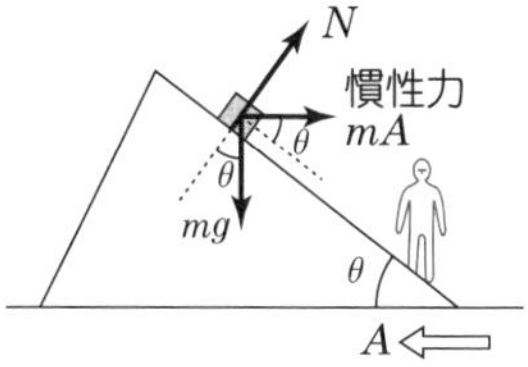

(2) Q の加速度は左向きなので慣性力 mA
は右向きに働く。斜面に垂直な方向の力の
つり合いより

$$N + mA\sin\theta = mg\cos\theta \quad \cdots\cdots\text{②}$$

この人にとっては
固定斜面を滑り降
りる問題

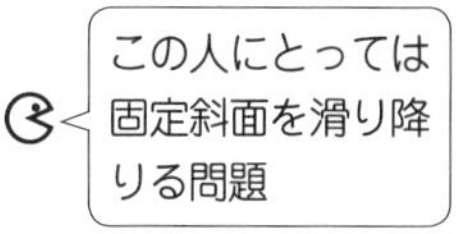

(3) ①, ②より A を消去して

$$N = \frac{Mmg\cos\theta}{M + m\sin^2\theta}$$

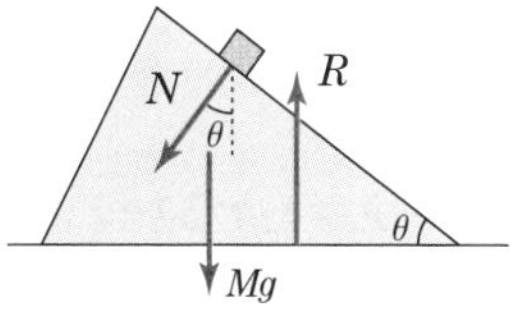

(4) Q は水平方向に動く。鉛直方向では力の
つり合いが成り立つから

$$R = Mg + N\cos\theta$$
$$= Mg\left(1 + \frac{m\cos^2\theta}{M + m\sin^2\theta}\right)$$
$$= \frac{M(M + m)g}{M + m\sin^2\theta}$$

$R = Mg + mg$ では
ない！
$R = Mg + mg\cos\theta$
でもない！

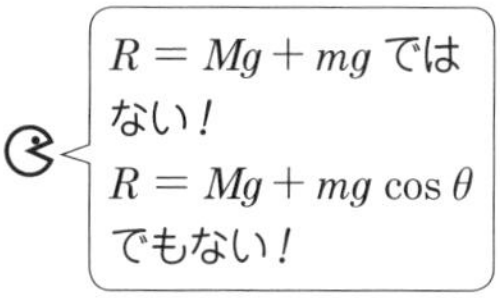

(5) x 方向には $N\sin\theta$ の力が働くから

$$ma_x = N\sin\theta \quad \cdots\cdots\text{③}$$

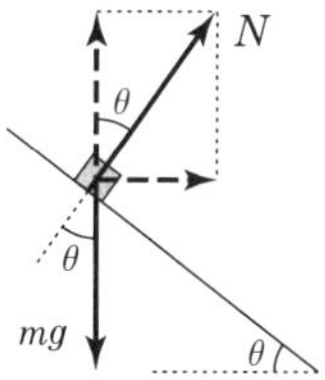

(6) y 方向には $N\cos\theta$ と mg が働くから

$$ma_y = N\cos\theta - mg \quad \cdots\cdots\text{④}$$

(7) まず，P の運動は斜面と平行ではないこと
を右下の図で確かめてほしい。Q が左へ動く
ため P は赤点線の矢印のように動く。だから
$N = mg\cos\theta$ ではあり得ない。あえてつり
合い式をつくりたいのなら，赤点線矢印に垂
直な方向でしか成り立たない。

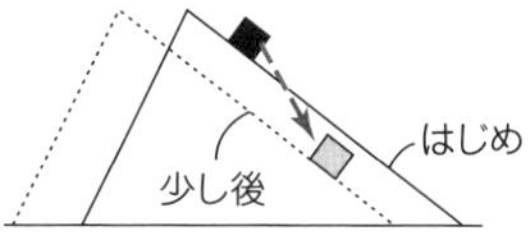

そこでQに対するPの相対運動を考えたい。Qに対してはPはまさに斜面に沿って角 θ の方向へ滑る。相対速度も相対加速度も斜面に平行になる。そこで右の図のように相対加速度をつくり，灰色の直角三角形に着目すれば

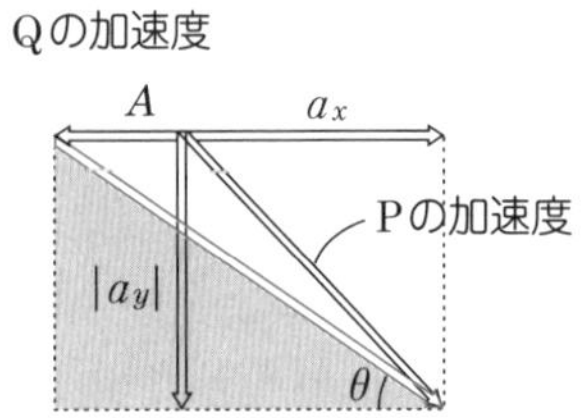

$$(\boldsymbol{A}+\boldsymbol{a_x})\tan\boldsymbol{\theta}=-\boldsymbol{a_y} \quad \cdots\cdots⑤$$

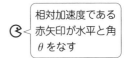

相対加速度である赤矢印が水平と角 θ をなす

Pは鉛直方向では下向きに落ちるので a_y は負となるため，ベクトルの長さとして $-a_y$ を用いた。なお，必要ならば速度ベクトルに対しても同様の考え方ができ，保存則を適用する場合に役立つ。

以上，I，IIの解法を見比べてほしい。Iの方がはるかにスマートで計算も楽になっている。慣性力の威力を味わってほしいものである。しかし，入試問題としてはIIの解法で扱うケースが多い。

答えが出たら次元（ディメンション）を調べてみるとよい。単位が正しいかどうかのチェックである。たとえば，(3)の N なら，$\sin\theta$ や $\cos\theta$ に単位はないので，次元的には頭の中で次のように形を変えていく。

$$N=\frac{M\,mg\cos\theta}{M+m\sin^2\theta} \longrightarrow \frac{M\,mg}{M+m} \longrightarrow \frac{M\,mg}{M} \longrightarrow mg$$

こうして重力 mg と同じ力の次元であることが確認できる。また，和や差は同じ単位でしかあり得ないので，式の中に $M+m^2$ のような形は決して現れない。答えのチェックだけでなく，計算途中でも次元を意識しているとかなりミスが防げる。

また，**特殊なケースを調べてみる**のも答えのチェックに役立つ。たとえば，$M\to\infty$ とすれば三角柱は動かず固定斜面のケースになると予想できる。実際，$N=mg\cos\theta/(1+\frac{m}{M}\sin^2\theta) \to mg\cos\theta$ と見なれた形に戻る。あるいは，$\theta=0$ のケース（薄い平板）なら，$N=mg$ となって自然だし，$\theta=90^\circ$ ならPは鉛直面に沿って自由落下をし，$N=0$ となるのもうなずける。

答えを味わってみるとよい

Q　初めのPの床からの高さを h とする。Pが床に達するまでの時間 t を求めよ。(★)

23 慣性力

質量 M の直方体Ａが水平面上に置かれている。Ａの上に置かれた質量 m の物体Ｂに糸をつけ水平に張って軽い滑車にかけ，その先端に質量 m の物体Ｃをつり下げる。そして，Ａに水平右向きの力 F を加えて動かす。摩擦はどこにもなく，重力加速度を g とする。

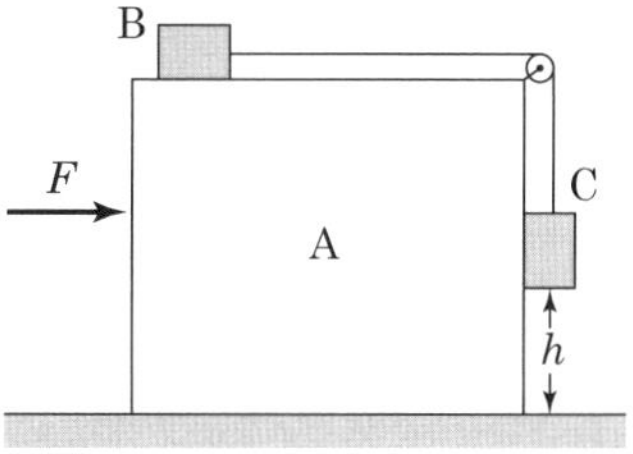

(1) Ｂ,ＣがＡに対して動かないようにしたい。F を求めよ。

(2) 全体が静止した状態から，Ａを $\dfrac{1}{2}g$ の加速度で動かす。はじめ水平面から高さ h にあったＣが水平面に達するまでの時間 t を求めよ。また，この場合の F を求めよ。　　　　　　　　　　（横浜国大＋東工大）

Level (1) ★ (2) ★★

Point & Hint (1) 全体を「一体化」して運動方程式を立てたい。すると，慣性力によるつり合いに入れる。

(2) Ａに対しては，ＢとＣは同じ大きさの加速度で動くことがポイント。F を求めるとき，Ａに働く水平方向の力で見落としやすい力がある。要注意！

LECTURE

(1) 全体がひとまとまりになって動いているので，加速度を a とすると，運動方程式は

$$(M + m + m)a = F \quad \cdots\cdots ①$$

Ａ上の人が見ると，ＢとＣは静止している。張力を T_0 とすると，力のつり合いより

B: $\quad ma = T_0 \quad \cdots\cdots ②$

C: $\quad T_0 = mg \quad \cdots\cdots ③$

Ｃの慣性力もあるがいまは関係ないので図ではカット

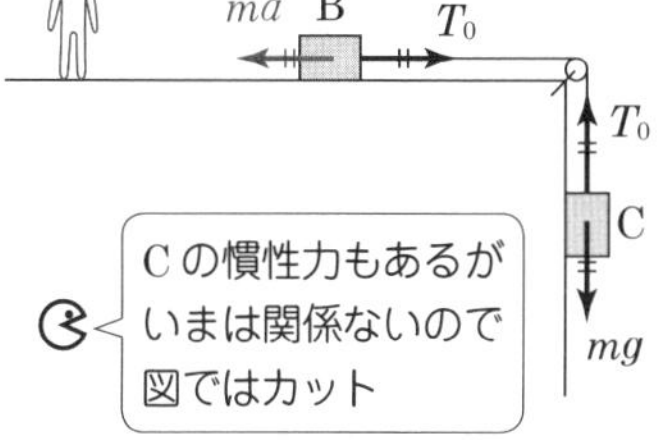

②, ③より　　$a=g$　　　そして，①より　　$F=\boldsymbol{(M+2m)g}$

(2)　A 上の人が見ると，B と C は同じ大きさ α の加速度で動く。右図よりそれぞれの運動方程式は

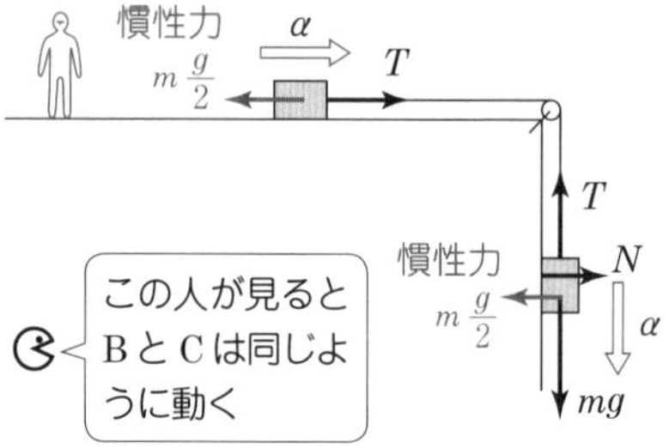

B：　$m\alpha = T - m\dfrac{g}{2}$ …④

C：　$m\alpha = mg - T$　…⑤

④, ⑤より　$\alpha = \dfrac{g}{4}$,　$T = \dfrac{3}{4}mg$

等加速度運動の公式❷より

$$h = \frac{1}{2}\alpha t^2 \qquad \therefore \quad t = \sqrt{\frac{2h}{\alpha}} = \boldsymbol{2\sqrt{\frac{2h}{g}}}$$

この α は C の鉛直方向の加速度（水平面に対する値）でもある。慣性力を用いない場合は，水平面に対する B の加速度が $\dfrac{g}{2}+\alpha$ となることから，$m\left(\dfrac{g}{2}+\alpha\right)=T$ と立式する。④と同じになる。一方，⑤は鉛直方向に対して自然に立てられる。

上図より，C が A から受ける垂直抗力 N は，水平方向のつり合いより

$$N = m\frac{g}{2}$$

A は N の反作用と，滑車を通して糸から左向きに張力 T を受けていることに注意して，運動方程式を立てると

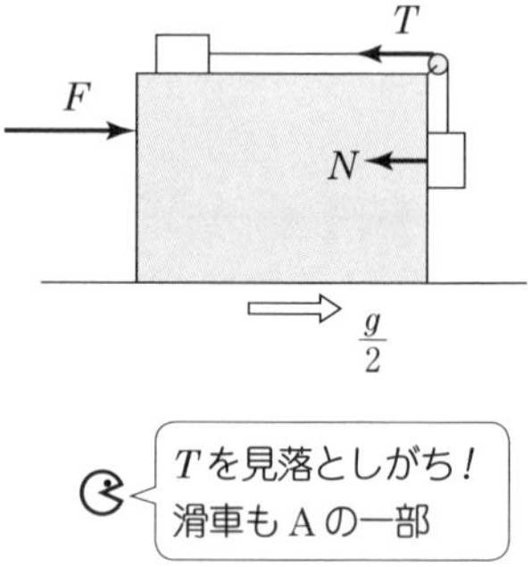

$$M\cdot\frac{g}{2} = F - N - T$$

$$= F - \frac{1}{2}mg - \frac{3}{4}mg$$

$$\therefore \quad F = \boldsymbol{\frac{2M+5m}{4}g}$$

Q　問(2)で，A が水平面から受けている垂直抗力 R を求めよ。(★)

24　慣性力

質量 m のおもりAと，質量 $3m$ のおもりBを糸1で結び，滑車Pにかける。さらにこの滑車PとおもりCを糸2で結び，天井から糸でつってある滑車Qにかける。滑車は滑らかで質量は無視でき，重力加速度を g とする。まず，おもりCの質量をある値にして，全体を静かに放すと，Cは静止し続けた。

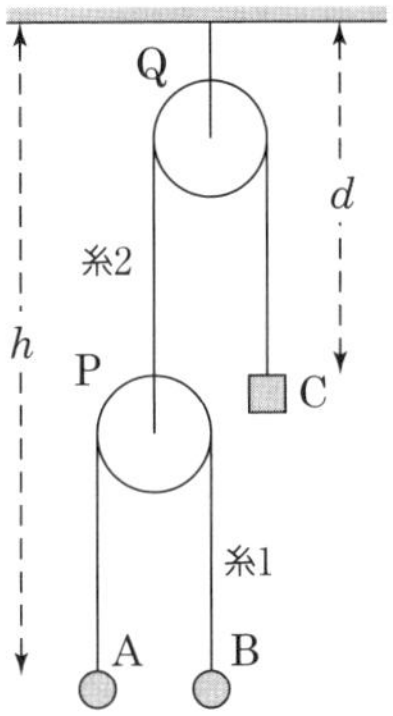

(1)　Aの加速度の大きさと糸1の張力を求めよ。

(2)　おもりCの質量を求めよ。

次に，Cの質量を $4m$ にして，全体を静かに放すと，AとBの質量の和がCの質量に等しいにもかかわらず，Cは動き始めた。

(3)　Cの加速度の大きさと糸1の張力，および天井にかかる力を求めよ。

(4)　AとBは，はじめ天井から距離 h の同じ高さに，Cは天井からの距離 d の高さにあったとする。AとBの高さの差が l になるとき，AとCの天井からの距離をそれぞれ求めよ。　（立命館大）

Level　(1) ★　(2) ★　(3),(4) ★★

Point & Hint

(2) $m+3m$ で $4m$ とするミスが多い。AとBが運動しているのでこうはならない。糸2の張力に目を向ける。
(3) Pと共に動く観測者から見ると，AとBの運動は扱い慣れた状況になる。また，**質量のない物体については加速度運動していても力のつり合いが成り立つ**ことを利用したい。
(4) AとBの間の相対運動を考え，l 離れるまでの時間から求めていく。

LECTURE

(1)　C が静止しているから，P も静止しており，A と B だけの運動となる。加速度の大きさを a，糸 1 の張力を T_1 とすると，それぞれの運動方程式は

A：　$ma = T_1 - mg$　……①

B：　$3ma = 3mg - T_1$　……②

①＋②より　$a = \boldsymbol{\frac{1}{2}g}$

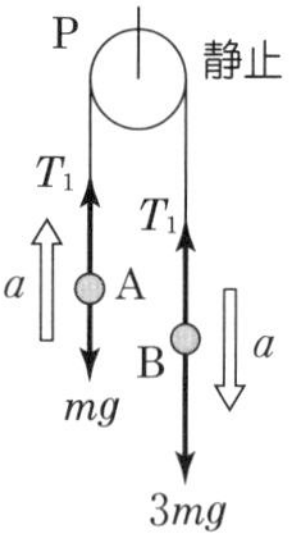

図 1

この値を①へ代入して T_1 を求めると

$$T_1 = \boldsymbol{\frac{3}{2}mg}$$

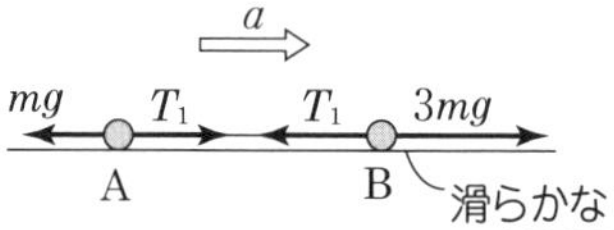

図 2

別解　この問題は図 2 のように力が働くケースと同等である。

一体化してみると，運動方程式は

$(m + 3m)a = 3mg - mg$

とくに，a だけを求めたいときには有効な方法（T_1 は図に現れない）。

こんなふうに一次元の問題に置き換える方法もある。ただし，重力の向きに注意。

(2)　C の質量を M，糸 2 の張力を T_2 とする。C のつり合いより

$T_2 = Mg$　……③

一方，滑車 P のつり合いより

$T_2 = T_1 + T_1 = 3mg$　……④

③, ④より　$\boldsymbol{M = 3m}$

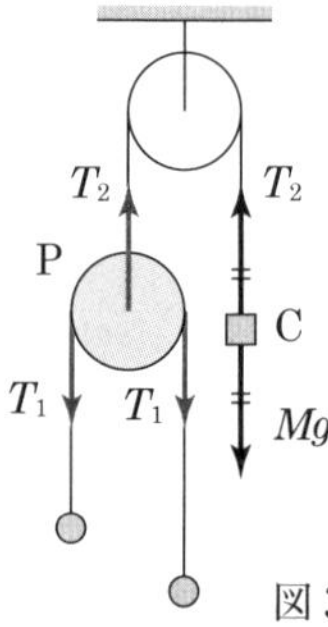

図 3

(3)　C の質量は前問で求めた値より大きいから C は下がる。その加速度の大きさを α とすると，P も α で上昇する。P の質量がないから，やはり P については力のつり合いが成り立つ（力の図示は図 3 と同じだが，T_1, T_2 は新しい未知数）。

$T_2 = 2T_1$　……⑤

P に注目したから T_1 は下向き

⑤は P の運動方程式を書いてもよい
$0 \cdot \alpha = T_2 - 2T_1$
$\therefore\ T_2 = 2T_1$

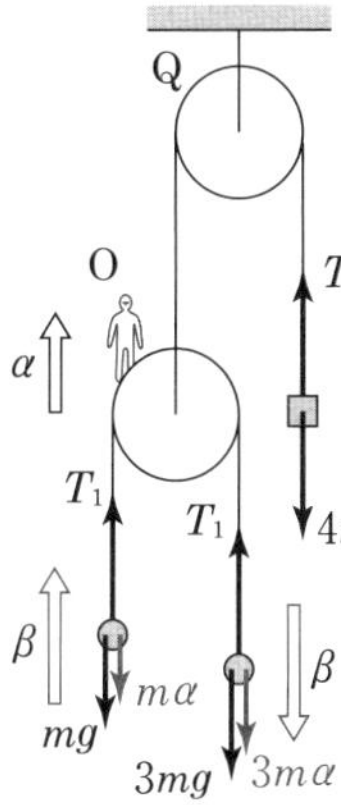

図 4

よって，C の運動方程式は

$$\text{C}: \quad 4m\alpha = 4mg - T_2$$
$$= 4mg - 2T_1 \quad \cdots\cdots ⑥$$

さて，P と共に動く人 O から見ると，A と B は同じ大きさ β の加速度で動く（(1)のケースと同様に扱える！）。慣性力を入れて運動方程式を立てると

$$\text{A}: \quad m\beta = T_1 - mg - m\alpha \quad \cdots\cdots ⑦$$
$$\text{B}: \quad 3m\beta = 3mg + 3m\alpha - T_1 \cdots\cdots ⑧$$

未知数は α, β, T_1 の 3 つであり，⑥, ⑦, ⑧の連立方程式で解ける。しばらくの計算の後，次のように求められる。

$$\boldsymbol{\alpha = \frac{1}{7}g} \qquad \beta = \frac{4}{7}g \qquad \boldsymbol{T_1 = \frac{12}{7}mg}$$

天井にかかる力は Q をつるす糸の張力 T_3 に等しい。

Q のつり合いより　　$T_3 = T_2 + T_2 = 4T_1 = \boldsymbol{\frac{48}{7}mg}$

別解 慣性力を用いず，静止系で解くこともできる。A の加速度を上向きに a_A，B の加速度を下向きに a_B とおくと，運動方程式は

$$\text{A}: \quad ma_A = T_1 - mg \qquad \text{B}: \quad 3ma_B = 3mg - T_1$$

そして，P に対する，A，B の相対加速度の大きさが等しいことより

$a_A - \alpha = a_B - (-\alpha)$　　これらと⑥を連立させて解くことになる。

(4)　人 O が見ると A は β で上へ，B は β で下へ動くから，両者の間の相対加速度は 2β となる（この値は誰が測っても同じになる）。AB 間の距離が l になるまでの時間を t とすると

$$l = \frac{1}{2}(2\beta)t^2 \qquad \therefore \quad t = \sqrt{\frac{l}{\beta}} = \sqrt{\frac{7l}{4g}}$$

A は天井に対して $\alpha + \beta$ で上がっているから，求める距離は

$$h - \frac{1}{2}(\alpha + \beta)t^2 = h - \frac{1}{2}\cdot\frac{5}{7}g\cdot\frac{7l}{4g} = \boldsymbol{h - \frac{5}{8}l}$$

C は天井に対して α で下がっているので

$$d + \frac{1}{2}\alpha t^2 = d + \frac{1}{2}\cdot\frac{1}{7}g\cdot\frac{7l}{4g} = \boldsymbol{d + \frac{1}{8}l}$$

25 等速円運動

自然長 l_0 のゴムひもの上端は滑らかな水平面 A から距離 l_0 の点 O に固定され，下端につけた質量 m のおもりが，水平面 A の上で等速円運動をしている。ゴムひもの質量とおもりの大きさは無視でき，ゴムひもの弾性定数 k（ばねのばね定数に相当する）は $k > mg/l_0$（g は重力加速度）を満たしているものとする。

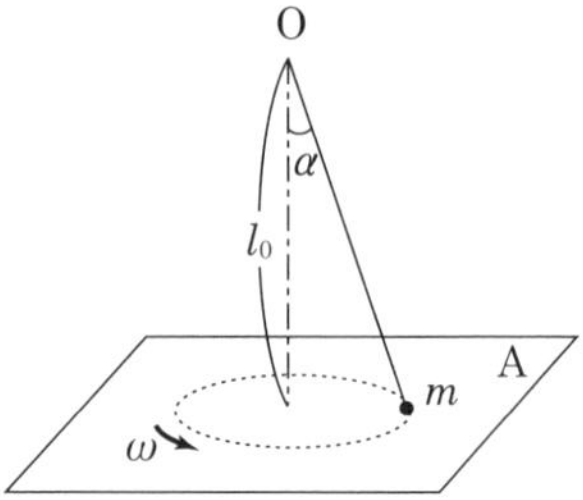

(1) ゴムひもが鉛直方向となす角を α とし，おもりの角速度を ω とする。また，ゴムひもの張力を T とし，おもりが水平面から受ける垂直抗力を N として，水平方向および鉛直方向での力のつり合い式を記せ。

(2) 角速度 ω を m，k，α で表せ。

(3) おもりの角速度をゆっくり増していくと，ω の値がある角速度 ω_c を超えたとき，おもりは面 A を離れて空中に浮き上がる。角速度はゆっくり変化していくので，各瞬間のおもりの運動は等速円運動と考えてよい。角速度 ω_c，および ω_c のときのゴムひもの長さ l_c を求めよ。

（埼玉大）

Level (1), (2) ★　(3) ★

Point & Hint

(1)「力のつり合い式を記せ」とは遠心力を考えよということ。**遠心力を用いると，等速円運動は力のつり合い**として扱える。

(3) 垂直抗力 N を求める。おもりが**面から離れるときは $N = 0$**

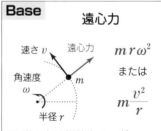

Base　**遠心力**

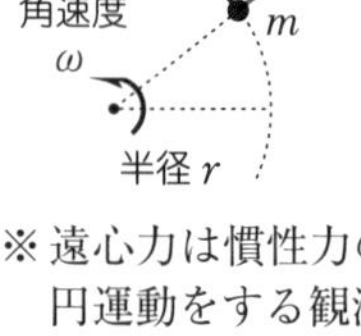

$mr\omega^2$ または $m\dfrac{v^2}{r}$

※ 遠心力は慣性力の一種。円運動をする観測者にとって現れる見かけの力。

LECTURE

(1)　遠心力を取り入れて，力を図示してみると，右のようになる。円の半径 r は $l_0 \tan\alpha$ となっているから，水平方向のつり合いは

$$\boldsymbol{T\sin\alpha = m(l_0\tan\alpha)\omega^2} \quad \cdots\cdots①$$

鉛直方向のつり合いは

$$\boldsymbol{N + T\cos\alpha = mg} \quad \cdots\cdots②$$

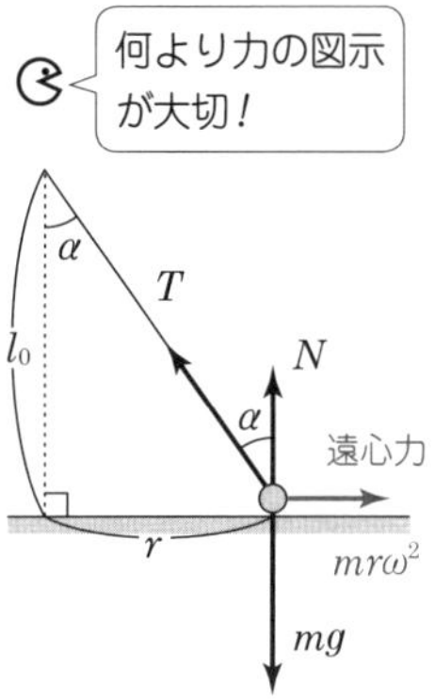

(2)　ゴムひもの長さを l とすると，

図より　$l\cos\alpha = l_0$

よって，ゴムひもの張力(弾性力) T は

$$T = k(l - l_0) = k\left(\frac{l_0}{\cos\alpha} - l_0\right) \quad \cdots\cdots③$$

自然長からの伸びをもってくること

これを①に代入して

$$kl_0\left(\frac{1}{\cos\alpha} - 1\right)\sin\alpha = ml_0\omega^2\frac{\sin\alpha}{\cos\alpha}$$

$$\therefore \quad \omega = \sqrt{\boldsymbol{\frac{k}{m}(1-\cos\alpha)}} \quad \cdots\cdots④$$

(3)　③で求めた T を②に代入して N を求めると

$$N = mg - kl_0(1-\cos\alpha)$$

水平面から離れるときは $N=0$ となるから，そのときの α を α_c とおくと

$$0 = mg - kl_0(1-\cos\alpha_c) \qquad \therefore \quad \cos\alpha_c = 1 - \frac{mg}{kl_0}$$

したがって，④より　$\omega_c = \sqrt{\frac{k}{m}(1-\cos\alpha_c)} = \sqrt{\boldsymbol{\frac{g}{l_0}}}$

また，このときのゴムひもの長さ l_c は

$$l_c = \frac{l_0}{\cos\alpha_c} = \boldsymbol{\frac{kl_0^2}{kl_0 - mg}}$$

なお，l_c は当然ながら正の値だから，$kl_0 > mg$ という条件が必要なことが分かる。このように，問題文中に現れる意味不明の不等式は解いてみた結果から理解できることが多い。というか，それが普通であり，解く際には気にしないでよい。

26　等速円運動

質量 m の小ビーズ球Pが，細い滑らかな棒に沿って自由に動けるようになっている。棒は鉛直より角度 θ ($0° < \theta < 90°$) だけ傾いた状態で支点Oに固定されている。重力加速度を g とする。

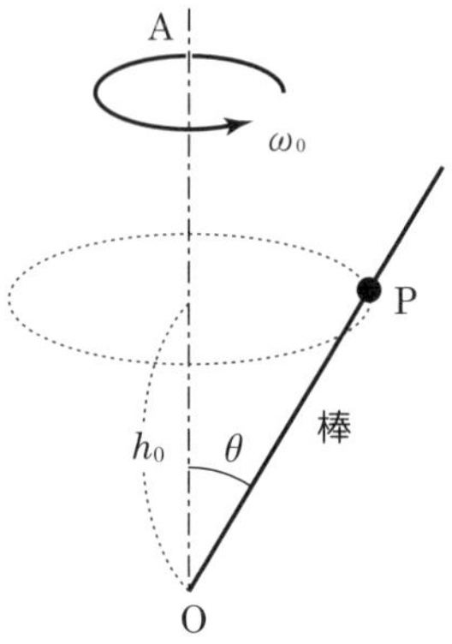

(1)　いま，棒を鉛直軸OAのまわりに角度 θ を保ったままある角速度で回転させたところ，Pは支点Oから高さ h_0 の水平面内で円運動をした。このときの角速度 ω_0 は

$$\omega_0 = \boxed{\text{ア}}$$

と表される。

(2)　次に，摩擦のある棒に取り替える。棒が回転していない場合，Pと棒の間の静止摩擦係数を μ とすると，Pが滑らずにいられるための θ の条件は

$$\boxed{\text{イ}}$$

である。

いま，この棒を $\theta = 45°$ に固定した。このとき棒が回転していない場合には，Pは滑り落ちてしまった。そこで，角速度 ω で回転させたとき，ある高さ h でPが落ちていかなかった。Pが落ちないでいられる ω の範囲を求めると，

$$\boxed{\text{ウ}} \leqq \omega$$

となる。そして同様に，Pが上がっていかない条件も考慮すると，Pが高さ h を保っていられる ω の範囲は，次のように求められる。

$$\boxed{\text{ウ}} \leqq \omega \leqq \boxed{\text{エ}}$$

（大分大）

Level ア ★ イ ★ ウ,エ ★★

Point & Hint

遠心力を用いて，力のつり合いの問題とするとよい。**ウ**，**エ**は最大摩擦力のときを考えることになるが，力の向きを見抜くこと。

LECTURE

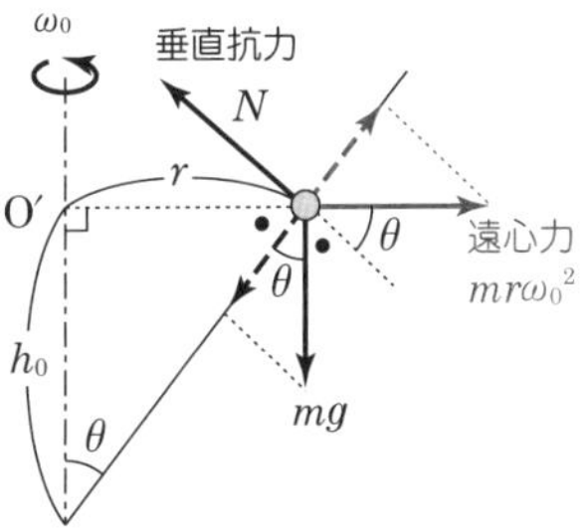

ア まず，円運動の中心O′をしっかり押さえること。そして，遠心力を入れたのが右図。これで力のつり合いに入れる。円の半径 r は $r=h_0\tan\theta$ となっているから，遠心力は

$$mr\omega_0^2 = mh_0\,\omega_0^2\tan\theta$$

棒方向での力のつり合い(点線矢印)より

$$mg\cos\theta = mh_0\omega_0^2\tan\theta\cdot\sin\theta$$

$mg\sin\theta$ とするミスが多い。傾角 θ の斜面ならそれでよいが，今は θ の測り方が違う！

未知数 N に顔を出してほしくないので，棒方向のつり合いに着目する。

$$\therefore\quad \omega_0 = \frac{\mathbf{1}}{\tan\boldsymbol{\theta}}\sqrt{\frac{\boldsymbol{g}}{\boldsymbol{h_0}}}$$

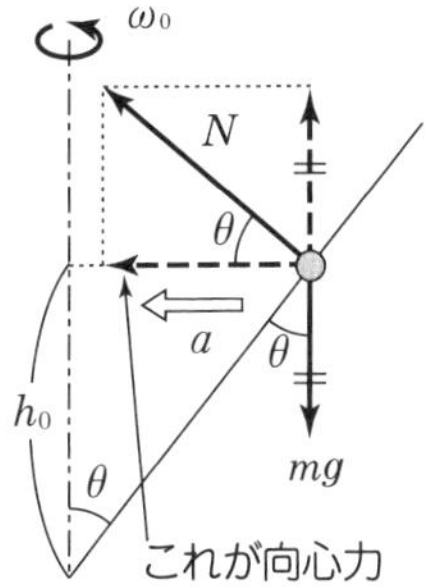

別解 遠心力を用いないで解いてみよう。Pは鉛直方向には動かないから，力のつり合いが成り立つ。

$$N\sin\theta = mg \quad \cdots\cdots①$$

一方，水平方向は $N\cos\theta$ が向心力となって円運動をしており，向心加速度 a は

$$a = r\omega_0^2 = (h_0\tan\theta)\,\omega_0^2$$

となっている。したがって，運動方程式は

$$m(h_0\,\omega_0^2\tan\theta) = N\cos\theta \quad \cdots\cdots②$$

①, ②より N を消去して ω_0 を求めればよい。

このように遠心力を用いないと，鉛直と水平方向とに分けて考えるしかない。**等速円運動で遠心力を用いるメリットは，任意の方向で力のつり合いが成り立つこと**である。もちろん，①, ②も鉛直方向，水平方向のつり合いとして，必要なら書き下せる。

ビーズ球に対する垂直抗力 N は，右のように 2 通りの可能性があるので注意が必要。棒との接触のしかたによる。いまの場合，直感的に明らかだが，遠心力を考えると，図 a と即断できる（力のつり合いから判断してもよい）。

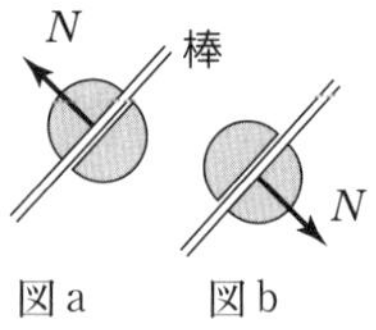

イ　これは単なる力のつり合い。静止摩擦力を F とすると，棒方向でのつり合いより

$$F = mg\cos\theta$$

F は最大摩擦力 $F_{max}=\mu N$ 以下でなければならないこと，そして棒に垂直な方向でのつり合いから $N = mg\sin\theta$ を用いて

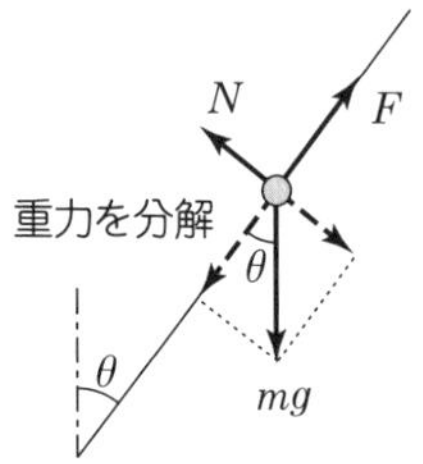

$$mg\cos\theta \leqq \mu mg\sin\theta \qquad \therefore\quad \boldsymbol{\tan\theta \geqq \frac{1}{\mu}}$$

はじめから F_{max} となっているギリギリのケースで考えてもよい。そのときの角を θ_0 とすると

$$mg\cos\theta_0 = \mu mg\sin\theta_0 \qquad \therefore\quad \tan\theta_0 = \frac{1}{\mu}$$

$\theta \geqq \theta_0$ のほうが滑りにくいのは直感的にも明らかだから

$$\tan\theta \geqq \tan\theta_0 = \frac{1}{\mu}$$

とすればよい。

なお,「θ の条件」と尋ねられ，θ の値そのものが分からないときは，$\sin\theta$ でも $\cos\theta$ でも表しやすい形で答えればよい。

ウ　遠心力の棒方向成分は上向きとなって P が下へ落ちるのを防いでくれる。P が落ちないでいられるギリギリを考える。このとき最大摩擦力 μN は上向きとなっている。45° だから半径 r は h に等しく，角速度を ω_1 とすると，棒方向のつり合いより

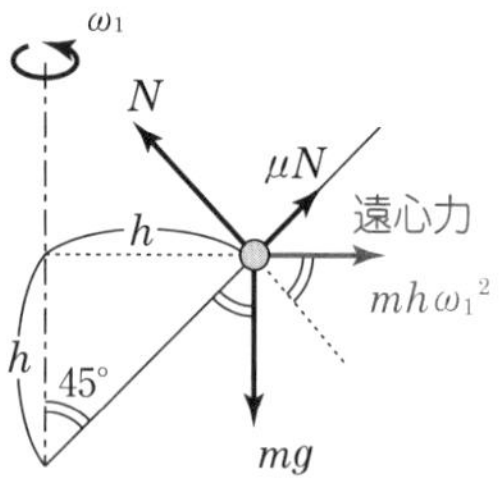

$$mg\cos 45^\circ = \mu N + mh\omega_1^2\sin 45^\circ \qquad \cdots③$$

一方，棒に垂直な方向のつり合いより

$$N = mg\sin 45^\circ + \underset{\sim\sim\sim\sim\sim\sim}{mh\omega_1^2\cos 45^\circ} \qquad \cdots④$$

遠心力の分を忘れやすい！

下へ落ちる間際だから
最大摩擦力は上向き

④を③に代入して ω_1 を求めると

$$\omega_1 = \sqrt{\frac{\boldsymbol{g(1-\mu)}}{\boldsymbol{h(1+\mu)}}} \leqq \omega$$

$\omega_1 < \omega$ なら遠心力が大きくなるから下へ落ちることはない。摩擦は単なる静止摩擦力となり，ω が増すと小さくなっていく。やがて $mg\cos 45^\circ = mh\omega^2 \sin 45^\circ$ を満たすと，摩擦は 0 となる。さらに ω を増すと，静止摩擦力は下向きに増し始め，そして次の問いの状況になる。

エ　ω が大きくなり，遠心力が大きくなり過ぎると P は上へ動き出す。その直前の状況では最大摩擦力 μN が下向きに働く。角速度を ω_2 とすると，棒方向のつり合いより

$$mg\cos 45^\circ + \mu N = mh\omega_2{}^2 \sin 45^\circ \quad \cdots⑤$$

棒に垂直な方向のつり合いより

$$N = mg\sin 45^\circ + mh\omega_2{}^2 \cos 45^\circ \quad \cdots⑥$$

⑤, ⑥と $\omega \leqq \omega_2$ より

$$\omega \leqq \omega_2 = \sqrt{\frac{\boldsymbol{g(1+\mu)}}{\boldsymbol{h(1-\mu)}}}$$

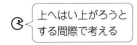

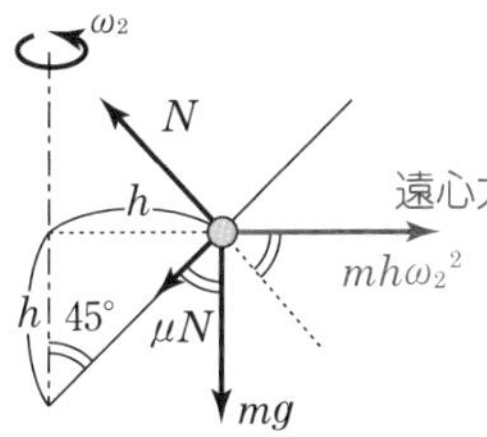

上へはい上がろうとする間際で考える

なお，棒を静止させておくと P が滑り落ちたことと，**イ**の結果より $\tan 45^\circ < \dfrac{1}{\mu}$ よって $\mu<1$ であり，ω_1 や ω_2 の平方根の中が正であることが保証されている。

27　等速円運動

質量 m の自動車が水平面上で，半径 r の円周上を速さ v で走行している。自動車の重心Gは，車輪の接地点から水平距離 d，高さ h のところにある。半径 r は自動車の大きさに比べて十分大きいものとして，前輪，後輪の区別は考えなくてよい。また，タイヤの幅は無視でき，車輪と路面の間の静止摩擦係数を μ とし，重力加速度を g とする。

(1) 速さ v が大きくなると，車が横滑りを起こすと考えられるが，横滑りが起きないための速さ v の上限は［ア］で与えられる。このとき内側および外側の車輪には，それぞれ［イ］および［ウ］の垂直抗力が働いている。

(2) 自動車が横滑りを起こす前に，片側の車輪が路面を離れて浮き上がることがある。そのときの速さ v は［エ］である。

(3) 自動車の速さを増していったとき，片側の車輪が浮き上がる前に横滑りを起こすための μ に対する条件は［オ］である。

(4) 自動車の速さが v のとき，最も安定に走行できるためには，路面が図3のように角 θ だけ傾き，全体がすりばち状になっていればよい。このときの $\tan\theta$ は［カ］に等しい。

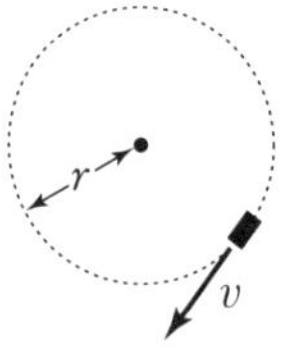

図1

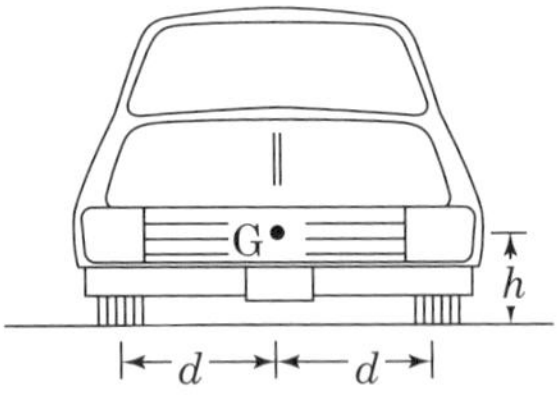

図2

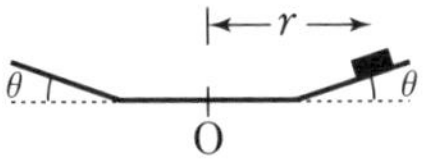

図3：鉛直断面

（大阪大）

Level　ア～カ ★

Point & Hint　(1) 滑り出す直前には，両側の車輪ともに水平方向では最大摩擦力が働いている。遠心力による剛体のつり合い。　(2) 面から離れるときだから…。　(3) 前問までの答えから決まってくる。　(4) 静止摩擦力を必要としないのが最も安定な状態。とはいえ，まともに解くのは大変なので…。

LECTURE

(1)　**ア**　垂直抗力を N_1, N_2 とすると,

鉛直方向のつり合いより

$$N_1 + N_2 = mg \quad \cdots\cdots①$$

水平方向のつり合いより

$$m\frac{v^2}{r} = \mu N_1 + \mu N_2$$

$$= \mu(N_1 + N_2) = \mu mg \quad (①を用いた)$$

$$\therefore \quad v = \sqrt{\boldsymbol{\mu g r}} = v_1$$

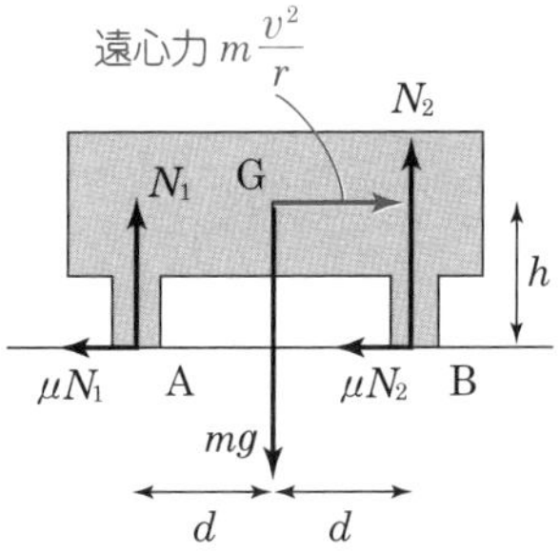

イ　Bのまわりのモーメントのつり合いより

$$mgd = N_1 \cdot 2d + m\frac{v^2}{r} \cdot h \quad \cdots\cdots②$$

Bのまわりだと N_2, μN_2, μN_1 のモーメントは0

v を代入することにより　$N_1 = \boldsymbol{\frac{mg}{2d}(d - \mu h)}$

ウ　①より　$N_2 = mg - N_1 = \boldsymbol{\frac{mg}{2d}(d + \mu h)}$

Aのまわりのモーメントのつり合いから求めてもよい。

エ　遠心力のため車輪が浮くのだから, それは内側の車輪であって, $N_1 = 0$ となるときである。②はやはり成り立つから

$$N_1 = \frac{m}{2d}\left(gd - \frac{v^2 h}{r}\right) = 0 \qquad \therefore \quad v = \sqrt{\boldsymbol{\frac{gdr}{h}}} = v_2$$

オ　車輪が浮く前に滑り出すためには, $v_1 < v_2$ であればよいから

$$\sqrt{\mu g r} < \sqrt{\frac{gdr}{h}} \qquad \therefore \quad \boldsymbol{\mu < \frac{d}{h}}$$

カ　重力と遠心力の合力(見かけの重力)を考えるとよい。これが路面に垂直になれば, 水平面上で静止しているときと同じで, 両輪には等しい荷重がかかり, 摩擦力は0となる。図の灰色の直角三角形に注目すると

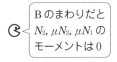

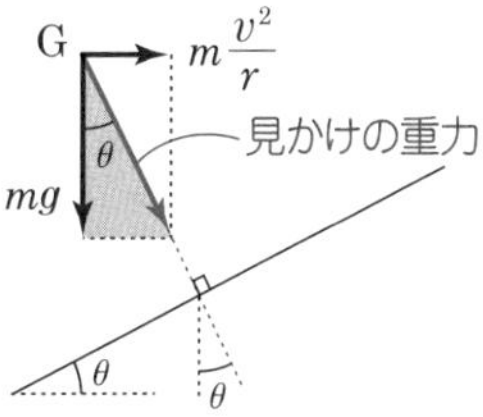

見かけの重力の威力!

$$\tan\theta = \frac{m\frac{v^2}{r}}{mg} = \boldsymbol{\frac{v^2}{gr}}$$

28 円運動

長さ l の軽くて細い糸の一端に質量 m の小球をつけ，他端を点 A に固定する。また，A から鉛直下方 $\frac{3}{4}l$ のところにある点 B に，細くて滑らかなくぎが水平に固定してある。くぎに垂直な面内で糸を張りながら小球を持ち上げ，糸が鉛直線となす角を $\theta=60°$ にして，小球を静かに放す。重力加速度を g とする。

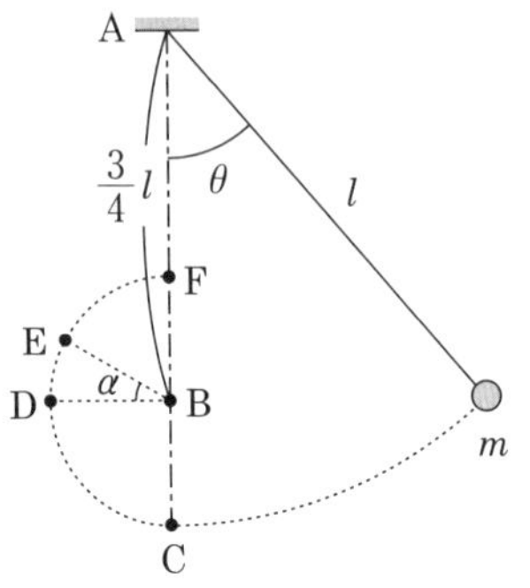

(1) 小球が最下点 C を通るときの速さ v_0 はいくらか。

(2) 小球が点 C を通る直前での糸の張力 T_1 はいくらか。また，点 C を通った直後の糸の張力 T_2 はいくらか。

(3) 小球が点 B と同じ高さの点 D を通るときの糸の張力 T_D はいくらか。

(4) 小球が図の点 E に達したとき，糸がゆるんだ。$\angle EBD = \alpha$ として，$\sin\alpha$ を求めよ。

(5) 糸がたるむことなく小球が B を中心とする円弧をえがいて運動し，B の鉛直上方 $\frac{1}{4}l$ のところにある点 F に達するためには，はじめの角 θ はいくら以上でなければならないか。その角度を θ_0 として，$\cos\theta_0$ を求めよ。

（筑波大＋名古屋大）

Level　(1) ★★　(2), (3) ★　(4), (5) ★

Point & Hint

鉛直面内の円運動を解く鍵は右のように2つある。

(2) 直前と直後では円運動の半径が異なることに注意。

Base　鉛直面内の円運動

- 力学的エネルギー保存則
- 遠心力を考えて，半径方向での力のつり合い

(4) 糸がゆるんだときは何かが 0 になっている。
(5) 最高点 F での速さが 0 ですむと考える人が多い。点 F をある速さ以上で通過する必要がある。重力で落とされるのを遠心力で防ぐ。

LECTURE

(1)　力学的エネルギー保存則より

$$mg(l - l\cos 60^\circ) = \frac{1}{2}m{v_0}^2$$

$$\therefore \quad v_0 = \boldsymbol{\sqrt{gl}}$$

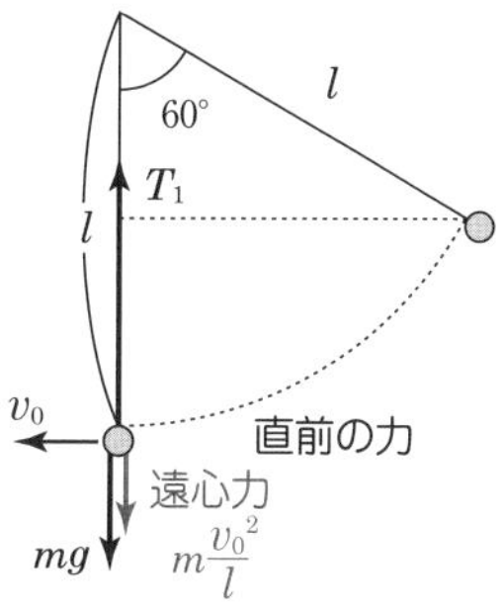

(2)　直前は半径 l の円運動である。遠心力を取り入れて力のつり合い式をつくると

$$T_1 = mg + m\frac{{v_0}^2}{l}$$

絶対忘れないように

$$= \boldsymbol{2mg}$$

$T_1 = mg$ ではない！直線運動ではなく，円運動なのだ。

直後は半径 $\frac{l}{4}$ の円運動に入る。事実上，同じ高さの位置だから力学的エネルギー保存則により速さ v_0 は変わらない。

遠心力がパッと変わるので，張力も不連続になる。

T_1 と同様に（右下の図）

$$T_2 = mg + m\frac{{v_0}^2}{\frac{l}{4}} = \boldsymbol{5mg}$$

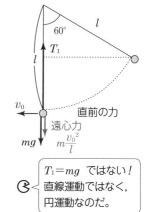

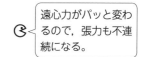

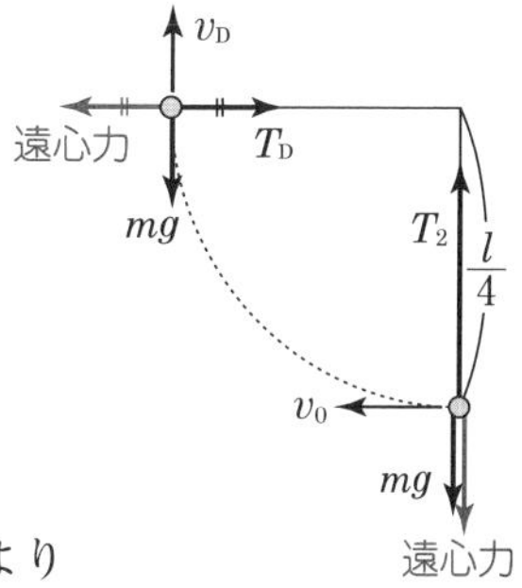

(3)　点 D での速さを v_D とすると，力学的エネルギー保存則より

$$\frac{1}{2}m{v_0}^2 = \frac{1}{2}m{v_D}^2 + mg\cdot\frac{l}{4}$$

v_0 を代入して　　$v_D = \sqrt{\dfrac{gl}{2}}$

半径方向（この場合は水平方向）のつり合いより

$$T_D = m\frac{{v_D}^2}{\frac{l}{4}} = \boldsymbol{2mg}$$

(4)　Eでの速さを v_E とする。**糸がゆるむときは「張力=0」**だから，半径方向のつり合いは

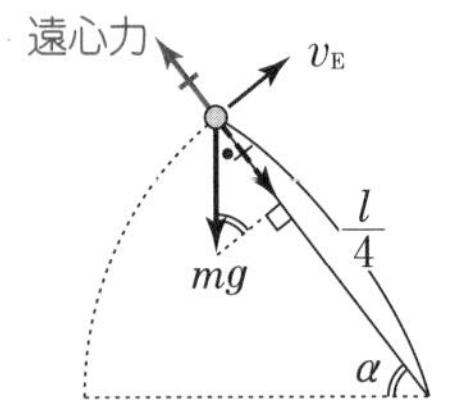

$$m\frac{v_E^2}{\frac{l}{4}} = mg\sin\alpha \quad \cdots\cdots①$$

力学的エネルギー保存則より

$$\frac{1}{2}mv_0^2 = \frac{1}{2}mv_E^2 + mg\left(\frac{l}{4} + \frac{l}{4}\sin\alpha\right) \quad \cdots\cdots②$$

重力の半径方向成分を取り出す。α と・の角の和=90°に着目して α を移す。

v_0 の値と，①の $v_E^2 = \frac{1}{4}gl\sin\alpha$ を代入して $\sin\alpha$ を求めると

$$\sin\alpha = \mathbf{\frac{2}{3}}$$

(5)　Fに達するための，いいかえれば，**一回転するための条件は最高点で「遠心力≧重力」**となることである。

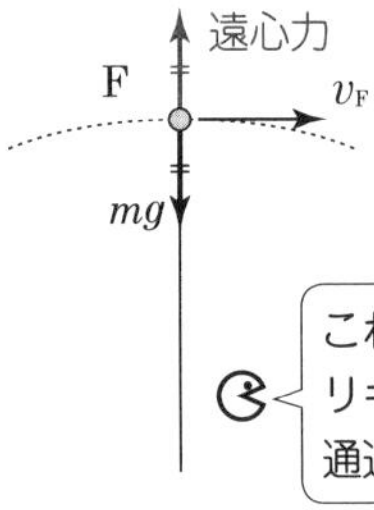

最高点Fで必要な速さを v_F とすると，そのとき遠心力と重力がつり合い，糸の張力は0となっていて

これがギリギリの通過だ

$$m\frac{v_F^2}{\frac{l}{4}} = mg \qquad \therefore \quad v_F = \frac{1}{2}\sqrt{gl}$$

これより速ければ遠心力が重力を上回り，糸をピンと張る。つまり，張力が現れてくる。はじめの小球のCからの高さは $l - l\cos\theta_0$ と表せ，Fの高さは $\frac{l}{4}\times 2$ と表せるから，力学的エネルギー保存則より

$$mg(l - l\cos\theta_0) = \frac{1}{2}mv_F^2 + mg\cdot\frac{l}{2}$$

v_F を代入して $\cos\theta_0$ を求めると　　$\cos\theta_0 = \mathbf{\frac{3}{8}}$

なお，ぎりぎりの通過のとき，糸の張力は最高点で0になるが，糸がゆるむわけではない。張力は 正→0→正 と変わっていくからである。糸がゆるむのは，張力が0から負に(計算上)変わるときに起こる。

29 円運動

直線と半径 r の円弧とからなる軌道がある。円弧は点C，E，Fで直線部分と滑らかにつながっている。点B，F，Hは水平線上にあり，直線部分ACおよびEFは水平線と角度 α をなす。点Aから質量 m の小球を静かに斜面に沿って滑り落とす。摩擦はなく，重力加速度を g とする。

(1) この球が軌道から受ける抗力の大きさが最大となるのはどの点か。また，そのときの抗力の大きさを求めよ。

(2) 出発点Aでの球の高さ h がある値 h_0 を超えると，球は運動の途中で軌道から浮き上がる。h_0 を求めよ。

(3) $h > h_0$ のとき，球は軌道から飛び上がり，点Hに落下した。このときの h の値を求めよ。

(4) 高さ h を適当に選んで，球が軌道から浮き上がらずに円弧の最高点Gに到達するためには，角度 α がある条件を満たすことが必要である。この条件を求めよ。

(5) ある高さ h から球を放したところ，点Gを通った後，ある点Iで円弧から離れた。$\angle GOI = \theta$ として，$\cos\theta$ を h，r，α で表せ。

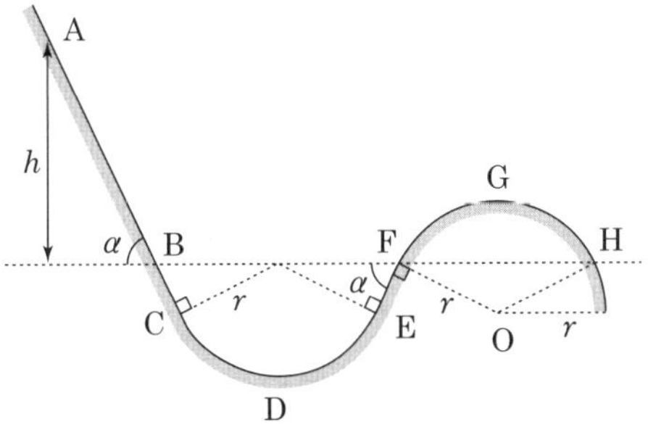

（東京大）

Level (1) ★　(2),(3) ★　(4),(5) ★★

Point & Hint

(1) 計算ではなく，定性的に(力を図示して)抗力が最大になる点を決めたい。

(2) 最も危なそうな(浮き上がりそうな)点は……？　その裏づけも定性的にとり

たい。

(4) 浮き上がらないための h に対する条件は事実上(2)で押さえられた。G に達するための h に対する条件は……？　そして，それらを満たす h が存在できるためには……。

LECTURE

(1)　まず，斜面 AC 上での垂直抗力 N は，$N = mg\cos\alpha$ と一定を保っている。しかし，C を通った直後から遠心力がかかるから N は急に大きくなる。しかも，下へいくほど速さが増し遠心力が大きくなる。さらに重力の半径方向の分力も大きくなる。こうして，図から分かるように，N は最下点 **D** で最大 $N_{\max}$ となる。

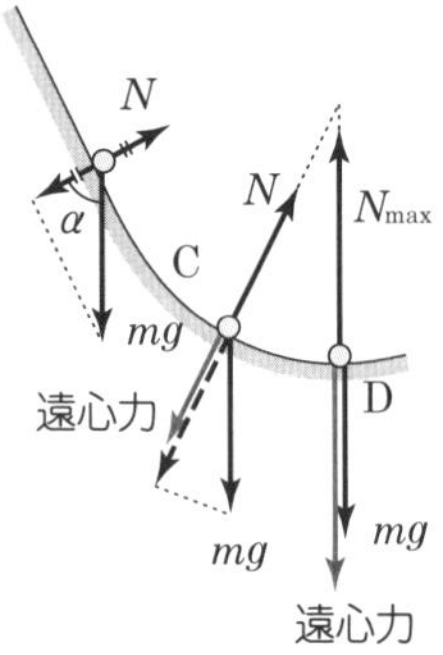

D での速さを v_D とすると

$$N_{\max} = mg + m\frac{v_D{}^2}{r} \quad \cdots\cdots①$$

円弧上での垂直抗力は円の中心を指す。半径方向は力のつり合い。

力学的エネルギー保存則より　　$mg(h+r) = \frac{1}{2}mv_D{}^2 \quad \cdots\cdots②$

①, ②より　　$N_{\max} = \boldsymbol{mg\left(3 + \frac{2h}{r}\right)}$

(2)　上の図から分かるように，斜面 AC と EF 上や円弧 CDE 上では，重力や遠心力が球を軌道に押しつけるので，浮くことはない。問題は円弧 FG 間で起こる。遠心力が球を浮かそうとするからである。そして，最も危ういのは点 F。F さえ通過できれば，上へいくほどスピードが落ち，遠心力が小さくなる上に，軌道に押しつけようとする重力の分力が大きくなってくれる。よって，h_0 のときは点 F をなんとか通れるときで，F での垂直抗力

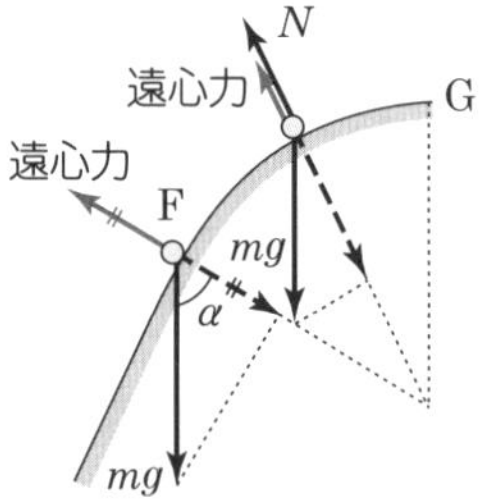

ぎりぎりセーフのケース。F では $N=0$
スキーでこぶに出会ったとき，どこで板が浮きそうかと考えてみるとよい。

が 0 となるとき。F での速さを v_0 とすると，半径方向での力のつり合いは

$$m\frac{v_0^2}{r} = mg\cos\alpha \qquad \cdots\cdots③$$

力学的エネルギー保存則より（水平線 BF を基準）

$$mgh_0 = \frac{1}{2}mv_0^2 \qquad \cdots\cdots④$$

③, ④より，v_0^2 を消去すれば　　$h_0 = \boldsymbol{\frac{r}{2}\cos\alpha}$

(3)　球は点 F で浮き上がり，放物運動に入る。F での速さを v_F とすると，力学的エネルギー保存則より

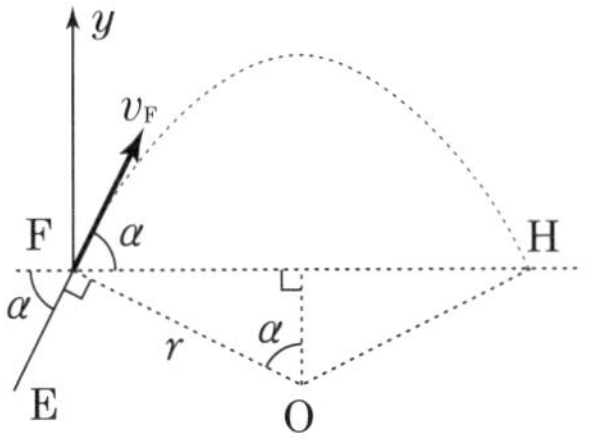

$$mgh = \frac{1}{2}mv_F^2 \qquad \therefore \quad v_F = \sqrt{2gh}$$

FH 間を飛ぶ時間を t とすると，鉛直方向について

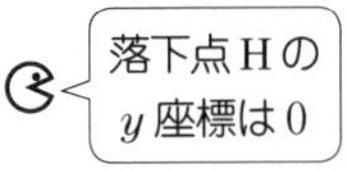

$$0 = v_F\sin\alpha\cdot t - \frac{1}{2}gt^2 \qquad \therefore \quad t = \frac{2v_F}{g}\sin\alpha$$

図より　FH $= r\sin\alpha\times 2$　であり，水平方向について

$$\mathrm{FH} = v_F\cos\alpha\cdot t \qquad \therefore \quad 2r\sin\alpha = \frac{2v_F^2}{g}\cos\alpha\sin\alpha$$

v_F を代入して h を求めると　　$h = \boldsymbol{\frac{r}{2\cos\alpha}}$

(4)　点 F で浮き上がらないためには，(2)の結果より

$$h \leqq h_0 = \frac{r}{2}\cos\alpha \qquad \cdots\cdots⑤$$

そして, G に達するためには, 力学的エネルギー保存則より G の高さ以上の位置で球を放すこと。水平線 FH からの G の高さは $r - r\cos\alpha$ だから

$$h \geqq r - r\cos\alpha \qquad \cdots\cdots⑥$$

⑤, ⑥より　　$r - r\cos\alpha \leqq h \leqq \frac{r}{2}\cos\alpha$

このような h が存在するためには

$$r - r\cos\alpha \leqq \frac{r}{2}\cos\alpha \qquad \therefore \quad \boldsymbol{\cos\alpha \geqq \frac{2}{3}}$$

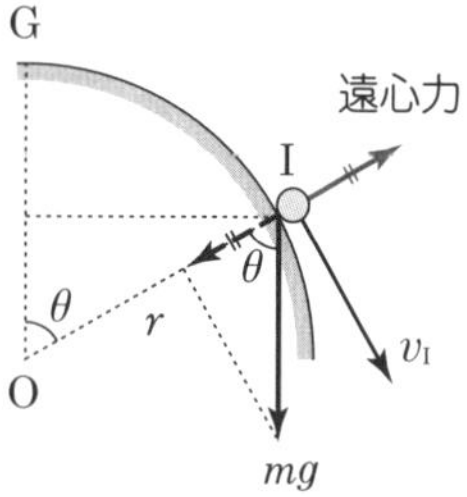

(5)　軌道から離れる点Iでは垂直抗力が0となる。Iでの速さを v_I とすると，半径方向での力のつり合いより

$$m\frac{v_I^2}{r} = mg\cos\theta \qquad \cdots\cdots ⑦$$

力学的エネルギー保存則より（点Oを通る水平線を基準として，AとIについて）

$$mg(h + r\cos\alpha) = \frac{1}{2}mv_I^2 + mgr\cos\theta \qquad \cdots\cdots ⑧$$

⑦, ⑧より　　$\cos\theta = \boldsymbol{\frac{2}{3}\left(\frac{h}{r} + \cos\alpha\right)}$

なお，FG間を無事通過しているのだから，GH間でも離れることはなく，点IはHより下側にあるはずである。⑤より $\dfrac{h}{r} \leqq \dfrac{1}{2}\cos\alpha$ だから，$\cos\theta \leqq \cos\alpha$　　確かに，$\theta \geqq \alpha$ となっている。

30　円運動

水平面に対して角度 α 傾いている滑らかな斜面がある。質量 m の小球Pをつけた長さ r の糸の端を，斜面上の点Oにとめる。Pは斜面上で点Oを中心とする半径 r の円運動をしている。点Oを原点として，斜面に沿って水平に x 軸をとり，Pの位置を x 軸から反時計まわりの角度 θ で表す。重力加速度を g とする。

(1)　Pが斜面から受ける垂直抗力を求めよ。

(2)　$\theta=0$ のときのPの速さは v_0 である。Pの速さ v と糸の張力 T を θ の関数としてそれぞれ表せ。

(3)　Pが斜面上で円運動することができるためには，$\theta=0$ における速さ v_0 は，どんな値以上でなければならないか。

(4)　$\theta=\dfrac{\pi}{3}$ のとき，糸を切った。そのときのPの速さを u として，Pが斜面上を運動し x 軸上に達したときの x 座標を求め，u，r，g，α で表せ。

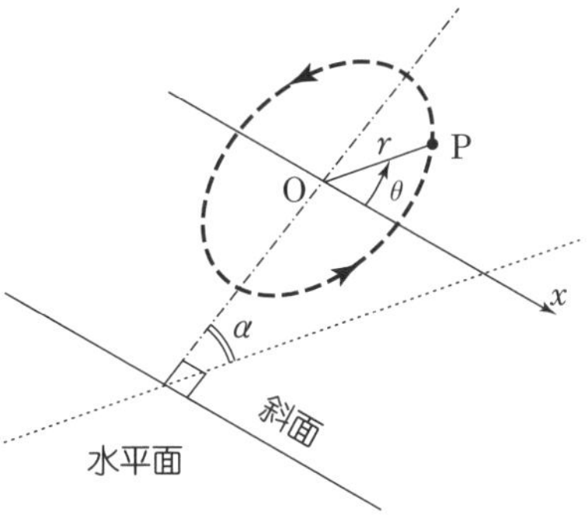

（名古屋工大）

Level　(1) ★　(2), (3) ★　(4) ★★

Point & Hint

斜面上の運動は鉛直面内の運動と酷似している。重力加速度 g の代わりに……。

LECTURE

(1)　鉛直断面では，力は右のように働いている。Pは斜面に垂直な方向には動かないから，その方向では力のつり合いが成り立つ。よって

$$N = \boldsymbol{mg\cos\alpha}$$

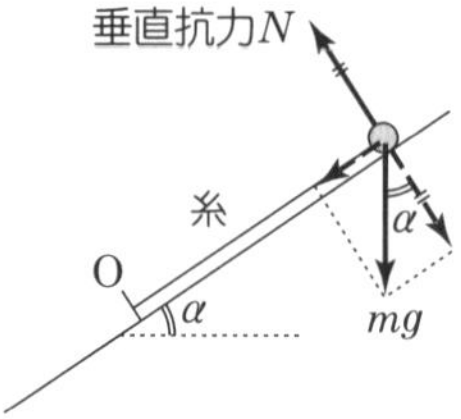

糸の張力は紙面内とは限らないが，いずれにしろ斜面に垂直な方向には影響しない。

(2)　Pはx軸から$r\sin\theta$離れ，x軸を通る水平面からの高さhは，$h=(r\sin\theta)\sin\alpha$となる。力学的エネルギー保存則より

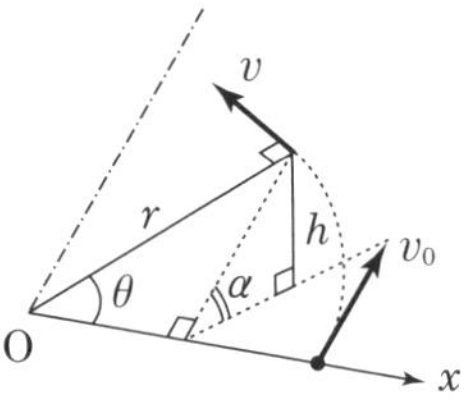

$$\frac{1}{2}mv_0{}^2 = \frac{1}{2}mv^2 + mgr\sin\theta\sin\alpha \quad \cdots\cdots①$$

$$\therefore\quad v = \boldsymbol{\sqrt{v_0{}^2 - 2gr\sin\theta\sin\alpha}} \quad \cdots\cdots②$$

別解　斜面内で見ると，力は右のように働いている。鉛直面内の運動との違いは，mgが$mg\sin\alpha$となっていること。いいかえると，gを$g\sin\alpha$に置き換えれば，鉛直面内と同様に扱ってよいことを示している。すると，力学的エネルギー保存則は

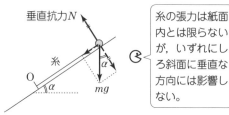

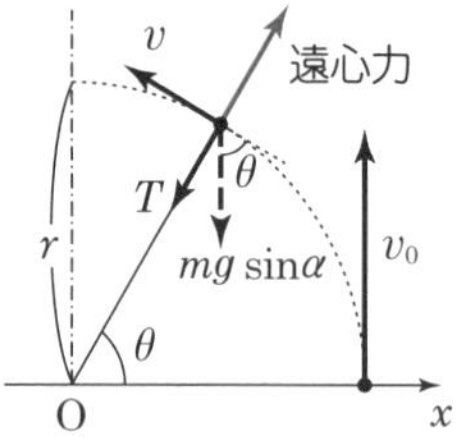

$$\frac{1}{2}mv_0{}^2 = \frac{1}{2}mv^2 + m(\underbrace{g\sin\alpha}_{\text{重力加速度のつもり}})\ \underbrace{r\sin\theta}_{\text{高さのつもり}}$$

これは①と同じ式である。以下，この見方で解いていこう。遠心力を考えると，半径方向の力はつり合うから

$$T + mg\sin\alpha\cdot\sin\theta = m\frac{v^2}{r}$$

vを代入して整理すると

$$T = \boldsymbol{m\frac{v_0{}^2}{r} - 3mg\sin\alpha\sin\theta} \quad \cdots\cdots③$$

(3)　θによらず$T \geqq 0$であることが（糸がピンと張っていることが）円運動

を続ける条件となる。③を見ると，$\theta=\dfrac{\pi}{2}$ で T は最小値 $T_{\rm min}$ をとる。$T_{\rm min}$ が 0 以上であればよいので

$$T_{\rm min}=m\frac{{v_0}^2}{r}-3mg\sin\alpha\geqq 0$$

$$\therefore\quad v_0\geqq\boldsymbol{\sqrt{3gr\sin\alpha}}$$

別解　最高点で，遠心力が「重力 $mg\sin\alpha$」以上となればよい。

最高点（$\theta=\dfrac{\pi}{2}$）での速さ v_1 は②より　$v_1=\sqrt{{v_0}^2-2gr\sin\alpha}$

あとは　$m\dfrac{{v_1}^2}{r}\geqq mg\sin\alpha$　とすればよい。

(4)　糸を切ったときのPの速度は円の接線方向となっている。斜面上では，この後「重力加速度 $g\sin\alpha$」での放物運動に入る。糸を切ったときのPの位置を原点として，上向きに y 軸をとると，x 軸上の落下点Aの y 座標は $-r\sin 60°$ だから，Aに達するまでの時間を t として

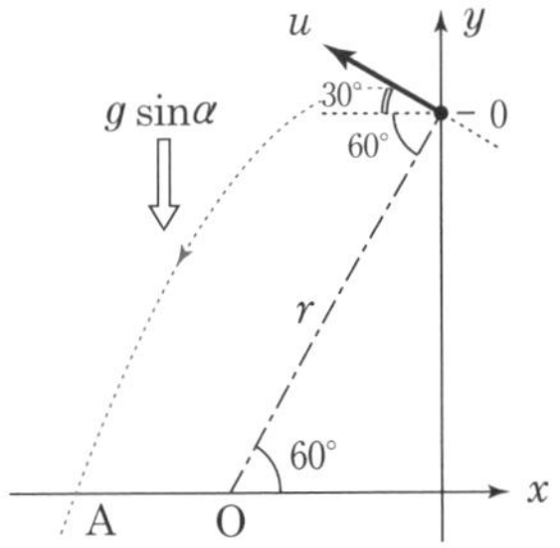

$$-r\sin 60°=u\sin 30°\cdot t+\frac{1}{2}\cdot(-g\sin\alpha)t^2$$

A点の y 座標は負であることに注意

整理して　　$g\sin\alpha\cdot t^2-ut-\sqrt{3}\,r=0$

$t>0$ より　　$t=\dfrac{u+\sqrt{u^2+4\sqrt{3}gr\sin\alpha}}{2g\sin\alpha}$

水平方向は $u\cos 30°$ での等速運動だから

$$x=r\cos 60°-u\cos 30°\cdot t$$

（$r\cos 60°$：はじめの x 座標，$u\cos 30°\cdot t$：これだけ左へ）

$$\therefore\quad x=\boldsymbol{\frac{r}{2}-\frac{\sqrt{3}u}{4g\sin\alpha}(u+\sqrt{u^2+4\sqrt{3}gr\sin\alpha})}$$

31　円運動・単振動

電車の天井から，長さ l の糸で質量 m の小球Pがつるされて点Aにある。静止していた電車が水平方向に等加速度運動を始めると，Pは糸が鉛直と角 θ をなすAB間で振動した。Pの運動は車内の人が見るものとし，重力加速度を g とする。

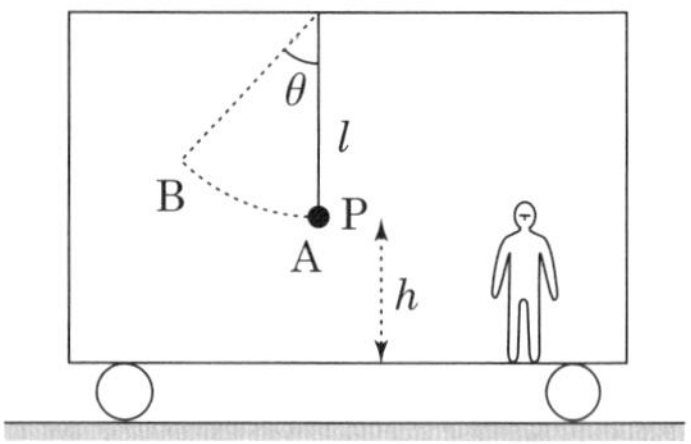

(1)　電車の加速度の向きと大きさを求めよ。

(2)　Pの速さの最大値と糸の張力の最大値を求めよ。

(3)　θ が小さい場合のPの振動周期を求めよ。

(4)　Pが点Aにきたとき，糸を切るとする。Pが床に達するまでの軌跡を描け。また，その間の時間と床に当たるときの速さを求めよ。点Aの床からの高さを h とする。

(5)　振動しているPが次の状態(ア),(イ)または(ウ)のとき，電車が等速度運動に入るとすると，その後のPの振動はどうなるか。糸が鉛直方向となす最大の角を θ_m として，$\cos\theta_m$ を答えよ。

(ア)　Pが点Aにきたとき。

(イ)　Pが点Bにきたとき。

(ウ)　Pの速さが最大となったとき。

Level　(1) ★　(2) ★★　(3)〜(5)(ア),(イ) ★　(ウ) ★★

Point & Hint　慣性力の問題。重力と慣性力の合力は，Pの位置や速度によらず，一定の大きさと向きをもつので「見かけの重力」として扱える。

(1) 振動の中心位置は力のつり合い位置だから……。

(2) 見かけの重力や見かけの重力加速度の観点なら，ふつうの振り子の問題と同じこと。

(3) ある公式を利用したい。

(5) **等速度運動をしている観測者にとっては，力学はそのまま成り立つ**（慣性系では物理法則は不変）。

LECTURE

(1) AB 間の中間点 C が振動中心で力がつり合う位置。図から，力がつり合うためには慣性力は左向き。よって，電車の加速度 α は**右向き**。

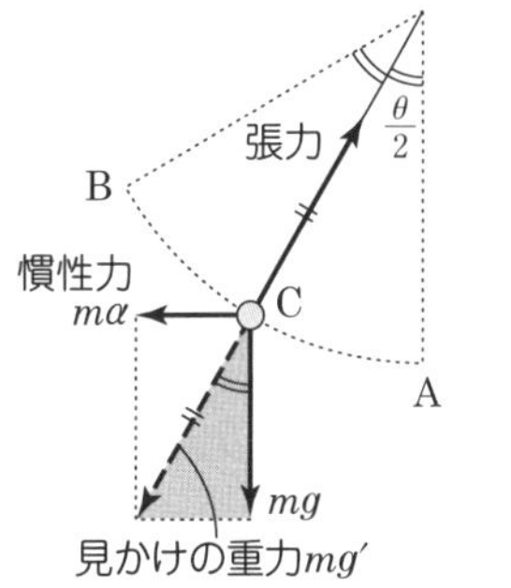

重力と慣性力の合力（見かけの重力）は点線矢印のようになり，これが張力とつり合うから，灰色の三角形に着目して

$$m\alpha = mg\tan\frac{\theta}{2} \qquad \therefore \quad \boldsymbol{\alpha = g\tan\frac{\theta}{2}}$$

P が点 C で静止している状態を考えるとよい

なお，同様にして $mg'\cos\frac{\theta}{2} = mg$ より

見かけの重力加速度 g' は $\quad g' = \dfrac{g}{\cos\frac{\theta}{2}}$

(2) 見かけの重力 mg' のもとでは，直線 AB が「水平線」となっている。点 A から動き出した P は「最下点」C で最大の速さ v_{max} になる。力学的エネルギー保存則より

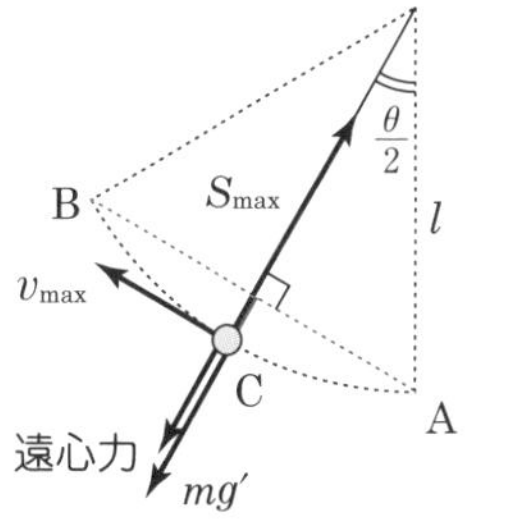

$$mg'\left(l - l\cos\frac{\theta}{2}\right) = \frac{1}{2}mv_{max}^2$$

C からの「高さ」（赤実線）

$$\therefore \quad v_{max} = \sqrt{2g'l\left(1-\cos\frac{\theta}{2}\right)}$$
$$= \boldsymbol{\sqrt{2gl\left(\frac{1}{\cos\frac{\theta}{2}}-1\right)}}$$

重力のもとでの，この運動と同じこと。

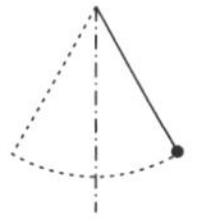

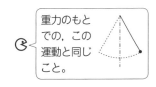

張力が最大 S_{max} となるのも C を通るときで(☞ p 86)，遠心力を取り入れて，力のつり合いより

$$S_{max} = mg' + m\frac{v_{max}^2}{l} = \boldsymbol{mg\left(\frac{3}{\cos\frac{\theta}{2}}-2\right)}$$

(3)　θが小さい場合は，単振り子の周期Tの公式 $T=2\pi\sqrt{\dfrac{l}{g}}$ が応用できる。 gをg'に置き換えればよく

$$2\pi\sqrt{\frac{l}{g'}}=\boldsymbol{2\pi\sqrt{\frac{l}{g}\cos\frac{\theta}{2}}}$$

(4)　点Aでの速さは0だから，糸を切ると，見かけの重力加速度g'による「自由落下」となり，「鉛直方向（$\overrightarrow{\mathrm{OC}}$に平行）」に落ちていく。

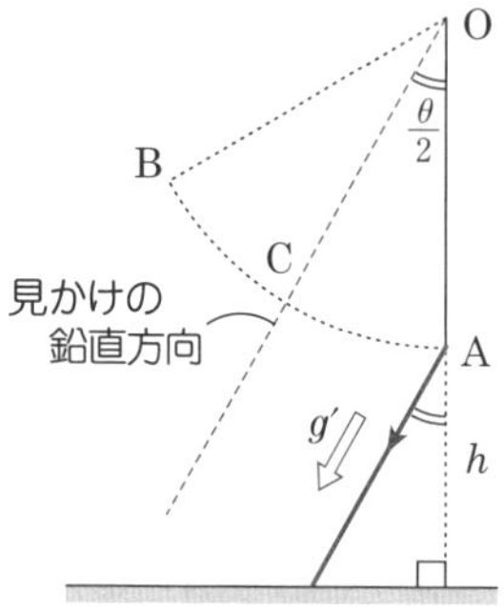

落下距離は $\dfrac{h}{\cos\dfrac{\theta}{2}}$ だから，求める時間を t とすると

$$\frac{h}{\cos\dfrac{\theta}{2}}=\frac{1}{2}g't^2$$

$$g'=\frac{g}{\cos\dfrac{\theta}{2}}\quad より\qquad t=\boldsymbol{\sqrt{\frac{2h}{g}}}$$

床に当たるときの速さuは　　$u=g't=\boldsymbol{\dfrac{\sqrt{2gh}}{\cos\dfrac{\theta}{2}}}$

別解 鉛直方向は重力mgによって加速度gで動く。

よって　　$h=\dfrac{1}{2}gt^2$　　　$\therefore\quad t=\sqrt{\dfrac{2h}{g}}$

一方，水平方向は慣性力$m\alpha$によって加速度αで動く。そこで床に当たるときの速度の水平成分 αtと鉛直成分gtより

$$u=\sqrt{(\alpha t)^2+(gt)^2}=\sqrt{g^2t^2\left(\tan^2\frac{\theta}{2}+1\right)}=\sqrt{2gh\left(1+\tan^2\frac{\theta}{2}\right)}=\frac{\sqrt{2gh}}{\cos\dfrac{\theta}{2}}$$

別解 車外で静止している人から見ると，Pは水平右向きの速度で動いている状態で糸を切られるので，その速度で水平投射に入る。鉛直方向はgでの自由落下であり，$h=\dfrac{1}{2}gt^2$　これからtを求めてもよい。ただuの方は求めにくい。

(5)　電車が等速度運動に入ると，慣性力はなくなり，ふつうの重力mgの世界に戻る。

(ア)　点AでのPの速さは0だから，Pはその後も点Aに静止し続ける。つまり，糸は鉛直になったままであり，　$\theta_{\mathrm{m}}=0$　よって　　$\cos\theta_{\mathrm{m}}=\mathbf{1}$

(イ)　点BでのPの速さは0であり，Pは点Aを中心とする振り子運動に入る。よって　$\theta_{\rm m}=\theta$ であり　$\cos\theta_{\rm m}=\boldsymbol{\cos\theta}$

(ウ)　Pが点Cにきて速さが$v_{\rm max}$になったとき，ふつうの世界に戻り，図のように$\theta_{\rm m}$まで振れる。力学的エネルギー保存則より

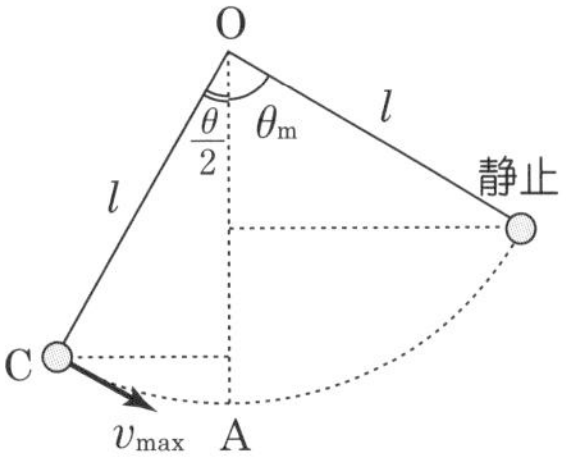

$$\frac{1}{2}mv_{\rm max}^2+mg\left(l-l\cos\frac{\theta}{2}\right)$$
$$=mg(l-l\cos\theta_{\rm m})$$

$v_{\rm max}$を代入して整理していくと

$$\frac{1}{\cos\frac{\theta}{2}}-1+1-\cos\frac{\theta}{2}=1-\cos\theta_{\rm m}$$

糸が切れたときの$v_{\rm max}$の向きは逆向きでも同じこと

$$\therefore\quad \cos\theta_{\rm m}=\boldsymbol{1+\cos\frac{\theta}{2}-\frac{1}{\cos\frac{\theta}{2}}}$$
$$=\boldsymbol{1-\sin\frac{\theta}{2}\tan\frac{\theta}{2}}$$

ここでは‘見かけの重力’という観点で「慣性力がなくなり，ふつうの世界に戻る」と考えた。もっと一般的な観点に立ってみてもよい。それは，等速度で動く観測者（等速度系という）は見たままに物理法則を適用できるからと考えて，上記のように解答することである。

一例として，前問**30**で斜面が等速度で動いているとしよう。そして，小球Pの速さは斜面に対する値とする。すると，事態は一段と複雑化したように見えるが，斜面上の観測者にとっては，**30**の解答はそのままで成立することになる。このとき，斜面の速度の向きは水平方向でなくてもよいことは大切な認識である。

等速度系では，力学に限らず，電磁気なども含めてすべての物理法則が成立している。つまり，静止系と同じことが起こっている。等速度系と静止系をまとめて慣性系とよんでいる。

Q　問題**18**，Ⅱで，Pが最下点に達したときの糸の張力を求めよ。(★★)

32 単振動

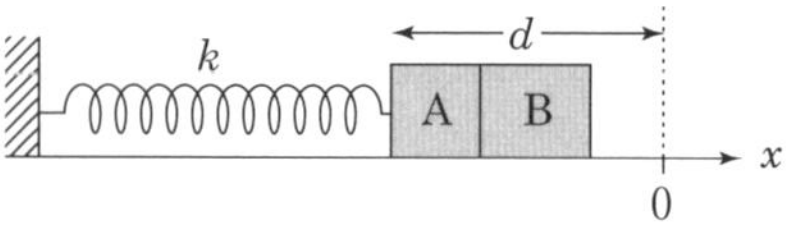

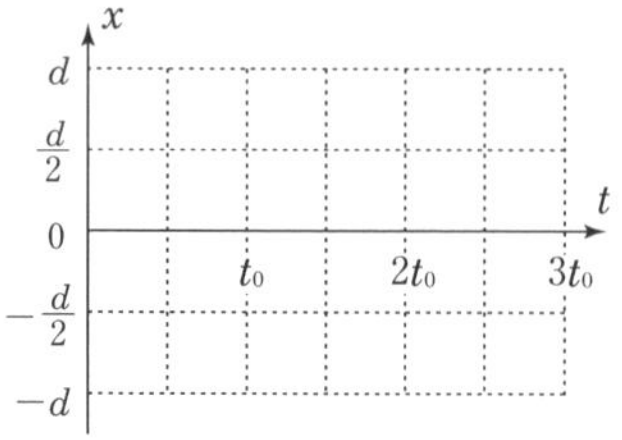

ばね定数kの軽いばねを滑らかな水平面上に置き，右端に質量mの小物体Aを付け，左端を固定する。ばねの方向にx軸をとり，ばねが自然長のときのAの位置を$x=0$とする。そして，質量$3m$の物体BをAに押しつけて，ばねを自然長からdだけ縮めた後，静かに放す。

(1) 動き始めてからしばらくの間は，AがBを押しながら運動する。このときAがBを押す力の大きさNをAの位置xの関数として表せ。

(2) AとBが離れるときのAの位置xおよび，離れた後のBの速さuを求めよ。

(3) 動き始めてからAとBが離れるまでの時間t_0はいくらか。

(4) Bを放したときを時刻$t=0$として，Aの位置xの時間変化を表すグラフを上の図に描け。

(5) $t \geqq t_0$でのAの速度v_Aを時刻tの関数としてm，k，dを用いて表せ。

（山口大＋東京学芸大）

Level　(1)～(3) ★　(4) ★　(5) ★★

Point & Hint

(1) 作用・反作用と，xが負の値であることに注意して，運動方程式を立てる。
(2) 離れるときに注目すべき量は……？
(4) 2つの量を求める必要がある。
(5) 単振動の時間変化は$\sin \omega t$や$\cos \omega t$を用いて表すことができる（位置，速度，加速度，力について）。

Base　**ばね振り子**

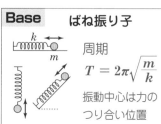

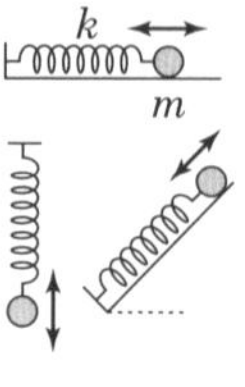

周期
$$T = 2\pi\sqrt{\frac{m}{k}}$$
振動中心は力のつり合い位置

※ ばねの力のほかに一定の力が加わっても，周期は不変。

LECTURE

(1) Aの座標xが負で，ばねの縮みが$-x$と表されるので，弾性力は　$k\cdot(-x)$

AはBからNの反作用を受けることも考えて，Aの運動方程式は

A：　$ma=-kx-N$　……①

この式はxが正になっても成り立つ。ばねが自然長よりxだけ伸びていて，弾性力が左向きになるから。

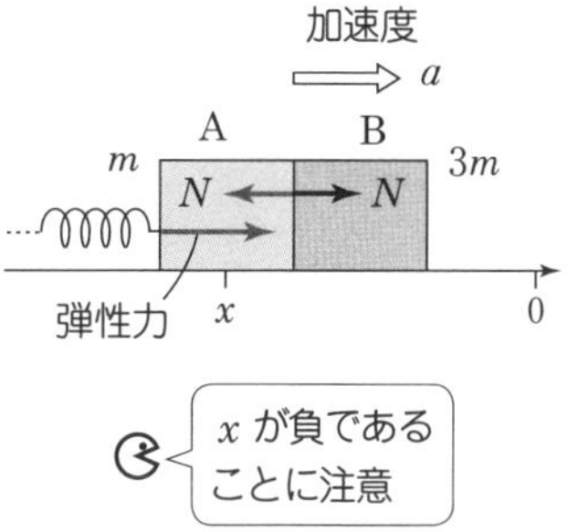

一方，Bについては　B：　$3ma=N$　……②

①，②からaを消去すると　$N=-\dfrac{3}{4}\boldsymbol{kx}$

(2) BがAから離れるときは$N=0$となるから，上の結果より　$x=\mathbf{0}$

つまり，自然長の位置で離れる。もちろん，それは直観的にも明らかである。ばねが縮んでいる間はAを右へ押して加速するからBが離れることはないし，自然長を超えるとばねの力がAにブレーキをかけるからである。

なお，離れるときは$N=0$だが，$N=0$になると必ず離れるとは限らない。式の上で$N=0$から$N<0$になるとき離れるのである。今の例はそうなっている。

自然長の位置にきたときのA，Bの速さがuとなっている。ここまでは一体として扱えるので，力学的エネルギー保存則より

$$\frac{1}{2}kd^2=\frac{1}{2}(m+3m)u^2 \qquad \therefore\ u=\frac{\boldsymbol{d}}{\mathbf{2}}\sqrt{\frac{\boldsymbol{k}}{\boldsymbol{m}}}$$

(3) 離れるまではA，B一体となっての単振動である。力のつり合い位置（$x=0$）が単振動の振動中心であり，静かに放した位置（$x=-d$）が端となる（振幅はd）。端と中心の間は$\dfrac{1}{4}$周期で動けるから

$$t_0=\frac{1}{4}T=\frac{1}{4}\times2\pi\sqrt{\frac{m+3m}{k}}=\boldsymbol{\pi}\sqrt{\frac{\boldsymbol{m}}{\boldsymbol{k}}}$$

なお，単振動の**振動中心では速さは最大**となる。最大値を$v_{\max}$とすると，振幅をA，角振動数をωとして，$v_{\max}=\boldsymbol{A\omega}$と表される。また，$\boldsymbol{T}=\dfrac{\mathbf{2}\boldsymbol{\pi}}{\boldsymbol{\omega}}$の関係があるので，(2)の$u$は次のように求めてもよい。

$$u = v_{\max} = A\omega = d\frac{2\pi}{T} = d\sqrt{\frac{k}{m+3m}}$$

(4)　Bが離れた後は，Aだけの単振動になり，周期も振幅も変わってくる。それぞれ T', A' とすると

$$T' = 2\pi\sqrt{\frac{m}{k}} = 2t_0$$

力学的エネルギー保存則より

$$\frac{1}{2}mu^2 = \frac{1}{2}kA'^2$$

$$\therefore\quad A' = u\sqrt{\frac{m}{k}} = \frac{d}{2}$$

こうして，図aのように運動し，周期 $2t_0$ を考えてグラフにすると，図bのようになる。

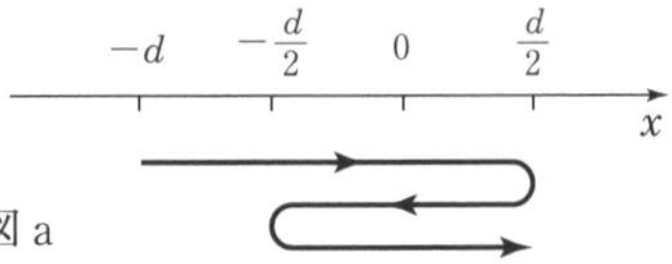

図 a

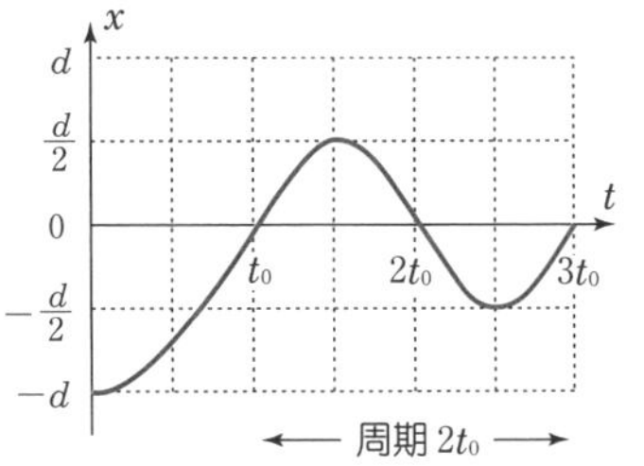

図 b

(5)　時刻 t_0 のとき振動中心にいて，最大の速さ u であることと，周期 $2t_0$ を考慮すると，その後の v_A の時間変化は右のようになる。t_0 以後は cos 型の曲線だから，t_0 以後の時間を t' $(=t-t_0)$，角振動数を ω' とすると

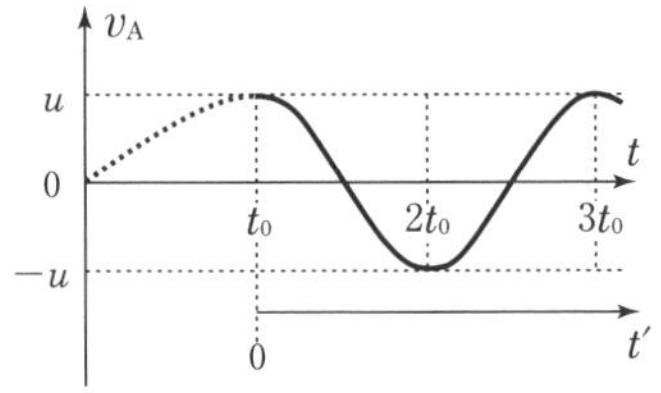

グラフから cos 型と見きわめる

$$v_A = u\cos\omega' t' = u\cos\frac{2\pi}{T'}(t-t_0)$$

$$= \frac{d}{2}\sqrt{\frac{k}{m}}\cos\sqrt{\frac{k}{m}}\left(t-\pi\sqrt{\frac{m}{k}}\right) = \boldsymbol{-\frac{d}{2}\sqrt{\frac{k}{m}}\cos\sqrt{\frac{k}{m}}t}$$

Q　$t \geqq t_0$ でのAの加速度 a_A を時刻 t の関数として m，k，d を用いて表せ。(★★)

33　単振動

ばね定数kのばねを鉛直に立て，上端に質量Mの板を取り付け，静止させる。そして，質量mの小球をこの板の上方hの高さから静かに落下させる。重力加速度をgとする。

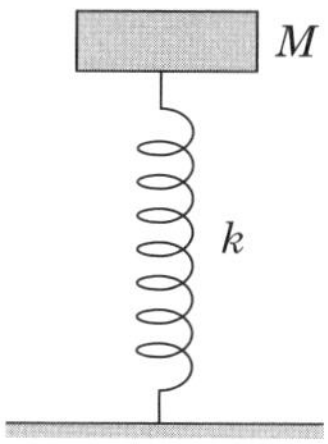

Ⅰ．物体が板と弾性衝突をする場合について，

(1)　衝突により小球がはね上がるためには，mとMの間にどのような関係が必要か。

(2)　衝突後，板ははじめの位置より最大どれだけ下がるか。衝突は1度だけとする。

Ⅱ．小球が粘土のようなもので，衝突後，板と一体となって運動する場合について，

(3)　衝突の際，失われる力学的エネルギーはどれだけか。

(4)　板ははじめの位置より最大どれだけ下がるか。　(東工大)

Level　(1) ★　(2),(3) ★　(4) ★★

Point & Hint

(1),(3) とくに断りがなければ，衝突は瞬間的なものと考える。その場合，重力の力積は無視でき，衝突の直前，直後に対して運動量保存則を用いてよい。弾性衝突では全運動エネルギーが保存されるが，反発係数（はね返り係数）$e=1$ として扱ったほうが計算しやすい。

(2),(4) ばね振り子のエネルギー保存則には，次の2通りの方法がある。

A：　$\frac{1}{2}mv^2+\frac{1}{2}kx^2=$ **一定**　（x **は振動中心からの距離**）

（$\frac{1}{2}kx^2$：単振動の位置エネルギー）

B：　$\frac{1}{2}mv^2+mgh+\frac{1}{2}kx^2=$ **一定**　（x **は自然長からの距離**）

（$\frac{1}{2}kx^2$：弾性エネルギー）

$\frac{1}{2}kx^2$ のもつ意味の違いと，xの測り方の違いを押さえておくこと。多くの場合，**A**方式の方が計算しやすいが，(4)では注意が必要。

LECTURE

(1)　衝突直前の小球の速さを v_0 とする。力学的エネルギー保存則より

$$mgh = \frac{1}{2}mv_0{}^2 \qquad \therefore\ v_0 = \sqrt{2gh}$$

衝突直後の小球と板の速度を，下向きを正として，v，V とする。運動量保存則より

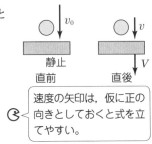

$$mv + MV = mv_0 \qquad \cdots\cdots①$$

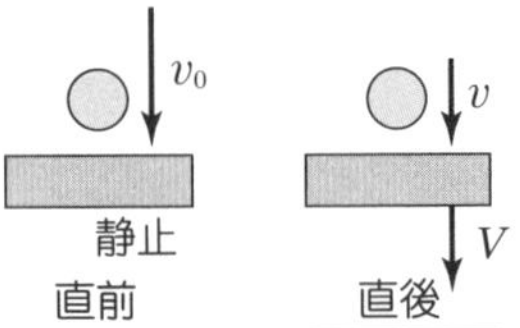

速度の矢印は，仮に正の向きとしておくと式を立てやすい。

弾性衝突で $e = 1$ だから

$$v - V = -(v_0 - 0) \qquad \cdots\cdots②$$

①＋M×② より　$v = \dfrac{m-M}{m+M}v_0$

小球がはね上がるためには $v < 0$ となればよいから，　$\boldsymbol{m < M}$

物体系には外力がかかっている。Mg と弾性力はつり合っているので問題はないが，mg が外力として残る。したがって，厳密にいえば運動量保存則は近似的な適用となる。

(2)　①－m×② より　$V = \dfrac{2m}{m+M}v_0 = \dfrac{2m}{m+M}\sqrt{2gh}$

板は単振動を始める。はじめの位置がつり合い位置で振動中心だから，V は最大の速さにあたり，求める量は振幅 A にほかならない。

そこで，$V = A\omega$ と $T = 2\pi\sqrt{\dfrac{M}{k}}$ を用いて

$$V = A\omega = A\frac{2\pi}{T} = A\sqrt{\frac{k}{M}} \qquad \therefore\ A = V\sqrt{\frac{M}{k}} = \boldsymbol{\frac{2m}{m+M}\sqrt{\frac{2Mgh}{k}}}$$

別解1　最下点では一瞬止まる。単振動のエネルギー保存則（**A**方式）より

$$\frac{1}{2}MV^2 + 0 = 0 + \frac{1}{2}kA^2 \qquad \cdots\cdots③ \qquad \therefore\ A = V\sqrt{\frac{M}{k}}$$ （以下，略）

別解2　はじめの位置でのばねの縮みを d とすると

$$kd = Mg \qquad \therefore\ d = \frac{Mg}{k} \qquad \cdots\cdots④$$

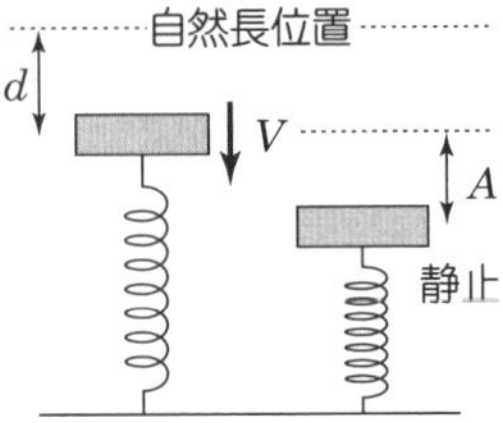

重力の位置エネルギーと弾性エネルギーを用いた力学的エネルギー保存則（**B** 方式）より

$$\frac{1}{2}MV^2 + MgA + \frac{1}{2}kd^2 = 0 + 0 + \frac{1}{2}k(d+A)^2$$

$$\therefore\quad \frac{1}{2}MV^2+MgA=kdA+\frac{1}{2}kA^2$$

④を用いると　$\frac{1}{2}MV^2=\frac{1}{2}kA^2$　(③と同じ式。以下，略)

(3) 衝突直後の速さを u とすると，運動量保存則より

$$mv_0=(m+M)u \qquad \therefore\quad u=\frac{m}{m+M}v_0 \qquad \cdots\cdots⑤$$

衝突の際，失われた運動エネルギーは

$$\frac{1}{2}mv_0{}^2-\frac{1}{2}(m+M)u^2=\frac{mMv_0{}^2}{2(m+M)}=\boldsymbol{\frac{mMgh}{m+M}}$$

なお，力学的エネルギーとは運動エネルギーと位置エネルギーの和のことだが，衝突の直前，直後で位置エネルギーは変わっていない。

(4) 一体となったので，力のつり合い位置が変わったことに注意する。はじめの板の位置から D だけ下がった位置とすると，力のつり合いより

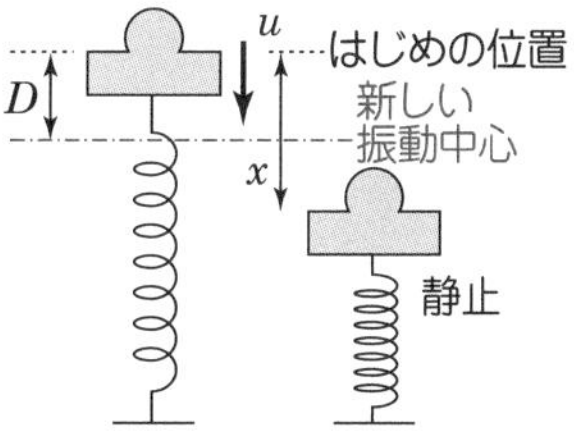

$$k(d+D)=(m+M)g$$

④を用いて　$D=\frac{mg}{k}$　$\cdots\cdots⑥$

$\frac{1}{2}(m+M)u^2=\frac{1}{2}kx^2$ とするミスが多発！

求める距離を x とすると，単振動のエネルギー保存則(**A** 方式)より

$$\frac{1}{2}(m+M)u^2+\frac{1}{2}kD^2=0+\frac{1}{2}k(x-D)^2$$

$$\therefore\quad \frac{m^2v_0{}^2}{2(m+M)}=\frac{1}{2}kx^2-kDx$$

v_0 と⑥を代入して整理

$$kx^2-2mgx-\frac{2m^2gh}{m+M}=0 \qquad \cdots\cdots⑦$$

$x>0$ より　$x=\boldsymbol{\frac{mg}{k}\left(1+\sqrt{1+\frac{2kh}{(m+M)g}}\right)}$

別解 **B** 方式なら

$$\frac{1}{2}(m+M)u^2+(m+M)gx+\frac{1}{2}kd^2=0+0+\frac{1}{2}k(d+x)^2$$

あとは ④, ⑤を用いると ⑦に達する。

34　単振動

床に固定された，自然長 l，ばね定数 k のばねに，質量 M の薄い台Qを取り付け，その上に質量 m の小さなおもりPをのせ静止させた。そして，台を押し下げ，静かに放したところ，全体は運動を始めた。重力加速度を g とし，床を原点として，鉛直上向きに x 軸をとる。

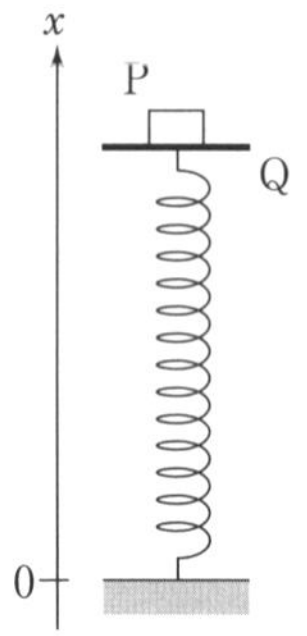

(1)　初めの静止位置で，ばねの自然長からの縮み d を求めよ。

(2)　おもりPをのせて上昇運動している台Qの座標が x のとき，PがQから受ける垂直抗力を N とし，加速度を a として，PとQの運動方程式をそれぞれ書け。

(3)　PとQが一体となって単振動をする場合の振動の中心座標と周期を求めよ。

(4)　PとQが一体となって単振動を行うためには，初めの静止位置から押し下げる距離をいくら以下にしておく必要があるか。

(5)　初めの静止位置から台を $2d$ だけ押し下げ静かに放す。Pが達する最高点の床からの高さを l と d で表せ。また，Pが離れた後の，Qの単振動の振幅を d，m，M で表せ。　（静岡大）

Level　(1) ★★　(2) ★　(3) ★★　(4),(5) ★

Point & Hint

(2) 作用・反作用，それにばねの力の表し方に注意。座標軸があれば，すべてのベクトル量（速度，加速度，力など）の正の向きは座標軸の向きとする。

(4) (2)から N を求めると，離れる位置が決まる。押し下げた距離は振幅に等しいことに目を向ける。

(5) PがQから離れるときの速さをまず調べる。p 99で述べたように，エネルギー保存則の立て方には2通りの方法がある。

LECTURE

(1)　PとQを一体とみて，力のつり合いより

$$kd = (m+M)g$$

$$\therefore \quad d = \frac{(m+M)g}{k} \quad \cdots\cdots ①$$

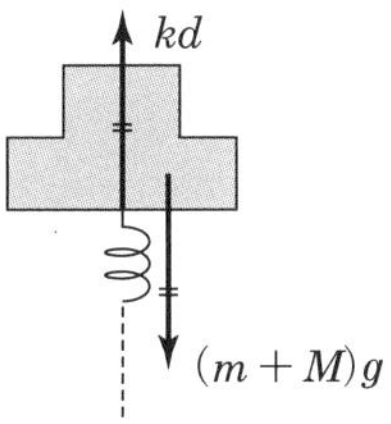

(2)　Pに働く力は図aのようになる。運動方程式は

P：　$ma = N - mg$　……②

Qに働く力は図bのようになる。ばねは自然長から $l-x$ だけ縮んでいるので，弾性力は $k(l-x)$ と表せる。そこで

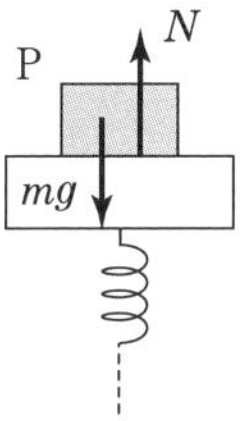

図a

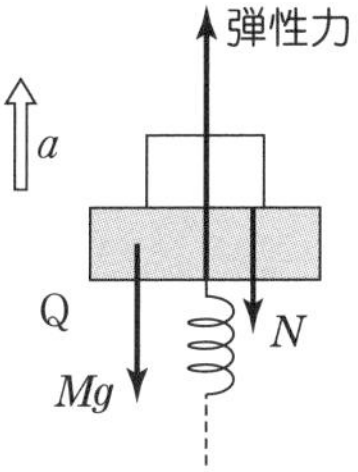

図b

$(m+M)a$ としていてはダメ

Q：　$Ma = k(l-x) - Mg - N$　……③

kx とするミスが多い　反作用に注意

$x < l$ と考えて導いたが，$x > l$ となっても③は成り立っている。このように2通りの可能性がある場合は，分かりやすい方を選んで考えていく。得られた式はもう一つの場合も含んで成り立っていることが多い。

(3)　振動中心Cは力のつり合い位置だから，初めの静止位置。よって

$$x = l - d = l - \frac{(m+M)g}{k}$$

周期 T は公式より　$T = 2\pi\sqrt{\dfrac{m+M}{k}}$

(4)　②,③より a を消去して N を求めると

$$N = \frac{mk(l-x)}{m+M}$$

PがQから離れるのは $N=0$ のとき(詳しくいえば，計算上，その後 $N<0$ となるとき)だから，$x=l$，つまり，自然長位置で離れることが分かる。

静かに放す位置は単振動の端の位置であり，押し下げた距離 A が振幅となる。

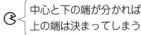

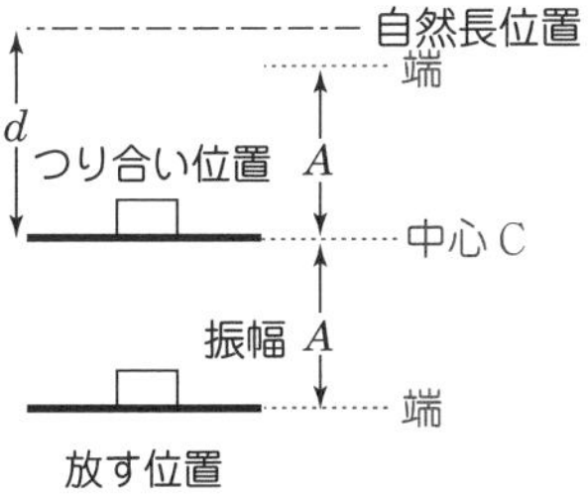

中心と下の端が分かれば上の端は決まってしまう

つまり，点Cより上にAだけ上がった位置が上の端になる。それが自然長位置を越えなければよいのだから，Aはd以下，つまり $\boldsymbol{\dfrac{(m+M)g}{k}}$ 以下にする必要がある。

(5)　まず，PがQから離れるときの速さvを求める。ここまでは一体となっての単振動だから，単振動のエネルギー保存則（**A**方式）より

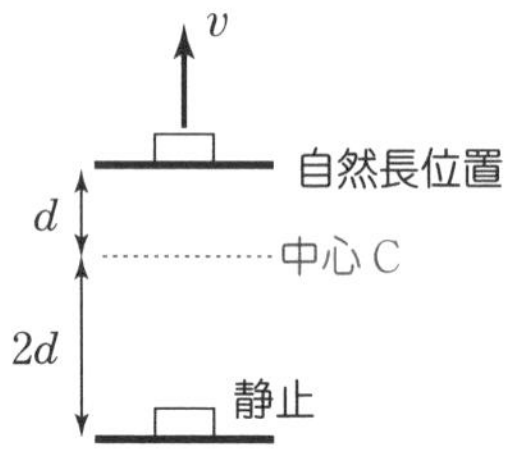

$$\frac{1}{2}k(2d)^2=\frac{1}{2}(m+M)v^2+\frac{1}{2}kd^2$$

$$\therefore\quad v=d\sqrt{\frac{3k}{m+M}}\qquad\cdots\cdots④$$

Qから離れたあとのPは初速vでの投げ上げ運動に入る。その後上がれる高さをhとすると

$$\frac{1}{2}mv^2=mgh\qquad\therefore\quad h=\frac{v^2}{2g}$$

$$\therefore\quad x=l+\frac{v^2}{2g}=l+\frac{d^2}{2g}\cdot\frac{3k}{m+M}=\boldsymbol{l+\frac{3}{2}d}$$

（①を用いた）

別解　**B**方式なら次式からvを求める。あとは上と同様。

$$0+0+\frac{1}{2}k(3d)^2=\frac{1}{2}(m+M)v^2+(m+M)g\cdot 3d+0$$

重力の位置エネルギーは初めに放された位置を基準とした。

Qだけのつり合い位置C′での，ばねの自然長からの縮みをDとすると

$$kD=Mg\qquad\therefore\quad D=\frac{Mg}{k}$$

求めるQの振幅をA'とすると，単振動のエネルギー保存則（**A**方式）より

$$\frac{1}{2}Mv^2+\frac{1}{2}kD^2=\frac{1}{2}kA'^2\qquad\text{（振動中心はC′）}$$

$$\therefore\quad A'=\sqrt{\frac{M}{k}v^2+D^2}=\sqrt{\frac{M}{k}\cdot d^2\frac{3k}{m+M}+\left(\frac{Mg}{k}\right)^2}$$

（④を代入）

$$=\boldsymbol{\frac{\sqrt{M(4M+3m)}}{m+M}d}$$

（①を用いてkを処分）

振動中心がCからC′に変わることに注意。**B**方式で解くこともできる。

35 単振動

質量 m のPと M のQを糸で結び，ばね定数 k のばねにPを取り付けて滑らかな斜面上に置く。全体が静止しているとき，ばねは自然長から d だけ伸びていた。このときのPの位置を原点として，斜面に沿って下向きに x 軸をとる。次に，Qに外力を加えて下に引き，Pの位置が $x=2d$ となった所で，Qを静かに放した。重力加速度を g とする。

(1) 斜面の傾角を θ として，$\sin\theta$ を求めよ。

(2) Pが位置 x を通るときの加速度を a，糸の張力の大きさを S として，PとQそれぞれの運動方程式を立てよ。

(3) やがて糸がゆるみ始める。そのときのPの位置と速さ v を求めよ。

(4) 放してからPが $x=0$ へ戻るまでの時間 t_1 と，糸がゆるむまでの時間 t_2 を求めよ。

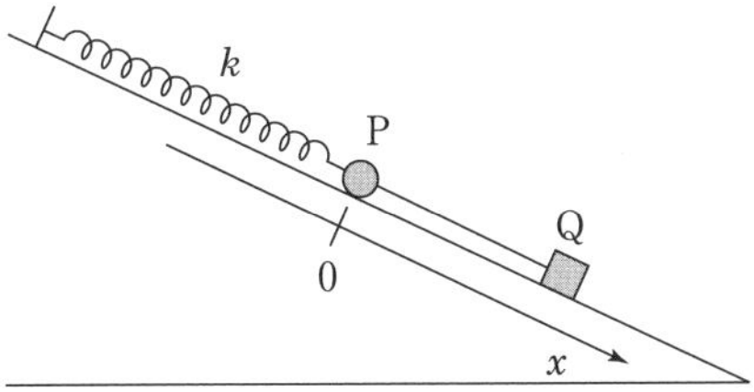

Level (1) ★★ (2) ★ (3) ★ (4) t_1：★ t_2：★★

Point & Hint

(2) 座標軸が下向きだから，ベクトル量は下向きを正とする。「加速度を a」といえば，a には既に符号が含まれている。答えには θ を用いないように。

(3) 糸がゆるむかどうかを調べるには…。速さはエネルギー保存則で。

(4) 単振動の周期を T とすると，$t_2=\frac{1}{4}T+\frac{1}{8}T$ という誤りが目立つ。距離が半分なら時間も半分というわけにはいかない。単振動は等速運動ではないのだから。

LECTURE

(1)　P，Q を一体としてみると，斜面方向での力のつり合いより

$$kd=(m+M)g\sin\theta \qquad \therefore \quad \sin\theta=\boldsymbol{\frac{kd}{(m+M)g}}$$

(2)　自然長からのばねの伸びは　$d+x$

だから

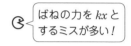

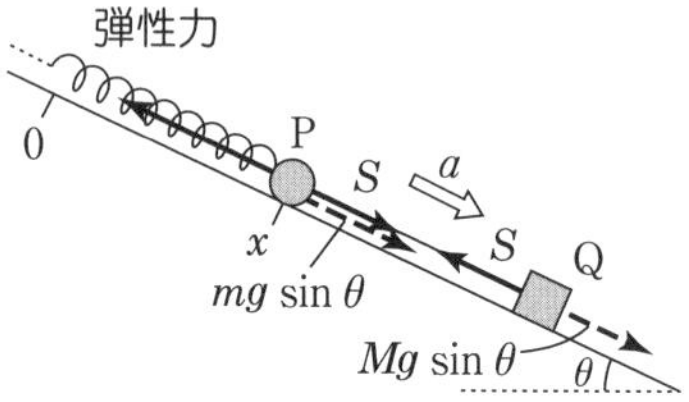

P：　$\boldsymbol{ma}=mg\sin\theta+S-k(d+x)$

$$=\boldsymbol{\frac{mkd}{m+M}+S-k(d+x)}$$

$$\boldsymbol{=S-\frac{Mkd}{m+M}-kx} \qquad \cdots①$$

Q：　$\boldsymbol{Ma}=Mg\sin\theta-S$

$$\boldsymbol{=\frac{Mkd}{m+M}-S} \qquad \cdots②$$

ばねの力を kx とするミスが多い！

(3)　①，②より a を消去して S を求めると　　$S=\dfrac{Mk}{m+M}(d+x)$

糸がゆるむのは張力 S が 0 になるときだから　　$x=\boldsymbol{-d}$

こうして，ばねが自然長になったとき糸がゆるむことが分かる（詳しくいえば，$x<-d$ で $S<0$ となるから）。それまでは P，Q 一体となっての単振動で，力のつり合い位置 $x=0$ が振動中心だから，単振動のエネルギー保存則（**A** 方式）より

$$\frac{1}{2}k(2d)^2=\frac{1}{2}(m+M)v^2+\frac{1}{2}kd^2 \qquad \therefore \quad v=\boldsymbol{d\sqrt{\frac{3k}{m+M}}}$$

別解　**B** 方式なら，はじめの P の位置 $x=2d$ を重力の位置エネルギー（Q は P と一体化）の基準位置として

$$0+0+\frac{1}{2}k(3d)^2=\frac{1}{2}(m+M)v^2+(m+M)g\cdot 3d\sin\theta+0$$

$$\frac{9}{2}kd^2=\frac{1}{2}(m+M)v^2+3kd^2 \qquad \therefore \quad v=\boldsymbol{d\sqrt{\frac{3k}{m+M}}}$$

なお，①＋②より $(m+M)a=-kx$ となる。これは全体としての運動方程式を表し，P と Q が一体となって単振動をすることを明示している。
そして，$x=0$ が振動中心になること，周期 T が $T=2\pi\sqrt{\dfrac{m+M}{k}}$ となることも示している（p 111 参照）。

糸がゆるむと張力が0になる。そこで，糸がゆるむ位置は，①と②で $S=0$ として x を求めると手早い。力の図示の段階で S をなくせばさらに早い。ただ，この方法は必要条件で解いていて，$S=0$ の後，糸がゆるむことを確かめていないのが欠点である。

とは言え，$S=0$ になるのは，ばねが自然長のときということも次のように分かるので捨てがたい。…… Qに働く力は $Mg\sin\theta$ だけなので，運動方程式からQの加速度は $g\sin\theta$　すると，一緒に運動してきているPの加速度も $g\sin\theta$

それはPに働く力が $mg\sin\theta$ だけであることを意味する。つまり，ばねは自然長。…… 実戦的な「奥の手」となっている。

同様に，前問**34**でも，PがQから離れるときを知りたいのなら，$N=0$ としてPとQの運動方程式を書き下す手はある。そして，やはり計算なしでばねが自然長のときということまで分かる。

(4)　端から振動中心までは $\frac{1}{4}$ 周期で戻れるから

$$t_1=\frac{1}{4}T=\frac{1}{4}\times2\pi\sqrt{\frac{m+M}{k}}=\boldsymbol{\frac{\pi}{2}\sqrt{\frac{m+M}{k}}}$$

単振動は等速円運動の正射影だから，対応する円運動を描くと右のようになり，120°回転になる。

$$t_2=\frac{120^\circ}{360^\circ}T=\frac{1}{3}T=\boldsymbol{\frac{2\pi}{3}\sqrt{\frac{m+M}{k}}}$$

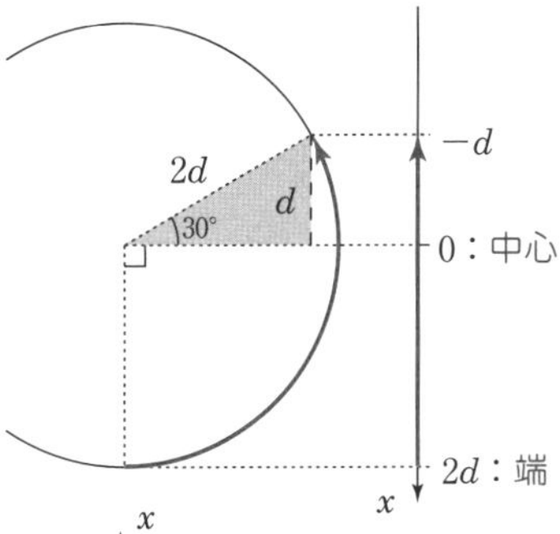

別解　Pの位置 x の時間変化は右のようになる。そこで

$$x=2d\cos\omega t=2d\cos\frac{2\pi}{T}t$$

$x=-d$ のときは　$-\frac{1}{2}=\cos\frac{2\pi}{T}t_2$

$\therefore\ \frac{2\pi}{T}t_2=\frac{2}{3}\pi$　　$\therefore\ t_2=\frac{1}{3}T$

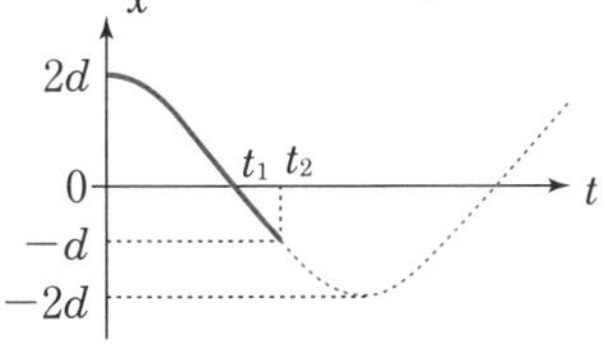

x と t の関係を見るには x 軸は上向きに直したい。グラフは cos 型だ。

36　単振動

質量 m のおもりを自然長 l の軽いゴムひも X で天井からつるし，自然長 l で同じ性質のゴムひも Y をおもりの下につける。静止状態で X の長さは $l+a$ であった。

ゴムひもはその自然長からの伸びに比例する弾性力を生じ，ゆるむと力を生じないものとし，重力加速度を g とする。

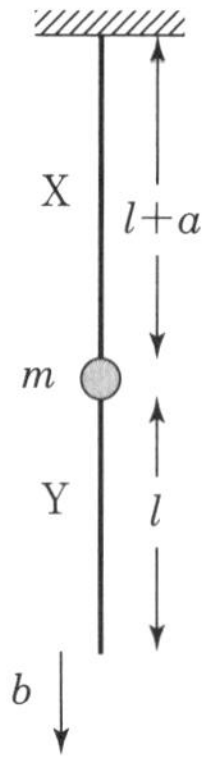

(1)　図の静止状態から，Y の下端をゆっくりと距離 b だけ引き下げる。これに必要な仕事 W_1 を求めよ。

(2)　図の静止状態から，Y の下端を急に距離 b だけ引き下げる。これに必要な仕事 W_2 を求めよ。

(3)　前問のように図の静止状態から，Y の下端を急に距離 b だけ引き下げ，下端をその位置に固定した。おもりは以後どのような運動をするか。

(4)　次に図の静止状態に戻し，Y の下端をその位置に固定し，おもりをつり合い位置の上下に小さく振動させる。この振動の周期 T を求めよ。また，つり合い位置から上方向への振幅 A_1 と，下方向への振幅 A_2 との比 $\dfrac{A_1}{A_2}$ はいくらか。

（東京大）

Level　(1),(2) ★　(3) ★★　(4) ★

Point & Hint

ゴムひもだが，ばねと同等で，弾性力の比例定数(弾性定数)はばね定数に該当する。ただし，自然長以下の長さではゆるんで力を生じないことに注意する。

(1)「**外力の仕事 = 位置エネルギーの変化**」弾性エネルギーと重力の位置エネルギーの2種類の考慮がいる。X とおもりのセットに対して単振動の位置エネルギーを利用してもよい。

(2)「急に」がポイント。「瞬間的に」と同じ。**慣性の法則** によりおもりは静止したままになっている。おもりに対し「**力積 = 運動量の変化**」を適用してもよい。

(3)　物体の両側にばねを取り付けた場合の合成ばね定数を利用したい。(☞エッセンス(上) p 24)

(4)　上半分と下半分は別種の単振動。

LECTURE

(1)　弾性定数をkとすると，問題図の状態での力のつり合いより

$$ka = mg \quad \cdots\cdots① \qquad \therefore\ k = \frac{mg}{a}$$

引き下げたときのbはXとYの伸びの和である。Xの伸び（問題図からの伸び）をxとすると，Yの伸びyは$b-x$と表せる。おもりのつり合いは，Xの自然長からの伸び$a+x$に注意して

$$k(a+x) = mg + ky$$

①を用いると　$kx = k(b-x)$　　$\therefore\ x = \dfrac{b}{2},\quad y = \dfrac{b}{2}$

$W_1 =$ (Xの弾性エネルギーの変化)＋(Yの弾性エネルギーの変化)＋(おもりの重力の位置エネルギーの変化)

$$= \left\{\frac{1}{2}k\left(a+\frac{b}{2}\right)^2 - \frac{1}{2}ka^2\right\} + \frac{1}{2}k\left(\frac{b}{2}\right)^2 - mg\cdot\frac{b}{2}$$

$$= \left(\frac{1}{2}kab + \frac{1}{8}kb^2\right) + \frac{1}{8}kb^2 - ka\cdot\frac{b}{2} \quad ①$$

$$= \frac{1}{4}kb^2 = \boldsymbol{\frac{mgb^2}{4a}}$$

文字kは用いられない！

別解　Yだけに注目すると，Yは$\dfrac{1}{2}k\left(\dfrac{b}{2}\right)^2$の弾性エネルギーを得る。

一方，Xとおもりに注目すると，このペアで単振動ができる。つり合い位置(振動中心)から$\dfrac{b}{2}$だけ変位したので，単振動の位置エネルギーは$\dfrac{1}{2}k\left(\dfrac{b}{2}\right)^2$だけ増加する。したがって

$$W_1 = \frac{1}{2}k\left(\frac{b}{2}\right)^2 + \frac{1}{2}k\left(\frac{b}{2}\right)^2 = \frac{1}{4}kb^2$$

(2)　慣性により，おもりは元の位置に留まり※，Yだけがb伸びる。

$$W_2 = (\text{Yの弾性エネルギーの変化}) = \frac{1}{2}kb^2 = \boldsymbol{\frac{mgb^2}{2a}}$$

※　おもりには（Y の弾性力×時間 Δt）の力積が加えられるが，「急に」により $\Delta t=0$ なので，力積は 0 であり，運動量が変化しない。おもりの速度は 0 のままである。

(3)　2 つのゴムひも X，Y による単振動だが，「サンドイッチ型」なので合成ばね定数は和となり

$$k+k=2k$$

(1)で求めた力のつり合い位置が振動中心となる。「急に」Y を引き伸ばしたので，(2)のようにおもりは元の位置で静止していて，ここが端になる。

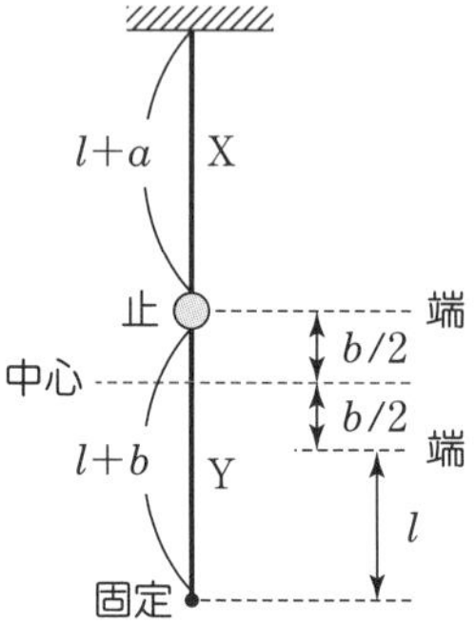

したがって，**天井から $l+a+\dfrac{b}{2}$ だけ離れた位置を中心として，振幅 $\dfrac{b}{2}$，周期 $2\pi\sqrt{\dfrac{m}{2k}}=2\pi\sqrt{\dfrac{a}{2g}}$ の単振動をする**。

単振動の下の端で Y は自然長 l となるが，Y がゆるむことはない。X がゆるむこともない。

(4)　上半分は X と Y による，合成ばね定数 $2k$ の単振動で，下半分は Y がゆるみ，X だけによる単振動。いずれも半周期分なので

$$T=2\pi\sqrt{\frac{m}{2k}}\times\frac{1}{2}+2\pi\sqrt{\frac{m}{k}}\times\frac{1}{2}$$

$$=\left(\frac{1}{\sqrt{2}}+1\right)\pi\sqrt{\frac{m}{k}}=\boldsymbol{\left(1+\frac{1}{\sqrt{2}}\right)\pi\sqrt{\frac{a}{g}}}$$

振動中心でのおもりの速さを $v_{\max}$ とすると，単振動のエネルギー保存則より

上半分：　$\dfrac{1}{2}mv_{\max}^2=\dfrac{1}{2}\cdot 2kA_1{}^2$　　　下半分：　$\dfrac{1}{2}mv_{\max}^2=\dfrac{1}{2}kA_2{}^2$

∴　$\dfrac{1}{2}\cdot 2kA_1{}^2=\dfrac{1}{2}kA_2{}^2$　　　∴　$\dfrac{A_1}{A_2}=\boldsymbol{\dfrac{1}{\sqrt{2}}=\dfrac{\sqrt{2}}{2}}$

37　単振動

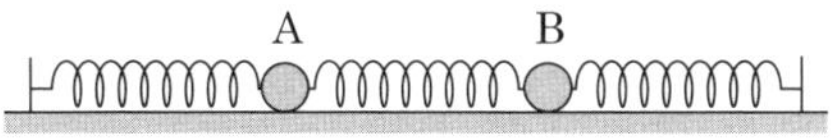

質量 m の等しい2つの球AとBがばね定数 k の3個の同じばねで直線状に結ばれて，摩擦のない水平面上に置かれている。ばねの両端は固定されていて，はじめ，どのばねも自然の長さ l になっている。

(1)　Bに外力を加えて，右に d だけ静かに変位させる。このとき，Aは右にどれだけ変位するか，また，Bに加えている外力の大きさはいくらか。

(2)　Bを初めの位置（図の位置）に固定したまま，Aに外力を加えて大きさ d の変位を与えてから，静かに放す。Aの振動の周期を求めよ。また，Aが初めの位置を通るときの速さを求めよ。

(3)　AとBの両方に外力を加えて，同じ向きに等しい大きさ d の変位を与えてから同時に静かに放す。Aの振動の周期を求めよ。

(4)　AとBの両方に外力を加えて，互いに逆向きに等しい大きさ d の変位を静かに与える。

(ア)　このとき，外力がした仕事の和を求めよ。

(イ)　次に，両球を同時に静かに放す。Aの振動の周期を求めよ。

（早稲田大）

Level　(1) ★　(2) ★　(3),(4) ★★

Point & Hint

単振動が起こるかどうか分からないときは，力のつり合い位置を原点にして，座標軸をセットし，位置 x に物体がいるときの合力 F を調べる。
$F=-Kx$（K は正の定数）と表されれば単振動の証明になる。そして，周期は $T=2\pi\sqrt{\dfrac{m}{K}}$ となり，エネルギー

Base　単振動

単振動 $\Longleftrightarrow$ $F=-Kx$

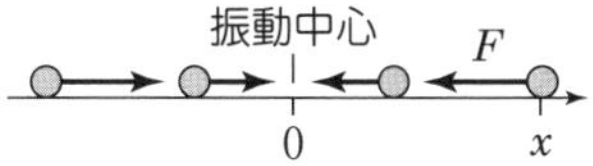

振動中心は力のつり合い位置

$$v_{\max}=A\omega$$

周期　$T=2\pi\sqrt{\dfrac{m}{K}}$

単振動の位置エネルギー　$\dfrac{1}{2}Kx^2$

保存則は

$$\frac{1}{2}mv^2+\frac{1}{2}Kx^2=\text{一定}$$

と立式してよい。ばね振り子は，$K=k$（ばね定数）というケースに過ぎない。

A 方式（p 99）もこの観点で理解したい。

⑴ それぞれのばねが自然長からどれだけ伸び・縮みをしているかを考える。

⑵ Aが x だけ変位したとき受ける力を調べる。

⑶ AとBが受ける力が等しいことに着目。

⑷ AとBは対称的な配置になっている。**対称性**を利用したい。

LECTURE

⑴　Aの変位を x とすると，左のばね S_1 は x だけ伸び，S_2 は $d-x$ だけ伸びているから，Aのつり合いより

$$kx=k(d-x)\qquad \therefore\quad x=\frac{d}{2}$$

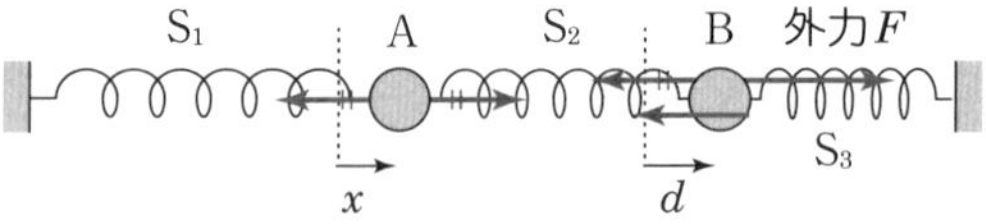

S_2 は $d-x=\dfrac{d}{2}$ だけ自然長から伸びていて，Bは S_2 から左向きに $k\cdot\dfrac{d}{2}$ の力を受ける。一方，S_3 は d だけ縮んでいる。外力を F とすると，Bのつり合いより

$$F=k\cdot\frac{d}{2}+kd=\frac{3}{2}kd$$

ばねの力は自然長からの伸び・縮みが 命！
ばねの力は両端に現れることにも注意。

⑵　Aが元の位置より x だけ変位しているとき，S_1 は x 伸び，S_2 は x 縮んでいる。そこで，Aに働く力は

$$-kx-kx=-(2k)x$$

よって，Aは単振動をし，その周期 T_1 は

$$T_1=2\pi\sqrt{\frac{m}{2k}}$$

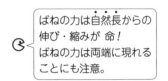

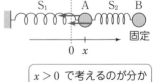

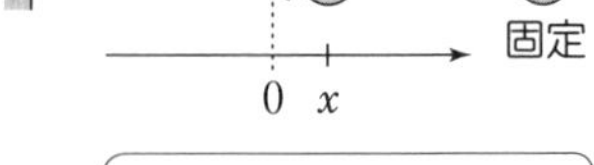

$x>0$ で考えるのが分かりやすい。得られた式は $x<0$ でも成り立つ。

別解　S_1 と S_2 の合成ばね定数 k_{12} は

$$k_{12} = k + k = 2k \qquad \text{よって} \qquad T_1 = 2\pi\sqrt{\frac{m}{k_{12}}} = \boldsymbol{2\pi\sqrt{\frac{m}{2k}}}$$

初めの位置（$x=0$）は振動中心であり，d が振幅となっているから，求める速さ $v_{\max}$ は

$$v_{\max} = d\omega = d\frac{2\pi}{T_1} = \boldsymbol{d\sqrt{\frac{2k}{m}}}$$

別解 単振動のエネルギー保存則 $\frac{1}{2}(2k)d^2 = \frac{1}{2}mv^2{}_{\max}$ から求めることもできる。左辺は初めの2つのばねの弾性エネルギーの和 $\frac{1}{2}kd^2 + \frac{1}{2}kd^2$ としてもよい。

(3) はじめ右に変位させて放したとすると，Aは伸びている S_1 から左向きに，Bは縮んでいる S_3 から同じく左向きに同じ大きさの力を受けて運動を始める。A，Bは質量が等しいので同じように運動する。したがって，AB間の距離は l のまま変わらず，S_2 は自然長に保たれる。S_2 は事実上ないも同じで，Aは S_1 によって（Bは S_3 によって）単振動をする。

そこで，周期 T_2 は　$T_2 = \boldsymbol{2\pi\sqrt{\frac{m}{k}}}$

はじめ左に変位させて放したとしても同じことである。

(4) (ア) **外力の仕事＝位置エネルギーの変化** を用いる。つまり，3つのばねの弾性エネルギーの増加を調べればよい。S_2 は $2d$ 縮んでいることに注意して

$$\frac{1}{2}kd^2 + \frac{1}{2}k(2d)^2 + \frac{1}{2}kd^2 = \boldsymbol{3kd^2}$$

はじめ S_2 が $2d$ 伸びているとしても同じことである。

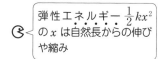

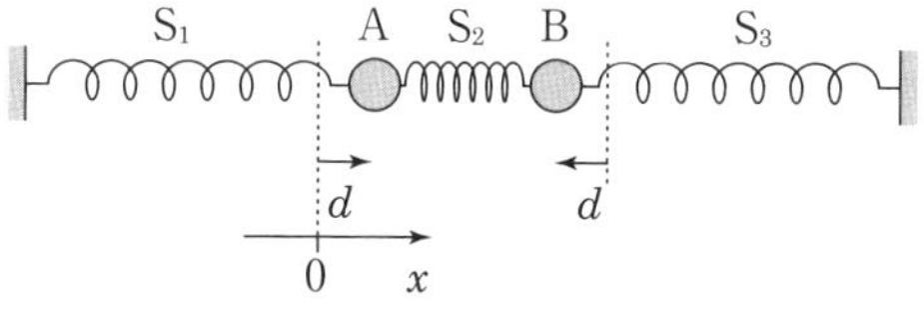

(イ) A，Bは対称的に運動するので，上図の d を変位 x に置き換えて見直してみる。S_1 は x 伸び，S_2 は $2x$ 縮んでいるので，Aに働く力は

弾性エネルギー $\frac{1}{2}kx^2$ の x は自然長からの伸びや縮み

$$-kx - k(2x) = -(3k)x$$

よって，Aは単振動をし，その周期 T_3 は

$$T_3 = 2\pi\sqrt{\frac{m}{3k}}$$

もちろん，T_3 はBの周期でもある。

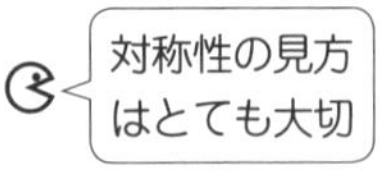

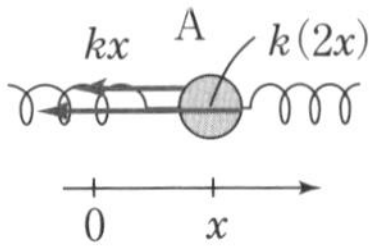

別解　A，Bの中点は静止している。そこでAは，S_1 と S_2 の左半分のばねによって動かされているともいえる(中点をピンで止めたと考えると分かりやすい)。**ばね定数は自然長に反比例する**※ので，S_2 の左半分のばね定数は $2k$ である。

よって，合成ばね定数は　$k + 2k = 3k$　であり，

$$T_3 = 2\pi\sqrt{\frac{m}{3k}}$$

※　たとえば，自然長100cmのばねが10cm伸びているとき，一部を見れば10cmのばねが1cm伸びて同じ力を出していることに気づく。このように弾性力 F は変形の度合い（パーセント）による。つまり，自然長を l，伸びを x とすると，F は $\frac{x}{l}$ に比例する。比例定数を a として，$F = a\frac{x}{l}$ と表したときの $\frac{a}{l}$ がばね定数 k になっている。すなわち，k は l に反比例する。

38　単振動

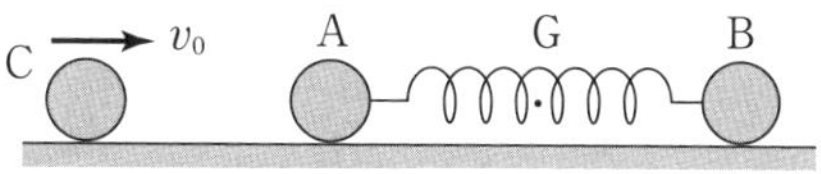

質量 m の等しい球AとBが，自然長 l_0，ばね定数 k のばねの両端に取り付けられ，滑らかな水平面上に静止している。これに，質量 m の球Cが速さ v_0 でAに弾性衝突した。運動は直線上で起こるものとする。

(1)　衝突直後のAとCの速さはいくらか。

(2)　衝突後，AとBの重心Gは等速度運動をする。その速さはいくらか。AとBの速度が等しくなる瞬間を考えるとよい。

(3)　重心Gと共に動いて観測すると，AとBは，重心Gに関して対称な単振動をする。その周期はいくらか。また，AB間の距離の最小値 l_1 と最大値 l_2 はいくらか。

(4)　衝突した時刻を $t=0$ として，Aの速度 v_A(右向きを正)を時刻 t の関数として表せ。　(山口大)

Level　(1),(2) ★　(3),(4) ★★

Point & Hint

(1) 衝突の際，ばねとBは無関係である。ばねは自然長で，力を生じていない。通常通りに解いてもよいが，知識があると即答できる。

(2) 運動量保存則が成り立つので，重心は等速度運動をする (☞エッセンス(上) p 67)。AとBの速度が等しくなるときには，重心Gもその速度で動いている。

(3) **等速度で動く観測者にとって物理法則は不変**に保たれる。

(4) まず，Gと共に動く人Oが観測する速度を式にしてみる。

LECTURE

(1)　**質量が等しく，反発係数が1の衝突では，速度が入れ換わる**。よって，Aの速さは $\boldsymbol{v_0}$，Cの速さは **0** となる。

(2)　重心Gの速さを v_G とすると，運動量保存則より

$$mv_0 = mv_G + mv_G \qquad \therefore \quad v_G = \boldsymbol{\frac{v_0}{2}}$$

実は，G に全質量 $2m$ が集まっているとして全運動量は計算できるので，A と B の速度が等しいときに限らず，右辺は $(2m)v_G$ である。

(3)　赤で示した左半分のばねによって A は振動し，そのばね定数は $2k$ だから，周期 T は

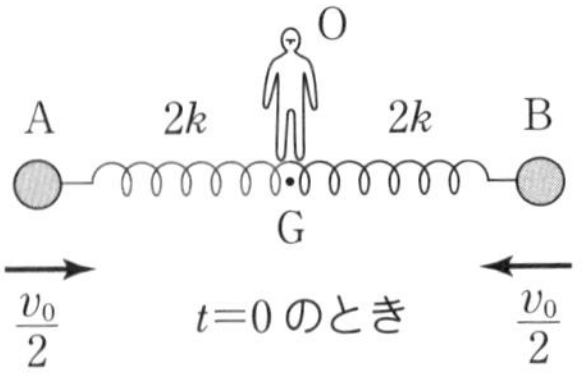

$$T = \boldsymbol{2\pi\sqrt{\frac{m}{2k}}}$$

別解　A が x だけ変位したとき，ばねは $2x$ だけ縮んでいる。A に働く力 F は
$F = -k(2x) = -(2k)x$ と表せる。
よって，A は単振動をし，周期は $\boldsymbol{2\pi\sqrt{\frac{m}{2k}}}$

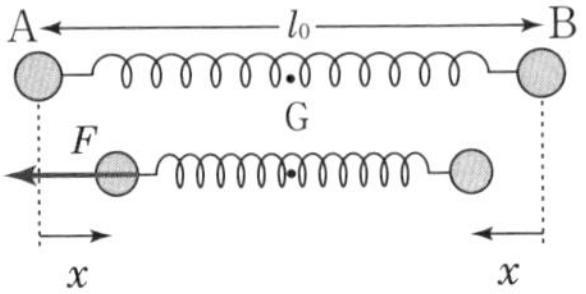

G と共に動く観測者 O から見ると，初め，
A は $v_0 - \frac{v_0}{2} = \frac{v_0}{2}$ で右向きに，
B は $0 - \frac{v_0}{2} = -\frac{v_0}{2}$ より $\frac{v_0}{2}$ の速さで左向きに動き出す。A の振幅を d とおくと，A についてのエネルギー保存則より

$$\frac{1}{2}m\left(\frac{v_0}{2}\right)^2 = \frac{1}{2}(2k)d^2 \qquad \therefore \quad d = \frac{v_0}{2}\sqrt{\frac{m}{2k}}$$

B の振幅も d であり，両者は対称的に振動しているから

$$l_1 = l_0 - 2d = \boldsymbol{l_0 - v_0\sqrt{\frac{m}{2k}}} \qquad l_2 = l_0 + 2d = \boldsymbol{l_0 + v_0\sqrt{\frac{m}{2k}}}$$

なお，衝突後 l_1 になるまでの時間は $\frac{1}{4}T$，l_2 になるまでは $\frac{3}{4}T$ である。

別解　A, B 全体についてのエネルギー保存則より　$\frac{1}{2}m\left(\frac{v_0}{2}\right)^2 \times 2 = \frac{1}{2}k(l_0 - l_1)^2$
これより l_1 が求められ，右辺を $\frac{1}{2}k(l_2 - l_0)^2$ にすれば，l_2 が求められる。

(4)　G に対する A の相対速度 u は右のように変わる。$\omega = \frac{2\pi}{T} = \sqrt{\frac{2k}{m}}$ より

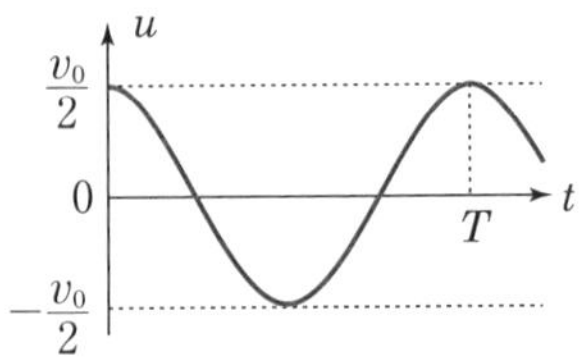

$$u = \frac{v_0}{2}\cos\omega t = \frac{v_0}{2}\cos\sqrt{\frac{2k}{m}}t$$

よって，　$v_A = \frac{v_0}{2} + u = \boldsymbol{\frac{v_0}{2}\left(1 + \cos\sqrt{\frac{2k}{m}}t\right)}$

Q　B に対する A の運動を慣性力を用いて調べ，周期と l_1，l_2 を求めてみよ。(★★)

39　単振動

自然長 L の軽いゴムひもの両端に同じ質量 m をもつ2つの小球PとQがつながれている。ゴムひもは伸びに比例する復元力（比例定数 k）を生じるが，ゆるんだ状態では力を生じない。重力加速度を g とし，空気抵抗は無視する。

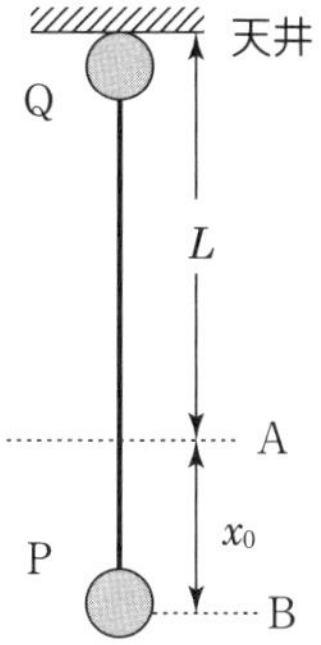

(1)　小球Qが天井に固定され，Pがつるされて点Bで静止している。このときのゴムひもの自然長からの伸び x_0 を求めよ。点Aはゴムひもが自然長になる位置である。

次に，PをQの位置まで持ち上げ，静かに放す。

(2)　Pの速さの最大値 v_{max} を求めよ。

(3)　Pが最下点に達したとき，ゴムひもの自然長からの伸び x_1 を求めよ。

(4)　Pは同じ運動を繰り返す。その周期 T を求めよ。ただし，自然長位置Aからつり合い位置Bに至るまでの時間を t_0 とする。

(5)　Pが最下点から上昇し，自然長位置Aに達した瞬間，固定していたQを静かに解放する。PとQが衝突する位置の天井からの距離 d を求めよ。

初めのつり合い状態に戻し（Qは天井でPは位置B），Qを静かに解放すると，PとQは初速0で共に落下するが，ゴムひもの復元力によりやがて衝突する。

(6)　解放してから衝突するまでの時間 T_{PQ} を求めよ。

（名古屋市立大）

Level　(1) ★★　(2) ★　(3) ★　(4) ★　(5),(6) ★★

Point & Hint

(5)　静止系で解いてもよいが，Qに対するPの相対運動に注目すると早い。

(6)　全質量 M の物体系の重心Gは，物体系に働く外力 $F_{外力}$ に従って運動し，Gの加速度を a_G とすると，運動方程式 $Ma_G = F_{外力}$ が成立する（☞エッセンス(上) p46）。本問での外力は重力であり，$a_G = g$ となる。すると，重心Gと共に動く観測者（重心系）から見ると，慣性力が重力を打ち消してしまう。一種の無重力状態であり，PとQはゴムひもの弾性力だけで動くように見える。ばね定数は自然長に反比例する（☞ p114）ことも利用したい。

LECTURE

(1)　力のつり合いより　$kx_0 = mg$　……①　　$\therefore\ x_0 = \boldsymbol{\dfrac{mg}{k}}$

(2)　天井から位置Aまでは自由落下。その後はゴムひもの弾性力が働き，位置Bを中心とする単振動に入る。したがって，速さが最大となるのは振動中心Bである。まず，Aでの速さを v_0 とすると

天井→A間は　$mgL = \dfrac{1}{2}mv_0{}^2$　……②

A→B間は単振動のエネルギー保存則より

$$\frac{1}{2}mv_0{}^2 + \frac{1}{2}kx_0{}^2 = \frac{1}{2}mv_{max}^2 \quad \cdots\cdots③$$

②，③より　$\dfrac{1}{2}mv_{max}^2 = mgL + \dfrac{1}{2}kx_0{}^2$　……④

(1)の x_0 より　$v_{max} = \boldsymbol{\sqrt{2gL + \dfrac{mg^2}{k}}}$

別解　天井→B間で考え，重力の位置エネルギーが $\dfrac{1}{2}mv_{max}^2$ と弾性エネルギーに変わったと見れば

$$mg(L + x_0) = \frac{1}{2}mv_{max}^2 + \frac{1}{2}kx_0{}^2$$

①より $mgx_0 = kx_0{}^2$ なので，④と同じになる。

(3)　単振動の下の端が最下点となる。振幅を A とすると，単振動のエネルギー保存則より

$$\frac{1}{2}mv_{max}^2 = \frac{1}{2}kA^2 \qquad \therefore\ A = v_{max}\sqrt{\frac{m}{k}}$$

$v_{max} = A\omega$ を用いる手も

$$x_1 = x_0 + A = \boldsymbol{\frac{mg}{k} + \sqrt{\left(2gL + \frac{mg^2}{k}\right)\frac{m}{k}}}$$

$$= \boldsymbol{\frac{mg}{k}\left(1 + \sqrt{1 + \frac{2kL}{mg}}\right)}$$

別解　天井→最下点 間で重力の位置エネルギーが弾性エネルギーになったので

$$mg(L + x_1) = \frac{1}{2}kx_1^2$$

後は2次方程式の解の公式を用い，＋の解を選ぶ（$x_1 > x_0$）。

(4)　天井とAの間は自由落下で，時間 t_1 は　$L = \frac{1}{2}gt_1^2$　より　　$t_1 = \sqrt{\frac{2L}{g}}$

AB間は t_0 で，Bと最下点の間は単振動の中心と端の間だから周期の $\frac{1}{4}$ である。戻りは逆運動で，Pは天井まで戻る。行きと戻りの時間は等しいので

$$T = \left(t_1 + t_0 + \frac{1}{4} \times 2\pi\sqrt{\frac{m}{k}}\right) \times 2$$

$$= \boldsymbol{2\sqrt{\frac{2L}{g}} + 2t_0 + \pi\sqrt{\frac{m}{k}}}$$

(5)　PはAを v_0 で上へ通過する。ゴムひもはゆるみ，Pは投げ上げ運動で，Qは自由落下を始め，共に重力加速度 g で運動する。相対加速度が0なので，どちらから見ても相手は等速で動くように見える。Qから見るとPは v_0 で L の距離を上昇してくる。衝突までの時間 t_S は　　$t_S = \frac{L}{v_0}$

天井に対してQはこの間自由落下しているので

$$d = \frac{1}{2}gt_S^2 = \frac{gL^2}{2v_0^2} = \frac{gL^2}{2 \cdot 2gL} = \boldsymbol{\frac{1}{4}L} \qquad \text{(②を用いた)}$$

別解　Qの落下距離とPの上昇距離の和が L のとき衝突するので

$$\frac{1}{2}gt_S^2 + \left(v_0 t_S - \frac{1}{2}gt_S^2\right) = L \qquad \therefore\ t_S = \frac{L}{v_0} \qquad \text{(以下同様)}$$

(6)　ヒントに記したように重心系で考える。PとQの質量が等しいので重心GはPとQの中点である。次図のように，PとQはゴムひもの弾性力を受けてGに対して対称的に動く。ゴムひもが自然長に戻るまでの間は，Pは左半分のゴムひも(赤)によって動かされると考えてよい。それはばね定数 $2k$ のばねによる単振動と同じで，自然長での速さを u とすると

$$\frac{1}{2}(2k)\left(\frac{x_0}{2}\right)^2 = \frac{1}{2}mu^2 \qquad \therefore\ u = \frac{x_0}{2}\sqrt{\frac{2k}{m}} = g\sqrt{\frac{m}{2k}}$$

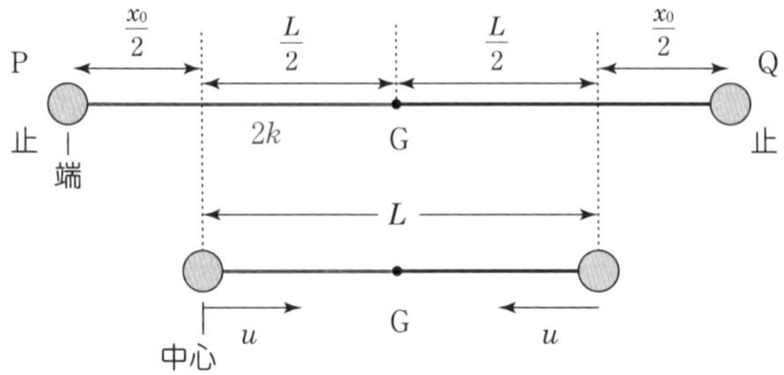

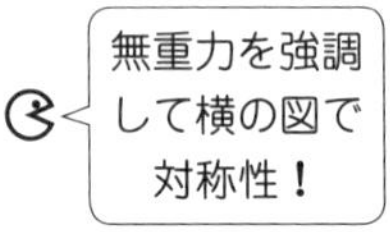

Pの単振動の端から中心までの時間は $\frac{1}{4}$周期で，自然長以後はゴムひもがゆるみ，等速 u でGに達し，右から来るQと衝突する。

$$T_{PQ} = \frac{1}{4}\times 2\pi\sqrt{\frac{m}{2k}} + \frac{\frac{1}{2}L}{u} = \boldsymbol{\frac{\pi}{2}\sqrt{\frac{m}{2k}} + \frac{L}{g}\sqrt{\frac{k}{2m}}}$$

Q₁ (6)で，PとQが衝突する位置はどこか。天井からの距離 D を答えよ。(★★)

Q₂ 前問の衝突の反発係数を e とする。衝突後のPとQの運動が静止系で見てどのようになるか，次の3つの場合について簡潔に述べよ。

(i)　$e=0$　　(ii)　$e=1$　　(iii)　$0<e<1$　　(★★)

40　単振動

水平面内において一定の角速度 ω で回転している円板がある。円板上には，半径方向にみぞが掘られており，その中にばね定数 k，自然長 l のばねが置かれている。ばねの一端は中心Oに固定され，他端には質量 M の小球Pがつけられている。Pはみぞの中を滑らかに動け，OからPまでの距離 r を用いておもりの位置を表す。いま，円板上で静止している観測者Aには，Pが $r=r_0$ の点に静止して見えた。

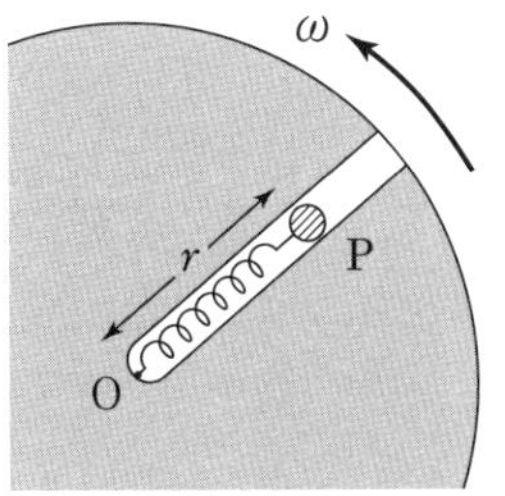

真上から見た図

(1)　r_0 を l, k, M, ω を用いて表せ。

(2)　こうなるために必要な角速度 ω に対する条件を表せ。

次に，Pをみぞに沿って外側に動かし，点Oからの距離 r_1 の点で静かにPを放したところ，Pはみぞの中で運動を始めた。

(3)　Pが位置 r にあるときAが見る加速度を a とすると，Aが書くべき運動方程式はどのようになるか。みぞ方向外向きを正とする。

(4)　Pの位置を，r の代わりに r_0 から測って $x=r-r_0$ を用いて表すと，運動方程式の右辺の力は $-Lx$ の形になる。L を k, M, ω を用いて表せ。

(5)　Pを放してからばねの長さが最小となるまでの時間，ばねの長さの最小値，およびAが見るPの最大の速さを k, M, ω, r_0, r_1 のうち必要なものを用いて表せ。　（北海道大）

Level　(1), (2) ★　(3)〜(5) ★

Point & Hint

Aにとっては遠心力が現れている。

(2) (1)の答えの形から自然に条件が決まってくる。

(5) (4)の結果からPの運動が確定する。

LECTURE

(1)　遠心力と弾性力のつり合いより

$$Mr_0\omega^2 = k(r_0 - l) \qquad \cdots①$$

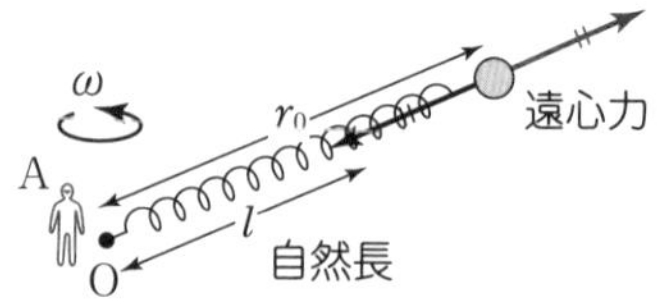

$$\therefore \quad r_0 = \boldsymbol{\frac{kl}{k - M\omega^2}}$$

(2)　$r_0 > 0$ より　　$k - M\omega^2 > 0$

$$\therefore \quad \omega < \boldsymbol{\sqrt{\frac{k}{M}}}$$

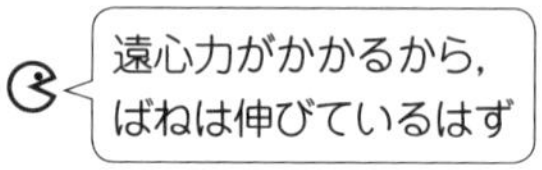

遠心力がかかるから，
ばねは伸びているはず

回転が速過ぎると(ω が大き過ぎると)，弾性力より遠心力がまさり，つり合う位置がなくなってしまう。

Mをmと書いていないだろうか？

(3)　ばねの伸びは $r - l$ と表せるから

$$\boldsymbol{Ma = Mr\omega^2 - k(r - l)}$$

(4)　上式に $r = r_0 + x$ を代入すると

$$\begin{aligned} Ma &= M(r_0 + x)\omega^2 - k(r_0 + x - l) \\ &= Mx\omega^2 - kx \\ &= -(k - M\omega^2)x \qquad \cdots\cdots② \end{aligned}$$

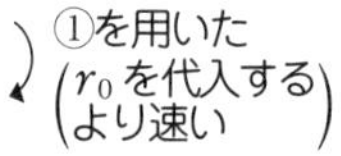

①を用いた
(r_0を代入するより速い)

$$\therefore \quad L = \boldsymbol{k - M\omega^2}$$

(2)で求めた条件より L は正の定数であり，②はPが $x=0$（力のつり合い位置）を中心として単振動をすることを示している。

(5)　②から単振動の周期 T は

$$T = 2\pi\sqrt{\frac{M}{k - M\omega^2}}$$

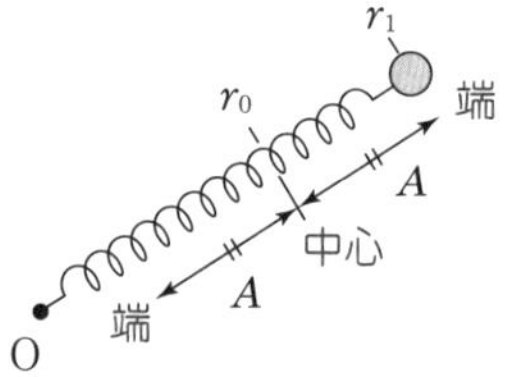

$2\pi\sqrt{\frac{M}{k}}$ とする誤りが多い。**ばね振り子の周期が不変となるのは，ばねの力のほかに一定の力がかかる場合**のことである。遠心力は半径 r とともに変わる力である。

ばねの長さが最小となるのは，内側の端の位置にくるときだから，端から端までの時間は半周期。よって，　$\frac{1}{2}T = \boldsymbol{\pi\sqrt{\frac{M}{k - M\omega^2}}}$

振幅 A は上図より，$A = r_1 - r_0$　よって，ばねの長さの最小値は

$$r_0 - A = \boldsymbol{2r_0 - r_1}$$

最大の速さは，公式 $v_{\max} = A\omega$ より　　$A\frac{2\pi}{T} = \boldsymbol{(r_1 - r_0)\sqrt{\frac{k - M\omega^2}{M}}}$

41　単振動

粗い水平床面で左端を固定したばね（ばね定数 k）の右端に物体M（質量 m）を取りつける。ばねが自然長のときのMの位置を原点 $x=0$ として，右向きに x 軸をとる。まず，Mを位置 $x\ (>0)$ で静かに放すことを，x の値を変えてくり返すと，x がある値 d 以下のときにはMは動かず，d より大きいときには滑りだした。

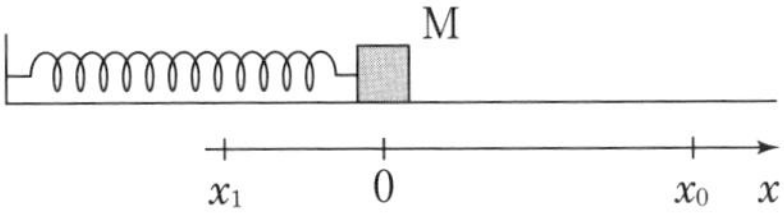

図1

次に，Mを位置 $x_0(>d)$ で静かに放し，その瞬間からの時間を t とする。Mははじめ次第に速さを増し，最大の速さに達したのち減速して，速さが0となった。そのときの位置は $x_1(<0)$ であった。その後，Mは再び逆向きに動きだし，何回か折り返した後，ついに n 回目の折り返し点 x_n で静止した。重力加速度を g とする。

(1)　Mと床面との間の静止摩擦係数 μ_0 と動摩擦係数 μ を求めよ。

(2)　位置 x_1 で速さが0となった時間 t_1 を求めよ。

(3)　はじめて速さが最大に達したときの位置と最大の速さを求めよ。

(4)　最後に位置 x_n で静止するまでにMが運動した全行程の長さ L と x_n との関係を求めよ。

(5)　Mの位置 x と時間 t との関係を図2に図示せよ。ただし，この問いにおいては，$x_0=3.5d$，$x_1=-2.5d$ とする。

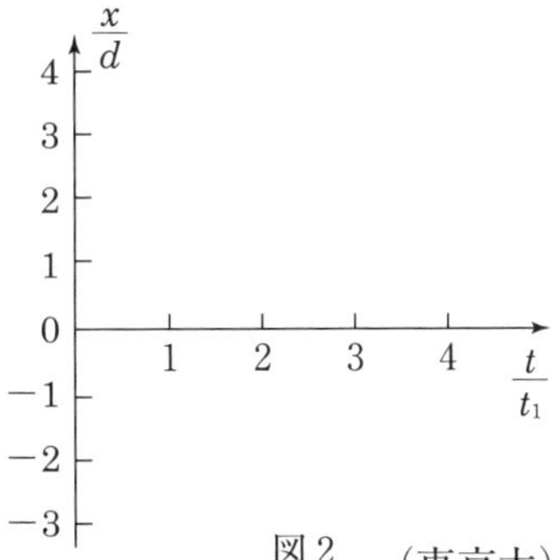

図2

（東京大）

Level　(1) μ_0：★　μ：★　(2) ★　(3)〜(5) ★★

Point & Hint

(1) μ はエネルギー保存則でも求まるが，(3)以下を解くためにもMの運動を押さえたい。位置 x でMが受ける力 F を調べてみること。$F=-Kx+C$（Kは正の定数，Cは定数）の形になれば，$F=-K\left(x-\dfrac{C}{K}\right)=-Kx'$（$x'$は $x=\dfrac{C}{K}$ を原点とする座標）という変形により，$x=\dfrac{C}{K}$ を振動中心とする単振動であることが確かめられる。一般に「$\boldsymbol{F=-Kx}$＋**定数**」**なら単振動**。

LECTURE

(1)　$x=d$　で最大摩擦力に達しているから

$$kd=\mu_0 mg \qquad \therefore \quad \mu_0=\boldsymbol{\frac{kd}{mg}}$$

Mが左へ滑るとき，Mに働く力 F は

$$F=-kx+\mu mg$$
$$=-k\left(x-\frac{\mu mg}{k}\right) \quad \cdots\cdots①$$

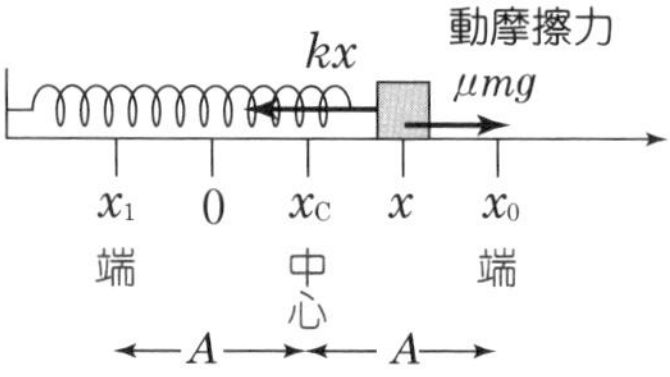

動摩擦力が右向きを保つ半周期分だけの単振動だ

この式はMが $x=\dfrac{\mu mg}{k}(=x_C)$ を中心として単振動をすることを示している。x_0 と x_1 は速さが0の位置だから単振動の両端となっている。振動中心 x_C はそれらの中点だから

$$\frac{x_0+x_1}{2}=\frac{\mu mg}{k} \qquad \therefore \quad \mu=\boldsymbol{\frac{k(x_0+x_1)}{2mg}}$$

別解　摩擦熱を含めたエネルギー保存則より

$$\frac{1}{2}kx_0{}^2=\frac{1}{2}kx_1{}^2+\mu mg\underbrace{(x_0-x_1)}_{\text{滑った距離}}$$

$$\therefore \quad \mu=\frac{k(x_0{}^2-x_1{}^2)}{2mg(x_0-x_1)}=\boldsymbol{\frac{k(x_0+x_1)}{2mg}}$$

(2)　①より，周期 T は　$T=2\pi\sqrt{\dfrac{m}{k}}$　と決まる。端 x_0 から端 x_1 までは半周期で動けるから

$$t_1=\frac{1}{2}T=\boldsymbol{\pi\sqrt{\frac{m}{k}}}$$

(3)　速さが最大になるのは振動中心だから　　$x_C = \dfrac{\boldsymbol{x_0 + x_1}}{\boldsymbol{2}}$

最大の速さ $v_{\max}$ は　　$v_{\max} = A\omega = \dfrac{x_0 - x_1}{2} \cdot \dfrac{2\pi}{T} = \dfrac{\boldsymbol{(x_0 - x_1)}}{\boldsymbol{2}}\sqrt{\dfrac{\boldsymbol{k}}{\boldsymbol{m}}}$

別解　単振動のエネルギー保存則 $\dfrac{1}{2}k(x_0 - x_C)^2 = \dfrac{1}{2}mv_{\max}^2$ を用いてもよい。

動摩擦力はすでに合力 F の中に含まれている(Mにとっては，単なる一つの一定の力)ので，「単振動」という見方では摩擦熱を入れてはいけない。

(4)　摩擦熱を含めたエネルギー保存則より

$$\frac{1}{2}kx_0{}^2 = \frac{1}{2}kx_n{}^2 + \mu mgL$$

μ を代入して L を求めると　　$L = \dfrac{\boldsymbol{x_0{}^2 - x_n{}^2}}{\boldsymbol{x_0 + x_1}}$

摩擦熱の計算には滑ったトータルの距離がほしい。L はありがたい量だ。

(5)　左へ滑るときの振動中心は

$$x_C = \frac{x_0 + x_1}{2} = \frac{3.5d - 2.5d}{2} = 0.5d$$

右へ滑るときには動摩擦力の向きが変わる。この場合の合力 F は

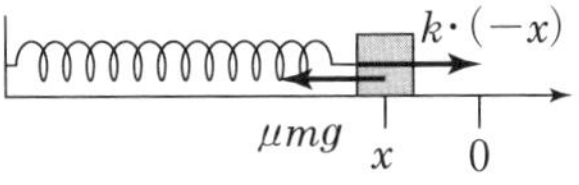

$$F = -kx - \mu mg$$

$$= -k\left(x + \frac{\mu mg}{k}\right) \quad \cdots\cdots②$$

x は負で，縮みは $-x$ 結局，x の正負に関わらず，弾性力は $-kx$

こんどは $x_C' = -\dfrac{\mu mg}{k}$ を振動中心とする単振動になる。

$$x_C' = -\frac{\mu mg}{k} = -\frac{x_0 + x_1}{2} = -x_C = -0.5d$$

$x_1 = -2.5d$ から右へ戻るときの振幅は

$$x_C' - x_1 = -0.5d - (-2.5d) = 2d$$

よって，次図のように $x_2 = x_C' + 2d = 1.5d$ の位置まで達する。次は左へ $x_C = 0.5d$ を中心に動く。振幅は $1.5d - 0.5d = d$　そして，$x_3 = -0.5d$ に達する。ところが，$|x| \leqq d$ (赤色部分) で止まると，弾性力が最大摩擦力を超えられず完全に静止してしまう。したがって，運動はここで終わる。

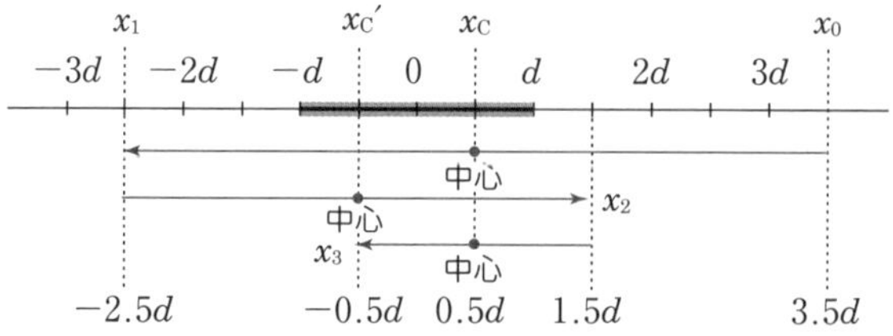

式②を見ると，力 F の比例定数は k で周期は滑る向きにはよらないことが分かる。いずれにしろ半周期 t_1 ごとの単振動であり，振動中心に注意してグラフをつくればよい。

振動は減衰していく。そして赤色部で止まるともう動かない。

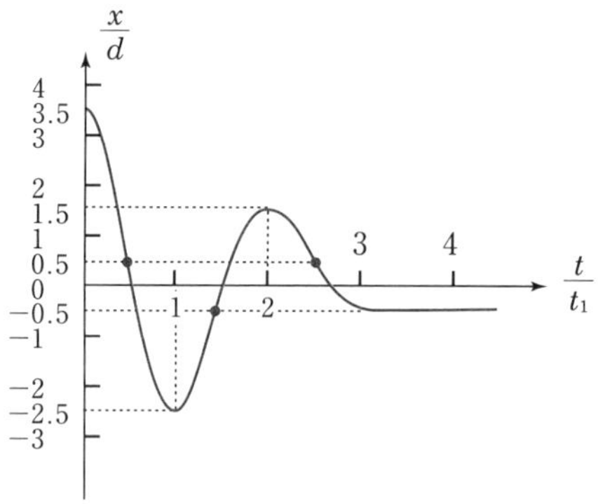

Q　(5) において，M を $x = 5d$ で静かに放すとき，M が完全に静止するまでの時間を k，m で表せ。(★)

42 単振動

一様な断面積 S，高さ h の浮きがある。これを水面に浮かべたら，図1のように頭を水面上に $\frac{1}{3}h$ だけ出して静止した。水の密度を ρ，重力加速度を g として，浮きの運動にともなう水の抵抗と水面の変化は無視する。

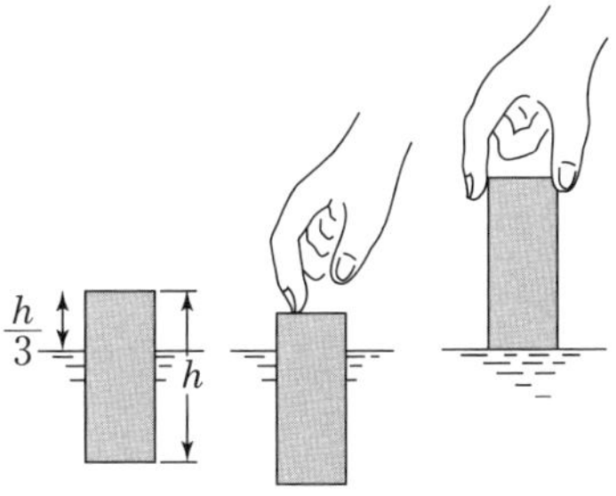

図1　図2　図3

(1) 浮きの質量 m はいくらか。

(2) 浮きをその上面が水中に沈まない程度に鉛直に押し下げ（図2），手をはなすと，浮きは上下振動を始める。その周期 T はいくらか。

(3) 図3のように，浮きの底面を水面と接するように保ち，手をはなした。浮きが沈んでゆき，ちょうど上面が水面と一致したときの速さ v はいくらか。

(4) 浮きはさらに沈んでゆくが，最も深く沈んだとき，その上面の，水面下の深さ d はいくらか。（九州工大）

Level (1) ★　(2)〜(4) ★

Point & Hint

(1) 浮力は，液体の密度 ρ と液面下の物体の体積 V で決まり，**浮力 $=\rho Vg$**

(2) つり合い位置から x だけ変位したときに働く力を調べてみる。

(3) 単振動のエネルギー保存則を用いる。

(4) 水面下に入ると運動が変わる。

LECTURE

(1) 水面下の体積は $S\cdot\frac{2}{3}h$ だから，力のつり合いより

$$mg=\rho S\cdot\frac{2}{3}h\cdot g \quad \cdots\cdots① \qquad \therefore \quad m=\boldsymbol{\frac{2}{3}\rho Sh}$$

(2)　浮きが静止しているときの上面の位置を原点として，下向きに x 軸をとる。浮きが振動しているとき，上面の位置座標を x とすると，浮きに働く力 F は

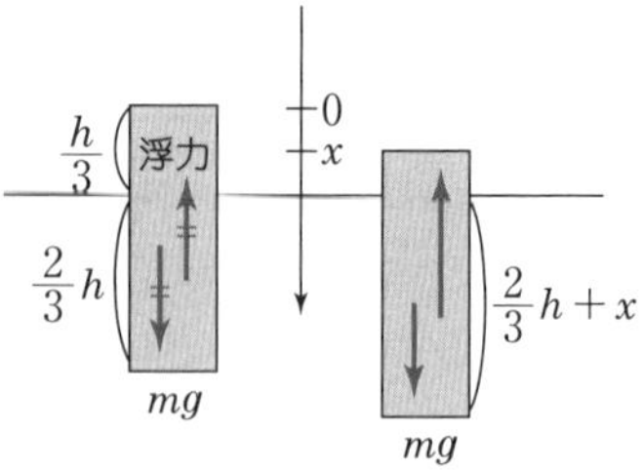

$$F = mg - \rho S\left(\frac{2}{3}h + x\right)g$$

$$= -\rho Sgx$$

①より（mを代入してもよいが）

大きな物体は，どこか1箇所の動きを追う。

「$-Kx$」型の力だから，浮きは単振動をする。　$\therefore$　$T = 2\pi\sqrt{\dfrac{m}{\rho Sg}} = \boldsymbol{2\pi\sqrt{\dfrac{2h}{3g}}}$

静止位置に比べ，位置 x では水面下の体積が Sx 増し，浮力が $\rho(Sx)g$ だけ増す。これが復元力になると気づけば，F は即座に決められる。

(3)　浮きの上面に注目すると，水面上 $\dfrac{h}{3}$ の位置が振動中心であり，そこから $\dfrac{2}{3}h$ 持ち上げて放している。単振動のエネルギー保存則より

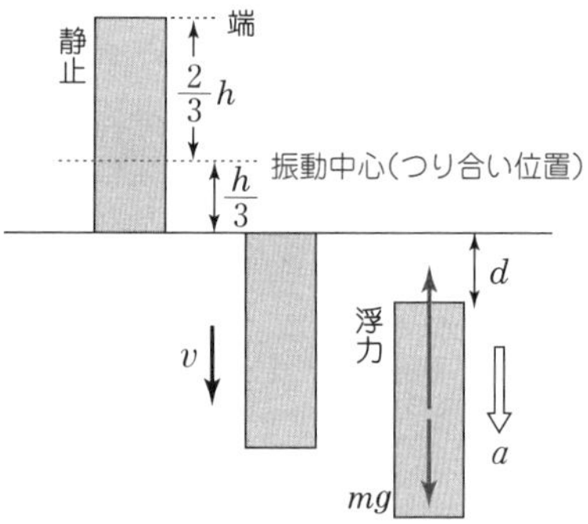

$$\frac{1}{2}\rho Sg\left(\frac{2}{3}h\right)^2 = \frac{1}{2}mv^2 + \frac{1}{2}\rho Sg\left(\frac{h}{3}\right)^2$$

$$\therefore\quad v = h\sqrt{\frac{\rho Sg}{3m}} = \boldsymbol{\sqrt{\frac{gh}{2}}}$$

(4)　浮きが完全に水面下に入ると，浮力は ρShg で一定となり，運動は単振動から等加速度運動に変わる。その加速度を a とすると，運動方程式より

$$ma = mg - \rho Shg \qquad \therefore\quad a = g - \frac{\rho Shg}{m} = -\frac{g}{2}$$

求める深さを d とすると，等加速度運動の公式より

$$0^2 - v^2 = 2\left(-\frac{g}{2}\right)d \qquad \therefore\quad d = \frac{v^2}{g} = \boldsymbol{\frac{h}{2}}$$

Q　図3で手をはなしてから，浮きが再び元の位置に戻るまでの時間はいくらか。(★★)

43 単振動

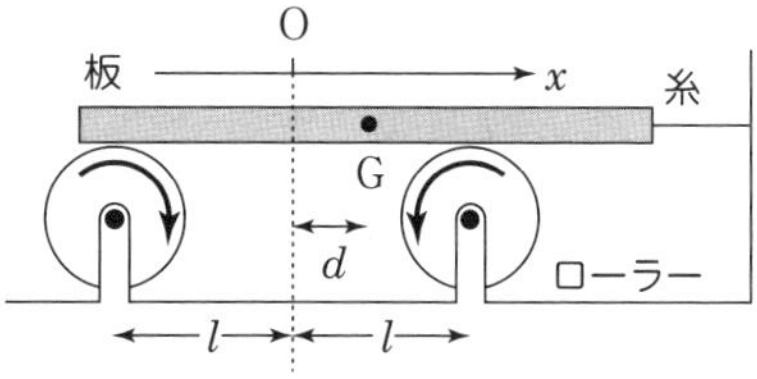

図のように互いに逆向きに高速で回転している2つのローラーが，$2l$ 隔てて置かれ，その上に質量 M の一様な板が水平にのせられている。

板は糸で壁に結ばれて静止しており，その重心Gは2つのローラーの中点 O$(x=0)$ から右に d だけ離れた点 $(x=d)$ にある。

板の厚みは無視でき，$0<d<l$ とする。また，板とローラーの間の動摩擦係数を μ，重力加速度を g とする。

(1) 左右のローラーが板に及ぼしている垂直抗力をそれぞれ求めよ。また，糸の張力を求めよ。

(2) 糸を切ると，板は振動を始めた。振動の周期と速さの最大値を求めよ。

(3) 板の重心Gが点Oを左へ通過するとき，2つのローラーの回転を瞬時に止めた。すると，板は左に D だけ滑って停止した。D を求めよ。

(東京大)

Level (1)〜(3) ★

Point & Hint (1) 2つの垂直抗力は等しくない。剛体のつり合いの問題。
(2) 水平方向の合力を調べれば，どのような振動かが確定する。
(3) 1つ1つのローラーからの動摩擦力は変化するが，和をとると……。

LECTURE

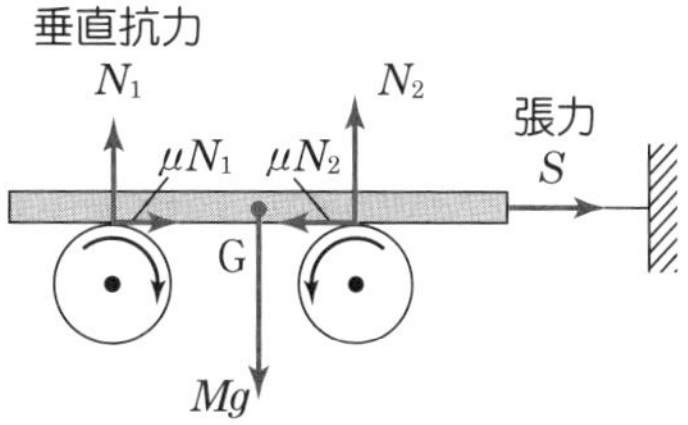

(1) 板に働く力は右図のようになっている。鉛直方向の力のつり合いより

$$N_1+N_2=Mg \quad \cdots\cdots①$$

Gのまわりのモーメントのつり合いより

$N_1(l+d)=N_2(l-d)$ ……②

①, ②より

$N_1=\boldsymbol{\frac{l-d}{2l}Mg}$　　$N_2=\boldsymbol{\frac{l+d}{2l}Mg}$

動摩擦力の向きは，ローラーが板をひきずる感じで決めてもよい。

別解 ローラーと板の接点のまわりのモーメントのつり合いより求めてもよい。左の接点：$N_2 \cdot 2l=Mg(l+d)$　右の接点：$N_1 \cdot 2l=Mg(l-d)$

板は左のローラーに対しては左へ滑るから，右向きの動摩擦力 μN_1 を受ける。同様に，右のローラーからは左向きに μN_2 を受け，水平方向の力のつり合いより

$$\mu N_1+S=\mu N_2$$

$$\therefore\quad S=\mu(N_2-N_1)=\boldsymbol{\frac{\mu d}{l}Mg}$$

(2) 重心 G が位置 x にあるときの板に働く垂直抗力 N_1, N_2 は，(1)の答えの d を x に置き換えればよい。水平方向の合力 F は

$$F=\mu N_1-\mu N_2=-\frac{\mu Mg}{l}x$$

「$-Kx$」型の力だから，板は単振動をすることが分かる。

周期 T は　$T=2\pi\sqrt{\dfrac{M}{\dfrac{\mu Mg}{l}}}=\boldsymbol{2\pi\sqrt{\frac{l}{\mu g}}}$

最大の速さ $v_{\max}$ は，振幅が d だから

$$v_{\max}=d\omega=d\frac{2\pi}{T}=\boldsymbol{d\sqrt{\frac{\mu g}{l}}}$$

別解 エネルギー保存則 $\dfrac{1}{2}\left(\dfrac{\mu Mg}{l}\right)d^2=\dfrac{1}{2}Mv_{\max}^2$ より求めてもよい。

(3) ローラーからの動摩擦力 μN_1, μN_2 はいずれも右向きになり，合わせて

$$\mu N_1+\mu N_2=\mu(N_1+N_2)=\mu Mg$$

と一定になっている(①を用いた)。したがって，摩擦熱は μMgD と表せる。

エネルギー保存則より

$$\frac{1}{2}Mv_{\max}^2=\mu MgD\qquad\therefore\quad D=\frac{v_{\max}^2}{2\mu g}=\boldsymbol{\frac{d^2}{2l}}$$

44 万有引力

地球の質量を M，半径を R，万有引力定数を G とし，大気の影響は無視する。

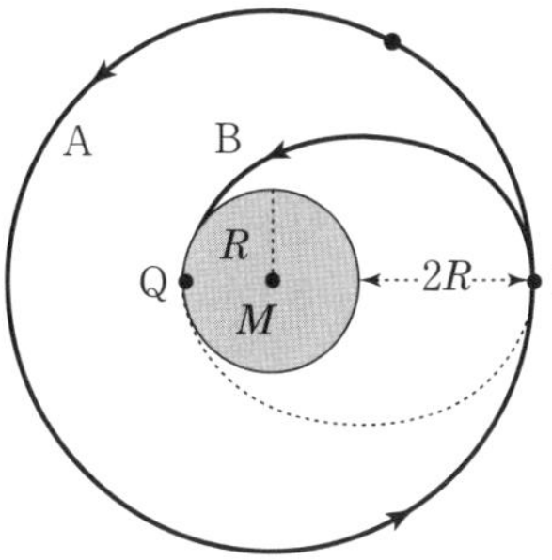

(1) 地上 $2R$ の円軌道A上を探査機を積んだスペース・シャトルが回っている。その速さと周期を求めよ。

(2) 図の点Pで，シャトルから探査機を前方へ打ち出し，地球の引力圏から脱出させたい。そのために必要な探査機の速さを求めよ。

(3) 探査機を打ち出し，減速したシャトルを楕円軌道Bにのせ，地表の点Qで回収したい。点Pでのシャトルの速さを求めよ。

(4) 探査機とシャトルの総質量を m とすると，探査機の質量はいくらにすべきか。ただし，探査機は問(2)で求めた速さで打ち出すものとする。

(5) 探査機を打ち出してからシャトルが回収されるまでの時間を求めよ。

(東京大＋名古屋市立大)

Level (1) ★ (2)〜(5) ★

Point & Hint (1) 万有引力の問題では，地球の中心からの距離を用いる。
(2) 無限遠に達するには，力学的エネルギーが0以上になればよい。
(3) **楕円軌道は面積速度一定の法則と力学的エネルギー保存則の連立で解く。**
(4) 分裂だから，用いるべき法則は……。
(5) ケプラーの第3法則 $\dfrac{T^2}{a^3}=$ **一定** を用いる。(T は周期，a は半長軸)

Base 万有引力の法則

$$F=G\frac{Mm}{r^2}$$

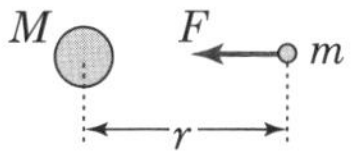

位置エネルギー
(無限遠を基準)

$$U=-\frac{GMm}{r}$$

LECTURE

(1)　半径 $3R$ の等速円運動であり，速さを v とすると，遠心力と万有引力のつり合いより

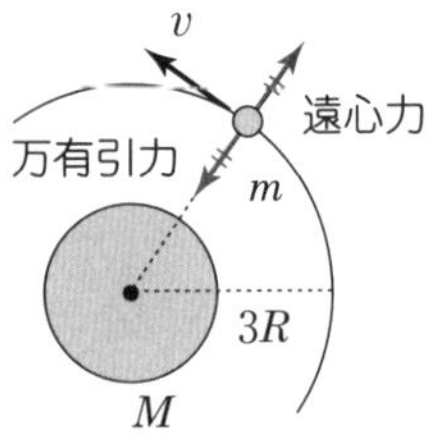

$$m\frac{v^2}{3R}=\frac{GMm}{(3R)^2}\qquad \therefore\quad v=\sqrt{\frac{\boldsymbol{GM}}{\boldsymbol{3R}}}$$

周期 T_0 は　　$T_0=\dfrac{2\pi(3R)}{v}=\boldsymbol{6\pi R}\sqrt{\dfrac{\boldsymbol{3R}}{\boldsymbol{GM}}}$

円周を速さで割ればよい
(速さは1s 間に動く弧の長さ)

(2)　求める速さを u，探査機の質量を m_1 とすると，力学的エネルギー保存則より

$$\frac{1}{2}m_1u^2+\left(-\frac{GMm_1}{3R}\right)=0$$

$$\therefore\quad u=\sqrt{\frac{\boldsymbol{2GM}}{\boldsymbol{3R}}}$$

右辺は 0+0 の意味で無限遠で止まる状況。途中で止まったら万有引力で引き戻されてしまう。また，無限遠での位置エネルギーは 0

(3)　点 P，Q での速さを $v_{\rm P}$, $v_{\rm Q}$ とおく。面積速度が一定だから

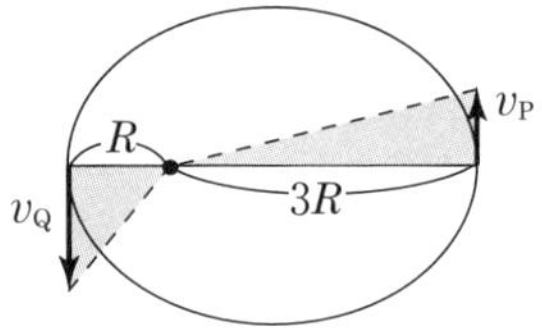

$$\frac{1}{2}Rv_{\rm Q}=\frac{1}{2}(3R)v_{\rm P}\qquad \cdots\cdots ①$$

力学的エネルギー保存則より，シャトルの質量を m_0 として

$$\frac{1}{2}m_0{v_{\rm Q}}^2+\left(-\frac{GMm_0}{R}\right)=\frac{1}{2}m_0{v_{\rm P}}^2+\left(-\frac{GMm_0}{3R}\right)\qquad \cdots\cdots ②$$

①, ②より $v_{\rm Q}$ を消去して　　$v_{\rm P}=\sqrt{\dfrac{\boldsymbol{GM}}{\boldsymbol{6R}}}$

$v_{\rm P}$ は楕円軌道上での最小速度であり，一方，$v_{\rm Q}$ は最大速度となっている。

(4)　運動量保存則より

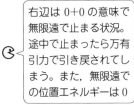

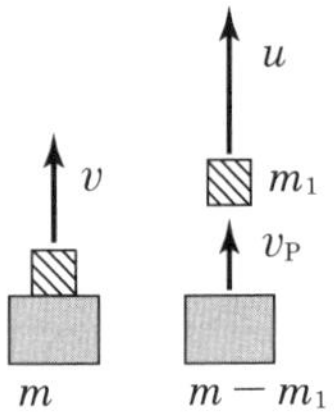

$$mv=m_1u+(m-m_1)v_{\rm P}$$

$$\therefore\quad m_1=\frac{m(v-v_{\rm P})}{u-v_{\rm P}}=\frac{\dfrac{1}{\sqrt{3}}-\dfrac{1}{\sqrt{6}}}{\sqrt{\dfrac{2}{3}}-\dfrac{1}{\sqrt{6}}}m=\boldsymbol{(\sqrt{2}-1)m}$$

万有引力の影響を受けない方向だから，運動量保存則は打ち出しの直前・直後について厳密に成立する。

(5)　楕円軌道Bの周期を T とする。第3法則を用いて初めの円軌道と結びつけると

$$\frac{T^2}{\left(\dfrac{R+3R}{2}\right)^3}=\frac{{T_0}^2}{(3R)^3}\qquad \therefore\quad T=\left(\frac{2}{3}\right)^{\frac{3}{2}}T_0$$

PQ間は半周期で動けるから

$$\frac{1}{2}T=\frac{1}{2}\cdot\frac{2}{3}\sqrt{\frac{2}{3}}\cdot 6\pi R\sqrt{\frac{3R}{GM}}=\boldsymbol{2\pi R\sqrt{\frac{2R}{GM}}}$$

Q　探査機を打ち出した後のシャトルの速さが遅く，下図のように地球に衝突した。衝突地点では天頂から30°の方向から飛来した。点Pでのシャトルの速さ v_1 を $G,\ M,\ R$ で表せ。(★★)

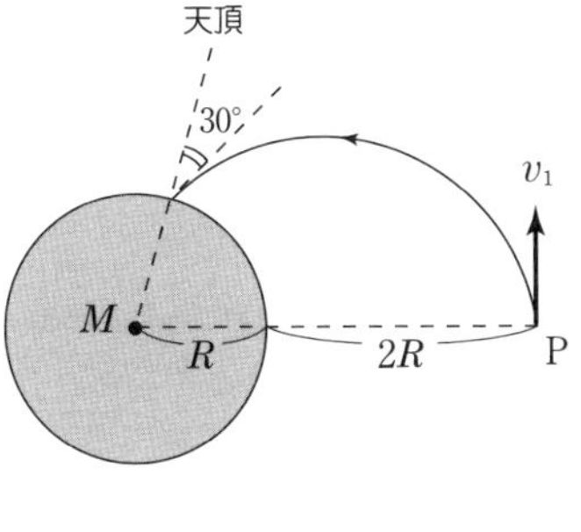

45 万有引力

図でABは地球に掘った直線状の細いトンネルである。いま，地球を半径Rの一様な密度の球として，トンネルに沿った質量mの質点の運動を考える。ただし，地表での重力加速度をgとして，地球の自転，摩擦および空気の抵抗は無視する。

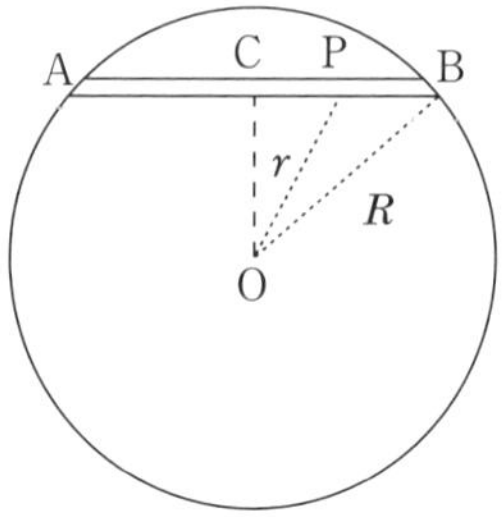

(1)　万有引力定数をGとして，地球の質量と密度を求めよ。

トンネル内の任意の点Pで質点に働く重力は，Oを中心とした半径OP(＝r)の球面内の質量がすべて中心Oに集まったとして，それと質点との間の万有引力に等しく，この球面の外側の部分は，点Pでの重力には無関係であることが知られている。

(2)　トンネル内の任意の点Pにおいて

(i)　質点に働く重力をm, g, r, Rで表せ。

(ii)　OからABに下ろした垂線の足をCとし，Cを原点として$\overrightarrow{\mathrm{AB}}$方向に$x$軸をとり，点Pの座標を$x$とする。点Pで質点に働くトンネル方向の力を$m$, g, R, xで表せ。

(3)　点Bで質点を静かに放すとき，質点が点Aに達するまでの時間をg, Rで表せ。また，質点が点Cを通過するときの速さをg, R, hで表せ。ただし，$h=\mathrm{OC}$とする。（金沢大）

Level　(1),(2)(i) ★　(ii),(3) ★

Point & Hint

(1) 重力とは万有引力のことである（自転による遠心力を考えなくてよい場合）。
(2)(ii) 力を求めると，運動が何であるかが決まる。

LECTURE

(1)　質量 m の物体が地表にあるときの重力 mg とは，地球から受ける万有引力のことだから，地球の質量を M として

$$mg = \frac{GMm}{R^2} \qquad \therefore \quad M = \boldsymbol{\frac{gR^2}{G}}$$

(密度 ρ) $= \dfrac{\text{(質量)}}{\text{(体積)}}$ だから　$\rho = \dfrac{M}{\frac{4}{3}\pi R^3} = \boldsymbol{\dfrac{3g}{4\pi GR}}$

(2)(i)　r より内側の地球の質量 M_r は　$M_r = \dfrac{4}{3}\pi r^3 \rho = \dfrac{gr^3}{GR}$　よって，点 P での重力（万有引力）F_r は

$$F_r = G\frac{M_r m}{r^2} = \boldsymbol{\frac{mgr}{R}}$$

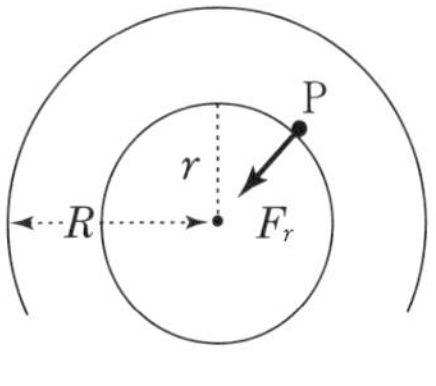

(ii)　$\angle \mathrm{OPC} = \theta$ とすると，求める力 F は

$$F = -F_r \cos\theta = -\frac{mgr}{R}\cdot\frac{x}{r}$$

$$= \boldsymbol{-\frac{mg}{R}x}$$

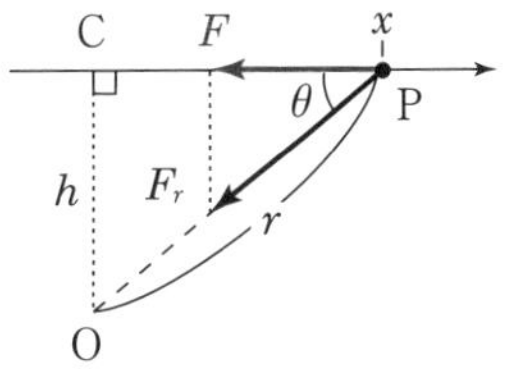

(3)　F は「$-Kx$」型の力であり，質点は単振動をすることが分かる。

周期 T は　$T = 2\pi\sqrt{\dfrac{m}{mg/R}} = 2\pi\sqrt{\dfrac{R}{g}}$

BA 間は半周期で動けるので　$\dfrac{1}{2}T = \boldsymbol{\pi\sqrt{\dfrac{R}{g}}}$

意外なことに，この時間は h にはよらない。さらに，実際の値 $R = 6.4\times10^6$〔m〕，g=9.8〔m/s^2〕を代入してみると，$\dfrac{1}{2}T$ =2.5×10^3〔s〕≒42〔分〕となり，驚くほど短い。

C は振動中心であり，速さは最大値 $v_{\max}$ となる。振幅 A=CB=$\sqrt{R^2-h^2}$ より

$$v_{\max} = A\omega = A\frac{2\pi}{T} = \sqrt{R^2-h^2}\sqrt{\frac{g}{R}} = \boldsymbol{\sqrt{\frac{g}{R}(R^2-h^2)}}$$

別解　単振動のエネルギー保存則より　$\dfrac{1}{2}\cdot\dfrac{mg}{R}(R^2-h^2) = \dfrac{1}{2}mv_{\max}^2$

熱

46 比熱・熱容量

電力 600 W のヒーターを内蔵した容器がある。この中に 200 g の氷を入れたところ，氷と容器全体の温度は一様に −15 ℃になった（図1）。容器の熱は外に逃げないとし，ヒーターの熱容量は無視でき，水の比熱は 4.2 J/(g・K) とする。スイッチを入れて加熱し続けたところ，全体の温度は図2のように A → B → C → D と変化した。

(1)　氷の融解熱はいくらか。

(2)　容器の熱容量 C はいくらか。また，氷の比熱 c_I はいくらか。

水と容器全体の温度が 50 ℃になったところでスイッチを切り，その中に −10 ℃，90 g の銅の塊を入れたところ，十分な時間がたった後，全体の温度は 47.7 ℃ になった。

(3)　銅の比熱 c_M はいくらか。有効数字2けたで答えよ。

(4)　初めの状態（図1）でスイッチを切り，80 ℃，500 g の銅の塊を入れると，やがてどのようになるか。

（金沢工大＋東北大）

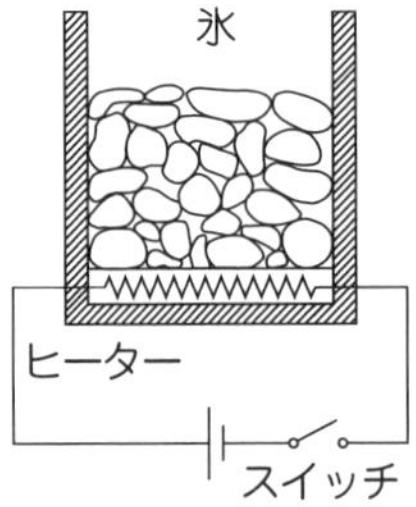

図1

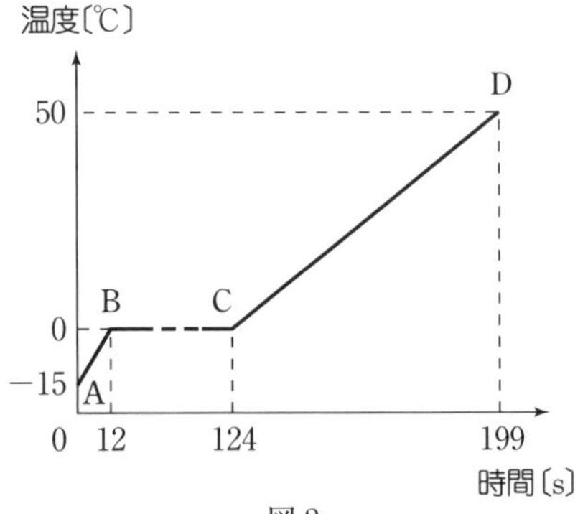

図2

Level　(1)〜(3) ★　(4) ★

Point & Hint　固体が液体になるときなど，**固体・液体・気体間の状態変化が起こっているときは，温度は一定に保たれる**。BC 間で氷が水になっている。物体の質量を m，比熱を c とすると，温度を $\varDelta T$ だけ上げるのに必要な熱量 Q は　$Q = mc\varDelta T$　と表される。mc **の部分が熱容量**である。

(1),(2) 図2のどの部分に注目するかが考えどころ。(3) 熱量の保存を考える。
高温物体が失った熱量＝低温物体が得た熱量という形で扱うと考えやすい。
(4) ある程度，手さぐりで進むことになる。

LECTURE

(1) BC間に注目する。加えた熱量は $600\times(124-12)=6.72\times10^4$〔J〕
この熱量により200 gの氷が完全にとけているから，
融解熱は $6.72\times10^4\div200=$ **336〔J/g〕**

〔W〕=〔J/s〕

BC間は0℃のままなので，容器は全く熱を吸収していないことに注意。熱は氷をとかすためだけに使われている。

(2) CD間に注目する。加えた熱量は $600\times(199-124)=4.5\times10^4$〔J〕
この熱量により0℃ の水と容器が50℃まで上昇しているので

$$4.5\times10^4=\underbrace{200\times4.2\times50}_{\text{水が得た分}}+\underbrace{C\times50}_{\text{容器が得た分}}\qquad\therefore\quad C=\mathbf{60}\ \text{〔J/K〕}$$

次に，AB 間に注目する。氷と容器が15℃上昇しているので

$$\underbrace{600\times(12-0)}_{\text{加えた熱量}}=\underbrace{200\times c_{\mathrm{I}}\times15}_{\text{氷が得た分}}+\underbrace{60\times15}_{\text{容器が得た分}}\qquad\therefore\quad c_{\mathrm{I}}=\mathbf{2.1}\ \text{〔J/(g·K)〕}$$

(3) 水と容器が熱量を失い，その分が銅に与えられたので

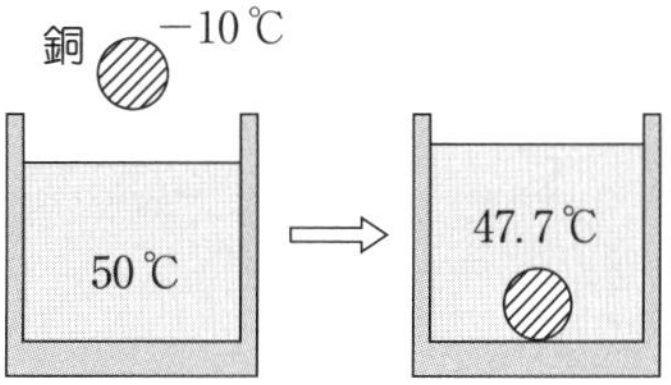

$$200\times4.2\times(50-47.7)$$
$$+60\times(50-47.7)$$
$$=90\times c_{\mathrm{M}}\times\{47.7-(-10)\}$$
$$\therefore\quad c_{\mathrm{M}}=0.398\cdots=\mathbf{0.40}\ \text{〔J/(g·K)〕}$$

(4) 銅が0℃になるまでに出せる熱量は $500\times0.40\times80=16000$〔J〕 一方，$-15$℃の氷と容器が0℃になるまでに必要な熱量は，AB間と同じで，$600\times12=7200$〔J〕 つまり，0℃に達することができ，$16000-7200=8800$〔J〕を氷をとかすのに使えることが分かる。とける分は $8800\div336\fallingdotseq26$〔g〕
結局，**温度は0℃で水26 gと氷174 gになる。**

47　気体の法則

熱気球がある。下端に小さな開口部があって，内部の空気を外気と等しい圧力にしている。ヒーターにより内部の空気の温度を調節することができる。風船部の体積を $V=500$〔$\mathrm{m^3}$〕（ゴンドラの体積は無視），気球全体の質量を $W=180$〔kg〕とする（内部の空気は含めない）。地表での大気圧を $P_0=1.00\times10^5$〔Pa〕，密度を $\rho_0=1.20$〔$\mathrm{kg/m^3}$〕とする。大気は理想気体とし，温度は $T_0=280$〔K〕で高度によらず一定とする。

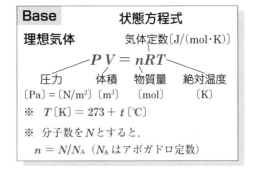

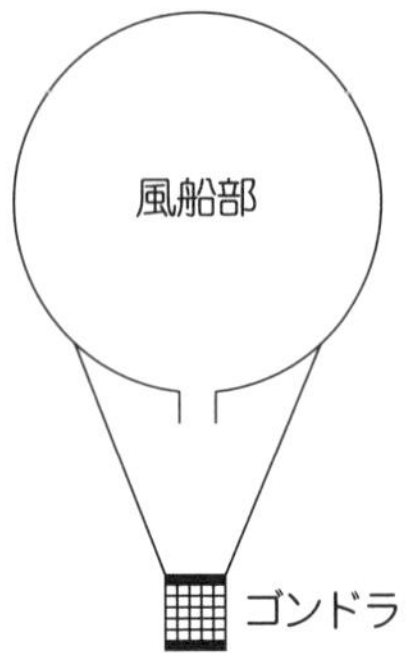

(1)　気球を地面から浮上させるには，内部の空気の密度をどこまで下げることが必要か。また，そのためには何Kまで熱することが必要か。その密度 ρ〔$\mathrm{kg/m^3}$〕と温度 T_1〔K〕を求めよ。

(2)　内部の空気の温度を上記の T_1 に保って，ゴンドラ内の積荷を $w=18$〔kg〕だけ軽くした。気球は上昇し，ある高度で静止するはずである。その高度における大気の密度 ρ_1〔$\mathrm{kg/m^3}$〕を求めよ。

(3)　その高度における大気圧 P_1〔Pa〕を求めよ。

(4)　その高度 h は次のいずれの値に最も近いか。

100 m，300 m，500 m，700 m，900 m，1100 m　　（東京大）

Level　(1)～(4) ★

Point & Hint　力のつり合いでは，風船部内にある空気の重力を忘れないこと。状態方程式は，1モルの質量を M，密度を ρ として，$P=\dfrac{\rho}{M}RT$ と表せる（∵気体の質量を m とすると，$n=m/M=\rho V/M$）。密度を扱う場合はこの形が便利。

(4) ある高さでの大気の圧力は，それより上空にある空気の重さ（正確には，単位面積あたりの重さ）に等しい。

Base　**状態方程式**

理想気体

$$PV=nRT$$

- P：圧力〔Pa〕=〔$\mathrm{N/m^2}$〕
- V：体積〔$\mathrm{m^3}$〕
- n：物質量〔mol〕
- R：気体定数〔J/(mol·K)〕
- T：絶対温度〔K〕

※　T〔K〕$=273+t$〔℃〕

※　分子数を N とすると，

$n=N/N_A$（N_A はアボガドロ定数）

LECTURE

(1)　内部の空気の質量 m は $m=\rho V$ と表されるから，

力のつり合いより　　$\rho_0 Vg=(\rho V)g+Wg$

$$\therefore\quad \rho=\frac{\rho_0 V-W}{V}=\frac{1.20\times 500-180}{500}$$
$$=\mathbf{0.840}\ [\mathrm{kg/m^3}]$$

外気について：　$P_0=\dfrac{\rho_0}{M}RT_0$　……①

内部の空気について：　$P_0=\dfrac{\rho}{M}RT_1$　……②

$\dfrac{②}{①}$ より　$T_1=\dfrac{\rho_0}{\rho}T_0=\dfrac{1.20}{0.840}\times 280=\mathbf{400}\ [\mathrm{K}]$

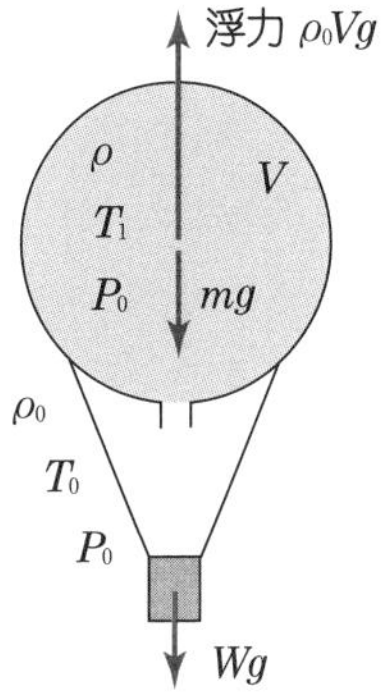

浮力が増して浮くのではない！
内部の空気の重さ mg を減らして浮く。

(2)　気球の外部，内部の空気について

外部：　$P_1=\dfrac{\rho_1}{M}RT_0$　……③

内部：　$P_1=\dfrac{\rho'}{M}RT_1$　……④

$\dfrac{④}{③}$ より　$\rho'=\dfrac{T_0}{T_1}\rho_1$

力のつり合いより　$\rho_1 Vg=(\rho' V)g+(W-w)g$

上の ρ' を代入して，ρ_1 を求めると

$$\rho_1=\frac{T_1(W-w)}{V(T_1-T_0)}=\frac{400\times(180-18)}{500\times(400-280)}=\mathbf{1.08}\ [\mathrm{kg/m^3}]$$

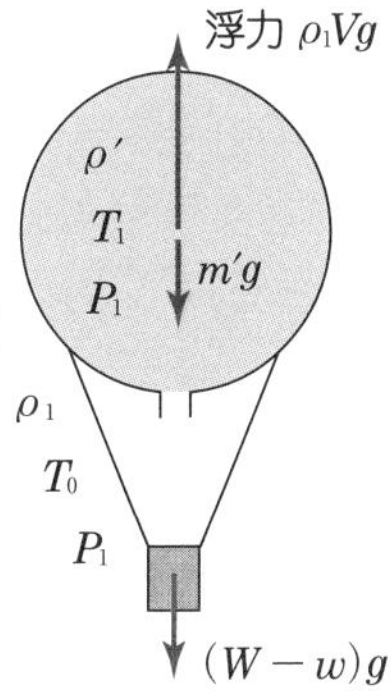

(3)　外気についての①，③に着目し，$\dfrac{③}{①}$ とすると

$$P_1=\frac{\rho_1}{\rho_0}P_0=\frac{1.08}{1.20}\times 1.00\times 10^5=\mathbf{9.00\times 10^4}\ [\mathrm{Pa}]$$

(4)　地上から高さ h までの空気について，平均密度はおよそ $(\rho_0+\rho_1)/2$ であり，$1\ \mathrm{m^2}$ あたりの重力(重さ)は P_0-P_1 に等しいから

$$\frac{\rho_0+\rho_1}{2}\cdot hg\fallingdotseq P_0-P_1$$
$$\therefore\quad h\fallingdotseq\frac{2(P_0-P_1)}{(\rho_0+\rho_1)g}=\frac{2(1.00-0.900)\times 10^5}{(1.20+1.08)\times 9.8}$$
$$\fallingdotseq 895\fallingdotseq \mathbf{900}\ [\mathrm{m}]$$

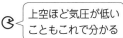

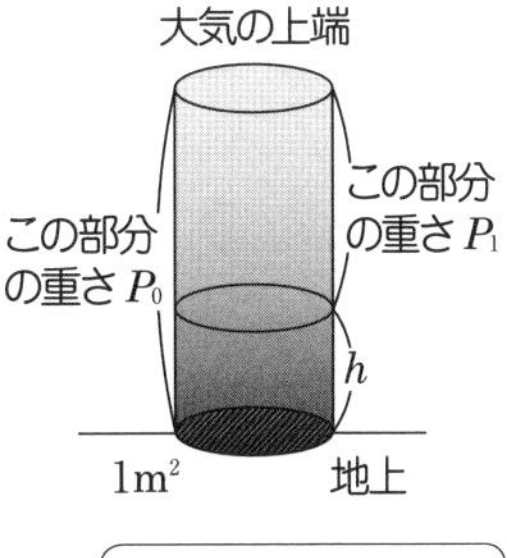

$\rho_1 hg<P_0-P_1<\rho_0 hg$ と不等式にしてもよい。$850<h<945$ となる。

上空ほど気圧が低いこともこれで分かる

48　分子運動論

半径rの球形容器の中に理想気体が入っていて，気体分子は器壁と弾性衝突をする。分子どうしの衝突はないものとし，分子の質量をmとする。ある分子の速さはv，入射角は図のようにθであった。

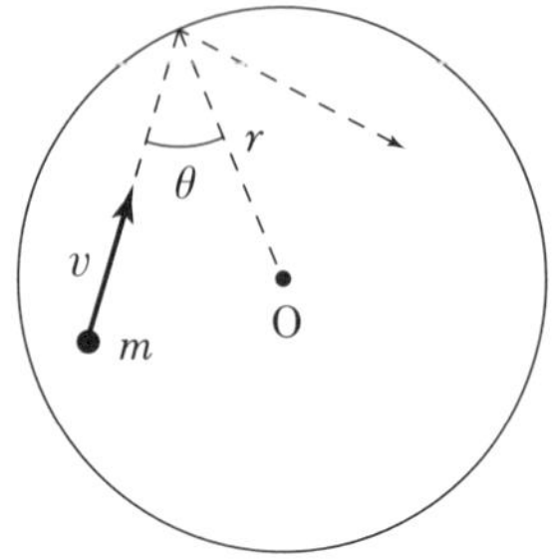

(1)　1回の衝突で，この分子が器壁に与える力積の大きさを求めよ。

(2)　分子が器壁と衝突してから，次に衝突するまでに進む距離を求めよ。また，時間tの間にこの分子が器壁に衝突する回数を求めよ。

(3)　球内の分子数をN，分子の速さの2乗平均を$\overline{v^2}$とする。気体分子全体が器壁に及ぼす力の大きさを求めよ。また，球の体積をVとすると，気体の圧力はどう表されるか。

(4)　理想気体の状態方程式と比較することにより，分子の運動エネルギーの平均値$\dfrac{1}{2}m\overline{v^2}$を絶対温度$T$を用いて表せ。ただし，気体定数を$R$，アボガドロ定数を$N_A$とする。

(5)　この気体が単原子分子からなるとする。前問の結果を用いてnモルの内部エネルギーUをn, R, Tで表せ。　　（横浜市立大＋山口大）

Level　(1),(2) ★　(3) ★　(4),(5) ★

Point & Hint

(1) 球面との衝突は，球に接する平面との衝突と同じこと。滑らかな固定面での斜め衝突の扱い方を思い出したい。

そして，**力積 = 運動量の変化**

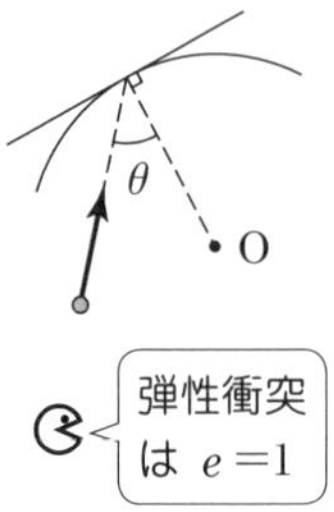

(2) 衝突から衝突までの距離は一定となる。

(3) すべての分子による力積とは，本来の意味からすれば，（気体が器壁に与える力F）×（時間t）のこと。

(5) 内部エネルギーは分子の運動エネルギーの総和。

LECTURE

(1)　衝突の際，面に平行な速度成分は変わらず，垂直な成分（半径方向の成分）の向きだけが変わる。中心Oへの向きを正とすると

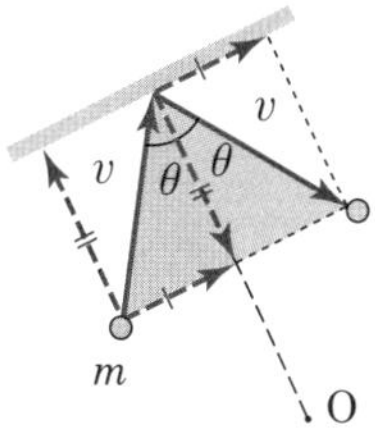

分子が受けた力積＝分子の運動量の変化

$= mv\cos\theta - (-mv\cos\theta) = 2mv\cos\theta$

作用・反作用の法則より，これは分子が器壁に与えた力積（半径方向で外向き）と大きさが等しい。

よって，　$\boldsymbol{2mv\cos\theta}$

弾性衝突は光の反射と似ている

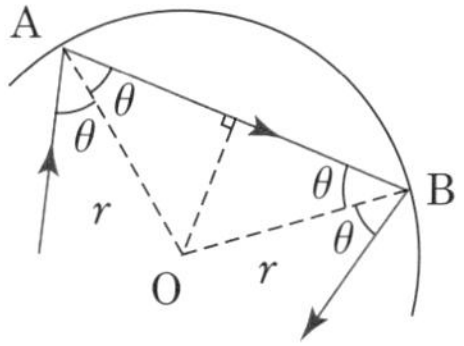

(2)　灰色と赤色の2つの直角三角形は合同であり，分子は θ 方向にはね返る。△OABは2等辺三角形だから　$AB = r\cos\theta\times 2 = \boldsymbol{2r\cos\theta}$

時間 t の間には vt の距離（道のり）を進み，$2r\cos\theta$ 行くごとに衝突するから，衝突回数は　$\boldsymbol{\dfrac{vt}{2r\cos\theta}}$

(3)　1つの分子が時間 t の間に器壁に与える力積は，(1)と(2)より

$$2mv\cos\theta\times\frac{vt}{2r\cos\theta} = \frac{mv^2t}{r}$$

全分子が器壁に与える力積 Ft は，この値の平均値の N 倍であり

$$Ft = N\times\overline{\frac{mv^2t}{r}} \qquad \therefore\quad F = \boldsymbol{\frac{Nm\overline{v^2}}{r}}$$

（圧力 P）＝（力 F）÷（面積）であり，器壁の表面積は $4\pi r^2$ だから

$$P = \frac{F}{4\pi r^2} = \frac{Nm\overline{v^2}}{4\pi r^3}$$

球の体積 $V = \dfrac{4}{3}\pi r^3$ を用いれば　　$P = \boldsymbol{\dfrac{Nm\overline{v^2}}{3V}}$

平均するとき，定数は関係なし。

(4)　$PV = nRT = \dfrac{N}{N_A}RT$ と上の結果 $PV = \dfrac{1}{3}Nm\overline{v^2}$ より

$$\frac{1}{2}m\overline{v^2} = \boldsymbol{\frac{3}{2}\cdot\frac{R}{N_A}T}$$

これは重要公式。R/N_A は ボルツマン定数。

(5)　$U = N\times\overline{\dfrac{1}{2}mv^2} = N\times\dfrac{1}{2}m\overline{v^2} = N\times\dfrac{3}{2}\cdot\dfrac{R}{N_A}T = \boldsymbol{\dfrac{3}{2}nRT}$

2原子分子以上になると，回転による運動エネルギーも U に含めなければいけないため，この式（これも重要公式）は単原子分子に限られる。

49　分子運動論

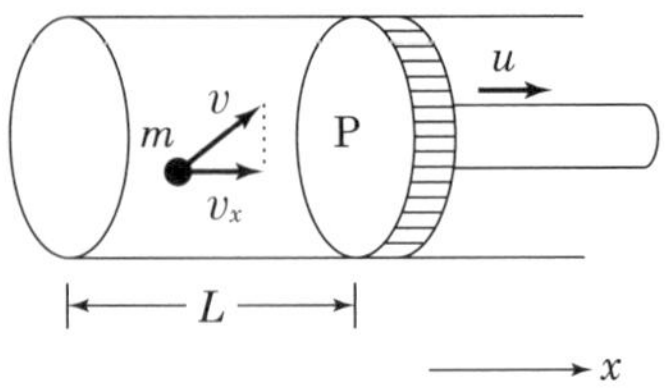

気体の断熱膨張の問題を，分子運動論を用いて考えよう。図のように，x方向に動くピストンPを備えた円筒形の断熱容器があり，その中に質量mの単原子分子からなる理想気体が入っている。Pを一定の速度uで引き出す。Pまでの長さがLのとき，気体の絶対温度はTであった。まず，x方向の速さがv_xの分子がPに弾性衝突すると，x方向の速さは［(1)］となる。そして分子の運動エネルギーは，$v_x \gg u$なのでuの2乗の項を無視すると，［(2)］だけ減少する。分子間の衝突を無視すると，微小時間Δtの間ではLとv_xは変わらないとしてよいので，衝突回数は［(3)］回となり，この間の分子の運動エネルギーの減少は［(4)］となる。

1個の分子だけについて考えてきたが，容器内では，多数の分子がそれぞれ勝手な方向に，異なった速さで運動している。そこで，分子1個あたりの平均運動エネルギーの減少は，(4)の v_x^2 を平均値 $\overline{v_x^2}$ に置き換えたものとなる。さて，Δtの間での体積の増加分ΔVともとの体積Vとの比 $\dfrac{\Delta V}{V}$ は $L, u, \Delta t$ を用いて［(5)］となるので，分子の平均運動エネルギーEの変化は，$\Delta E=$［(6)］$\cdot\dfrac{\Delta V}{V}$ となる。実際には，分子どうしの衝突が起こり，分子の運動はあらゆる方向で一様になるので，分子の速さvの2乗平均速度を $\overline{v^2}$ とすると，$\overline{v_x^2}=$［(7)］$\cdot\overline{v^2}$ としてよい。また，$E=\dfrac{1}{2}m\overline{v^2}$ であるので，$\Delta E=$［(8)］$\cdot\dfrac{\Delta V}{V}$ となる。さらに，E と気体の温度 T は比例しているので，T の変化は，$\Delta T=$［(9)］$\cdot\Delta V$ と表せる。これが断熱膨張するときの温度変化と体積変化との関係である。((8)はEを用いて，(9)はT, Vを用いて表せ。)

（福井大）

Level　(1)～(5)★　(6)～(9)★

Point & Hint

(1) x 方向だけに注目すればよい。反発係数 $e=1$ での，分子とPとの衝突。

(3) Δt は微小時間だが，分子の速さ v_x が大きいので，この間に何度もPと衝突する。大ざっぱに考えればよい。(4)も同様。

(6)「変化」といえば…。符号に注意。

(9) 一般に，変数 y が x に比例していて，**$y=ax$（aは定数）と表されるとき，変化量に対して，$\Delta y=a\Delta x$ が成り立つ**。 $y=ax+b$ でも同じこと。

LECTURE

(1) 衝突後の分子の速度(成分)を v_x' とすると，Pは常に u で動いているので　　$v_x'-u=-1\times(v_x-u)$　　$\therefore\ v_x'=-(v_x-2u)$

よって，x 方向の速さは $\boldsymbol{v_x-2u}$ となる（遅くなる)。

別解　Pと共に等速度 u で動く人から見ると，弾性衝突する分子は衝突前の速度 v_x-u（相対速度)と同じ速さではね返る。それを静止系に直せば，衝突後は $\boldsymbol{v_x-2u}$

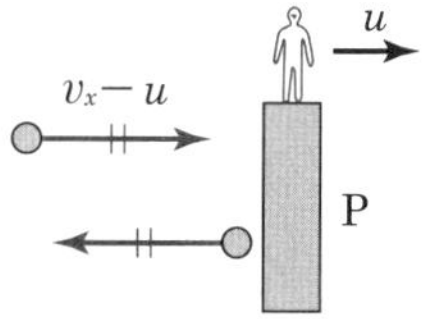

等速度で動く人にとって物理法則は不変

(2) 分子は遅くなっているので，確かに運動エネルギーは減少していて

$$\frac{1}{2}mv_x^2-\frac{1}{2}m(v_x-2u)^2=2mv_xu-2mu^2$$
$$=2mv_xu\left(1-\frac{u}{v_x}\right)\fallingdotseq \boldsymbol{2mv_xu}$$

エネルギーはベクトルではないので，「成分」という考え方はできない。本来は，速度の y，z 成分が衝突によって変化していないことを意識して，次のように計算すべきもの。　$\frac{1}{2}m(v_x^2+v_y^2+v_z^2)-\frac{1}{2}m\{(v_x-2u)^2+v_y^2+v_z^2\}$

(3) 分子は x 方向に往復で $2L$ の距離を動くごとにPと衝突する。Δt の間にはトータルで $v_x\Delta t$ の道のりを動くから，衝突回数は $\boldsymbol{\dfrac{v_x\Delta t}{2L}}$

(4) 求める量 $\Delta\varepsilon$ は，(2)で求めた1回で減少する分に(3)の衝突回数をかければよいから

$$\Delta\varepsilon=2mv_xu\times\frac{v_x\Delta t}{2L}=\boldsymbol{\frac{mv_x^2u}{L}\Delta t}$$

(5)　容器の断面積をSとすると，$V=SL$であり，$\varDelta V=S\cdot u\varDelta t$ だから

$$\frac{\varDelta V}{V}=\boldsymbol{\frac{u}{L}\varDelta t}$$

(6)　減少量$\varDelta\varepsilon$ を，いろいろなv_xの分子で平均すること，および$\varDelta E$ が「変化」であることを考えると

$$\varDelta E=-\overline{\varDelta\varepsilon}=-\frac{m\overline{v_x{}^2}u}{L}\varDelta t=-\boldsymbol{m\overline{v_x{}^2}}\cdot\frac{\varDelta V}{V}$$

(7)　$v^2=v_x{}^2+v_y{}^2+v_z{}^2$（※）　より　　$\overline{v^2}=\overline{v_x{}^2}+\overline{v_y{}^2}+\overline{v_z{}^2}$

一方，衝突により分子の運動は各方向で一様になるので，$\overline{v_x{}^2}=\overline{v_y{}^2}=\overline{v_z{}^2}$ が成り立つ。よって　$\overline{v^2}=3\overline{v_x{}^2}$　　∴　$\overline{v_x{}^2}=\boldsymbol{\frac{1}{3}}\cdot\overline{v^2}$

（※）　数学で空間ベクトルの長さの２乗は，各成分の２乗の和に等しいことを習ったはず。三平方の定理を２度使えば導ける。

(8)　(6),(7)より　　$\varDelta E=-\frac{1}{3}m\overline{v^2}\cdot\frac{\varDelta V}{V}=-\boldsymbol{\frac{2}{3}}E\cdot\frac{\varDelta V}{V}$　……①

(9)　$E=aT$（aは比例定数）より

$$\varDelta E=a\varDelta T\qquad\therefore\ \frac{\varDelta E}{E}=\frac{\varDelta T}{T}\quad\cdots\cdots②$$

①より $\frac{\varDelta E}{E}=-\frac{2\varDelta V}{3V}$ だから　　$\varDelta T=-\boldsymbol{\frac{2T}{3V}}\cdot\varDelta V$ ……③

こうして，断熱膨張（$\varDelta V>0$）では $\varDelta T<0$となり，温度が下がることが分子運動論から説明できる。本質的には，(1)のようにピストンに衝突すると分子が遅くなる（運動エネルギーが減る）ことが原因している。絶対温度は分子の運動エネルギー（平均値）に比例しているからである。逆に，断熱圧縮のときには，ピストンと衝突すると分子の速さは速くなり，温度は上昇する（(1)で $u<0$と見直せばよく，③も成立する）。

なお，③から，微分方程式　$\frac{dT}{dV}=-\frac{2T}{3V}$　という数学の手法を用いて，$TV^{\frac{2}{3}}=$一定　という断熱変化の公式（☞エッセンス（下）p 22）が得られている（ここでは単原子分子なので，$\gamma=C_P/C_V=\frac{5}{2}R/\frac{3}{2}R=\frac{5}{3}$）。

Q　断熱変化で体積が３％増すと，温度と圧力はそれぞれ何％減少するか。問(9)の結果を用いてよい（変化は微小と考えてよい）。（★）

50 熱力学

(　　)内には適当な語句を，また〔　　〕内には数式を入れよ。

定積モル比熱がC_V，定圧モル比熱がC_Pの理想気体がnモルある。この気体の状態を，図に示すように，A→B→C→D→Aと変化させた。B→C の区間は等温変化，D→A の区間は断熱変化である。

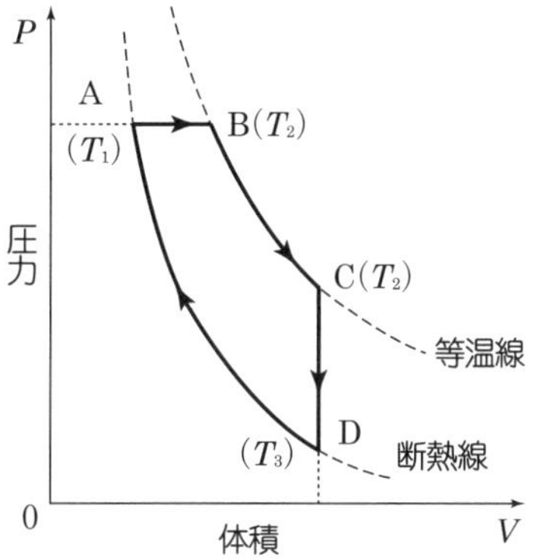

(　)内は各状態での絶対温度を示す

気体が仕事をした区間は(**ア**)と(**イ**)であり，仕事をされた区間は(**ウ**)である。そして1サイクル全体を通してみると，気体は仕事を(**エ**)いる。各状態での絶対温度T_1，T_2，T_3の間の大小関係を不等式にして示すと〔 **オ** 〕となる。

内部エネルギーが変化しなかった区間は(**カ**)であり，この間に気体は熱を(**キ**)している。また，内部エネルギーが変化した区間を①,②,③となづけると，①では気体は熱を吸収し，②では熱を放出している。①での内部エネルギーの変化量は〔 **ク** 〕であり，吸収熱量は〔 **ケ** 〕である。したがって，①での仕事の大きさは〔 **コ** 〕と表される。また，②での放出熱量は〔 **サ** 〕である。そして，③で気体になされた仕事は〔 **シ** 〕である。　(防衛大＋横浜国大＋岩手大)

Level ア～ウ ★★　エ～シ ★

Point & Hint

熱力学の重要事項が網羅されている。「単原子」条件がないので注意。

ア～ウ　気体は膨張するとき仕事をし，圧縮されるとき仕事をされる。

エ　*PV*グラフの特徴は面積が仕事を表すこと(次図 a)。

オ　*PV*グラフの第2の特徴は温度変化が定性的に分かること(次図 b)。断熱変化での温度変化は知識。

カ　内部エネルギー U は絶対温度 T に比例する。

キ　第1法則で考える。

ク〜シ　定積変化では $Q=nC_V\Delta T$, 定圧変化では $Q=nC_P\Delta T$ が成り立つ。定積と定圧では，熱を吸収すると($Q>0$)，温度が上昇($\Delta T>0$)する。逆もまた正しい。 $C_P=C_V+R$ の関係がある。また，**任意の変化に対して $\Delta U=nC_V\Delta T$ が適用できる**(定積変化に限らない！)。

Base　熱力学第1法則

内部エネルギーの変化		熱量		仕事
ΔU	=	Q	+	W
＋：増加		吸収		される
(−：減少		放出		する)

または

$$Q=\Delta U+W$$

＋：吸収　増加　する

※ 各項は符号つき。＋のケースを覚えておく。本書では，$\Delta U=Q+W$ の形式で扱っている。

LECTURE

ア, イ　膨張の過程を選べばよいから，**A→B** と **B→C**

ウ　圧縮の過程だから，**D→A**

なお，C→D 間は定積変化で，仕事は0となっている。

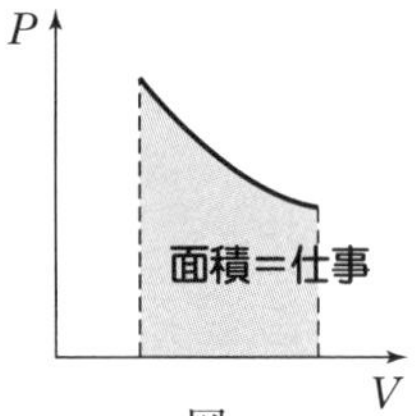

図a

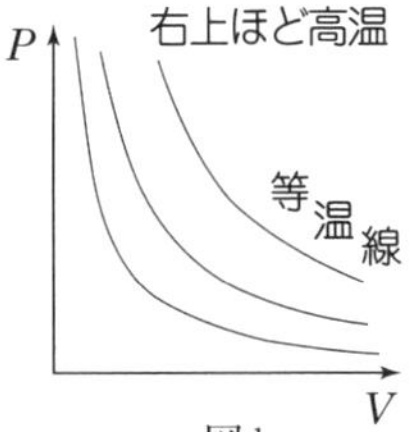

図b

エ　仕事をしている A→B→C 間の面積(斜線部)の方が，仕事をされている D→A 間の面積(灰色部)より大きいことから，全体として気体は仕事を**して**いる。

オ　A→Bの定圧変化では，気体の温度は上昇し，$T_1<T_2$　C→Dでは温度は降下していて，$T_3<T_2$　一方，D→A の**断熱圧縮では気体の温度は上昇する**ので，$T_3<T_1$　以上のことから

$$T_3<T_1<T_2$$

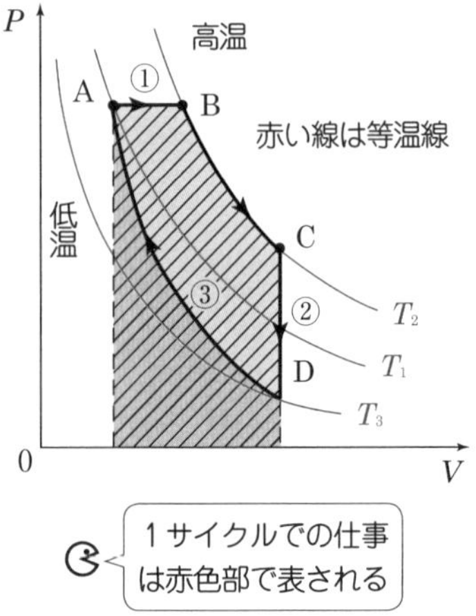

カ　温度が一定の等温変化を選べばよく，**B→C**

キ　前問のように，B→Cでは $\varDelta U=0$ で，膨張だから $W<0$ よって，第1法則 $0=Q+W$ より $Q>0$ つまり，熱を**吸収**している。等温膨張では吸収した熱量をすべて外への仕事に使っている。

ク　断熱変化では熱の出入りがないから，D→Aが③と分かる。定積，定圧変化では熱の吸収（放出）は温度上昇（降下）につながるから，①が A→B，②が C→D と決まる。定圧変化①での内部エネルギーの変化量は

$$\varDelta U=\boldsymbol{nC_V(T_2-T_1)}$$

ケ　①つまり A→B は定圧変化だから　　$Q=\boldsymbol{nC_P(T_2-T_1)}$

コ　①つまり A→B で気体がした仕事を W' とすると，第1法則に**ク**と**ケ**の結果を代入して

$$nC_V(T_2-T_1)=nC_P(T_2-T_1)+(-W')$$
$$\therefore\quad W'=\boldsymbol{n(C_P-C_V)(T_2-T_1)}$$

サ　②つまり C→D の定積変化では

$$Q=nC_V(T_3-T_2)=-nC_V(T_2-T_3)$$

マイナス符号は熱の放出を表すから，放出熱量は　$\boldsymbol{nC_V(T_2-T_3)}$

シ　③つまり D→Aは断熱変化で，$Q=0$

第1法則より　　$\varDelta U=0+W$　……❶

$$\therefore\quad W=\varDelta U=\boldsymbol{nC_V(T_1-T_3)}$$

❶式より断熱圧縮のとき（$W>0$）は，$\varDelta U>0$ で温度が上昇することが分かる。また，断熱膨張のとき（$W<0$）は $\varDelta U<0$ で，温度が下降することが分かる。前問**49**では分子運動論というミクロな観点から説明されたが，ふつうはこのように第1法則を用いて説明されている。

U と T は直結した量

51 熱力学

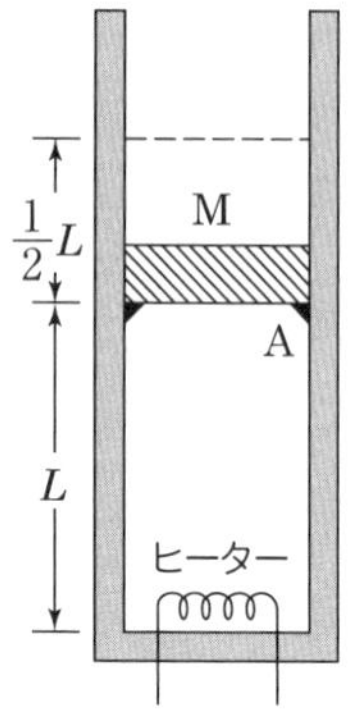

断熱材で作られた円筒形の容器にn〔mol〕の単原子分子の理想気体が入っていて，圧力と温度T_0〔K〕は大気のそれと等しい。ピストンMの質量はM〔kg〕で滑らかに動く。はじめMはストッパーAで止まっており，容器の底からの高さはL〔m〕である。気体定数をR〔J/(mol・K)〕，重力加速度をg〔m/s^2〕とする。

(1)　ヒーターのスイッチを入れて気体を加熱したところ，温度がT_1〔K〕になったときMが上に動き始めた。温度T_1と気体に加えた熱量Q_1〔J〕を求めよ。

(2)　Mはゆっくり上昇を続け，高さが$\frac{3}{2}L$〔m〕となった。このときの温度T_2〔K〕を求めよ。また，Mが動き始めてからこのときまでに気体がした仕事W_2〔J〕と気体に加えた熱量Q_2〔J〕を求めよ。

(3)　ここでヒーターのスイッチを切った。そして，外力を加えてMをゆっくりと押し込み，元の高さL〔m〕まで戻した。このときの気体の温度T_3〔K〕を求めよ。また，このとき気体がされた仕事W_3〔J〕を求めよ。ただし，この断熱変化の過程では圧力Pと体積Vの間には $PV^{\frac{5}{3}}=$一定 の関係がある。　（京都工繊大）

Level　(1), (2) ★　(3) ★

Base　単原子分子気体

$$U=\frac{3}{2}nRT$$

$$C_V=\frac{3}{2}R \qquad C_P=\frac{5}{2}R$$

※ この3式は「単原子」のとき

Point & Hint

(1) 前・後の状態方程式と，ピストンが動き始めるときの力のつり合いを押さえる。大気圧をP_0，ピストンの面積をSとでもおくとよいが，これらの文字は答えには用いられない。　(2) なめらかに動く**ピストンが自由になっていると定圧変化**が起こる。　**定圧変化では，気体がする仕事$=P\Delta V$**となる。　(3) 断熱変化では，$PV^\gamma=$**一定** が成り立つ。γは比熱比とよばれ，$\gamma=C_P/C_V$　ここでは単原子なので，$\gamma=\frac{5}{2}R\Big/\frac{3}{2}R=\frac{5}{3}$ となっている。あとは第1法則の問題。

LECTURE

(1)　初めの気体の状態方程式は　$P_0SL = nRT_0$　……①

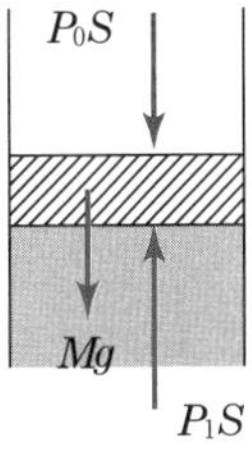

ピストンが動き始めるときの圧力を P_1 とすると

$$P_1SL = nRT_1 \quad \cdots\cdots ②$$

そして，このときのピストンのつり合いより

$$P_1S = P_0S + Mg \quad \cdots\cdots ③$$

①〜③より　$T_1 = \boldsymbol{T_0 + \frac{MgL}{nR}}$

定積変化だから　$Q_1 = nC_V \varDelta T = n\cdot\frac{3}{2}R(T_1 - T_0) = \boldsymbol{\frac{3}{2}MgL}$

(2)　P_1 での定圧変化が起こる。状態方程式より

$$P_1S\cdot\frac{3}{2}L = nRT_2 \quad \cdots\cdots ④$$

ピストンが動いても上図の状況は変わらない。つまり，圧力 P_1 は一定。

$\frac{④}{②}$ より　$T_2 = \frac{3}{2}T_1 = \boldsymbol{\frac{3}{2}\left(T_0 + \frac{MgL}{nR}\right)}$

そして　$W_2 = P_1\varDelta V = P_1\left(S\cdot\frac{3}{2}L - SL\right)$

$$= \frac{1}{2}P_1SL = \frac{1}{2}nRT_1 = \boldsymbol{\frac{1}{2}(nRT_0 + MgL)}$$

（②を用いた）

また，　$Q_2 = nC_P\varDelta T = n\cdot\frac{5}{2}R(T_2 - T_1) = \boldsymbol{\frac{5}{4}(nRT_0 + MgL)}$

$\varDelta U_2$ を調べ $\left(\varDelta U_2 = \frac{3}{2}nR(T_2 - T_1)\right)$，第1法則 $\varDelta U_2 = Q_2 + (-W_2)$ を用いて Q_2 を求めることもできるが，まわりくどい。

(3)　高さ L まで押し込んだときの圧力を P_3 とすると

$$P_1\left(S\cdot\frac{3}{2}L\right)^{\frac{5}{3}} = P_3(SL)^{\frac{5}{3}} \qquad \therefore \quad P_3 = \left(\frac{3}{2}\right)^{\frac{5}{3}}P_1$$

状態方程式より　$\left(\frac{3}{2}\right)^{\frac{5}{3}}P_1\cdot SL = nRT_3$　……⑤

$\frac{⑤}{②}$ より　$T_3 = \left(\frac{3}{2}\right)^{\frac{5}{3}}T_1 = \boldsymbol{\left(\frac{3}{2}\right)^{\frac{5}{3}}\left(T_0 + \frac{MgL}{nR}\right)}$

第1法則より　$\frac{3}{2}nR(T_3 - T_2) = 0 + W_3$

$$\therefore \quad W_3 = \boldsymbol{\left(\frac{3}{2}\right)^2\left\{\left(\frac{3}{2}\right)^{\frac{2}{3}} - 1\right\}(nRT_0 + MgL)}$$

52 熱力学

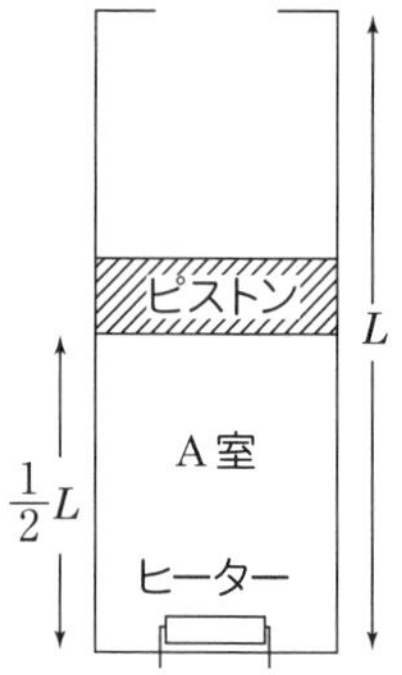

図1

滑らかに動くピストンを備えた断面積 S〔m^2〕，全長L〔m〕のシリンダーがある。ピストンの質量は M〔kg〕，厚さは $\frac{1}{9}L$〔m〕である。シリンダーの底にヒーターが取り付けてあり，一定の電流を流すことによりA室の気体を加熱することができる。ピストンとシリンダーは断熱材でできている。シリンダーは鉛直に保たれていて，A室には単原子分子の理想気体が1 mol入っている。気体定数をR〔J/(mol·K)〕，大気圧をP_0〔Pa〕，重力加速度をg〔m/s^2〕とする。**ア**～**ウ**には以上の文字だけを用い，**エ** 以下は数値で答えよ。

(1) 最初，シリンダーの底からピストンの下面までの高さは $\frac{1}{2}L$〔m〕であった。気体の温度は T_0＝［ア］〔K〕である。

(2) ヒーターにt_1〔s〕間電流を流したところ，ピストンは $\frac{1}{4}L$〔m〕上昇した。ヒーターが発生したジュール熱は Q＝［イ］〔J〕である。また，この間に気体がした仕事は ［ウ］〔J〕である。

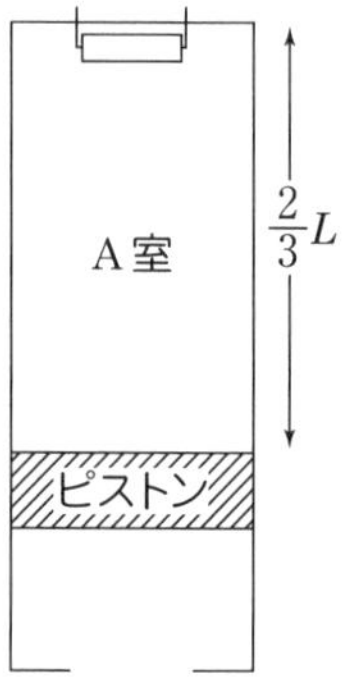

図2

(3) シリンダーの上下を逆転し，気体の温度をT_0〔K〕にしたところ，図2のように，ピストンの上面はシリンダーの上底から $\frac{2}{3}L$〔m〕の位置で静止した。ピストンの質量は　M＝［エ］$\cdot\frac{P_0S}{g}$〔kg〕であることが分かる。

(4) この状態でヒーターに $\frac{1}{3}t_1$〔s〕間電流を流した。ピストンの上面はシリンダーの上底から l＝［オ］$\cdot L$〔m〕の所に静止した。

(5) さらに，ヒーターに $\frac{2}{3}t_1$〔s〕間電流を流した。その途中でピストンはシリンダーの下底に達し，最終的には気体の温度は T_1＝［カ］$\cdot T_0$〔K〕となった。

（立教大）

Level ア〜ウ★ エ,オ★ カ★★

Point & Hint

エ ピストンの力のつり合いに注意する。
オ どのような変化が起こっているのか。「滑らかに動くピストン」だから…。ジュール熱Qは電流 Iを流す時間 tに比例する（$Q=RI^2t$ ここのRは抵抗値〔Ω〕）。なお，文字T_0を用いて計算すると扱いやすい。
カ 2つの状態変化が起こっている。

LECTURE

ア ピストンのつり合いより，気体の圧力をPとして

$$PS=P_0S+Mg \qquad \therefore\ P=P_0+\frac{Mg}{S}$$

状態方程式より $\left(P_0+\frac{Mg}{S}\right)S\cdot\frac{L}{2}=RT_0$ ……①

$$\therefore\ T_0=\boldsymbol{\frac{(P_0S+Mg)L}{2R}}$$

イ 気体は定圧変化をする。後の温度を T〔K〕とすると

$$\left(P_0+\frac{Mg}{S}\right)S\left(\frac{L}{2}+\frac{L}{4}\right)=RT \quad\cdots\cdots②$$

$\frac{②}{①}$ より $\frac{3}{2}=\frac{T}{T_0}$ $\therefore\ T=\frac{3}{2}T_0$

$$Q=nC_P\varDelta T=1\cdot\frac{5}{2}R\left(\frac{3}{2}T_0-T_0\right)=\frac{5}{4}RT_0 \quad\cdots\cdots③$$

$$=\boldsymbol{\frac{5}{8}(P_0S+Mg)L}$$

ウ 定圧変化で気体がした仕事 W は

$$W=P\varDelta V=\left(P_0+\frac{Mg}{S}\right)S\cdot\frac{L}{4}=\boldsymbol{\frac{1}{4}(P_0S+Mg)L}$$

エ ピストンのつり合いより，気体の圧力をP'として

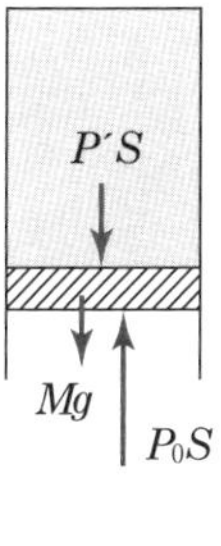

$$P'S+Mg=P_0S$$

$$\therefore\ P'=P_0-\frac{Mg}{S}$$

状態方程式より

$$\left(P_0-\frac{Mg}{S}\right)S\cdot\frac{2}{3}L=RT_0 \quad\cdots\cdots④$$

①を用いて $\left(P_0-\frac{Mg}{S}\right)S\cdot\frac{2}{3}L=\left(P_0+\frac{Mg}{S}\right)S\cdot\frac{L}{2}$

$$\therefore\ \frac{1}{6}P_0S=\frac{7}{6}Mg \qquad \therefore\ M=\boldsymbol{\frac{1}{7}}\cdot\frac{P_0S}{g}$$

オ　t_1〔s〕間で Q〔J〕の熱が発生したのだから，$\frac{1}{3}t_1$〔s〕間では　$\frac{1}{3}Q=\frac{5}{12}RT_0$〔J〕の熱が発生する(∵ ③)。気体は定圧変化をし，後の温度を T'〔K〕とすると(下図参照)

$$\frac{5}{12}RT_0=1\cdot\frac{5}{2}R(T'-T_0)\qquad \therefore\quad T'=\frac{7}{6}T_0$$

状態方程式より

$$\left(P_0-\frac{Mg}{S}\right)Sl=R\cdot\frac{7}{6}T_0\quad\cdots\cdots⑤$$

$\frac{⑤}{④}$ より

$$\frac{3}{2}\cdot\frac{l}{L}=\frac{7}{6}\qquad\therefore\quad l=\boldsymbol{\frac{7}{9}}\cdot L$$

カ　ピストンがシリンダーの下底に達したときの温度を T''〔K〕とすると，状態方程式より

$$\left(P_0-\frac{Mg}{S}\right)S\cdot\frac{8}{9}L=RT''\quad\cdots\cdots⑥$$

$\frac{⑥}{④}$ より

$$\frac{8}{9}\times\frac{3}{2}=\frac{T''}{T_0}\qquad\therefore\quad T''=\frac{4}{3}T_0$$

この間に加えた熱量を q_1 とすると，定圧変化だから

$$q_1=1\cdot\frac{5}{2}R\left(\frac{4}{3}T_0-\frac{7}{6}T_0\right)=\frac{5}{12}RT_0$$

この後はピストンが動かないから，定積変化となる。さらに加えた熱量 q_2 は

$$q_2=\frac{2}{3}Q-q_1=\frac{2}{3}\cdot\frac{5}{4}RT_0-\frac{5}{12}RT_0=\frac{5}{12}RT_0$$

$$q_2=nC_V\varDelta T\quad より\qquad \frac{5}{12}RT_0=1\cdot\frac{3}{2}R\left(T_1-\frac{4}{3}T_0\right)$$

$$\therefore\quad T_1=\boldsymbol{\frac{29}{18}}\cdot T_0$$

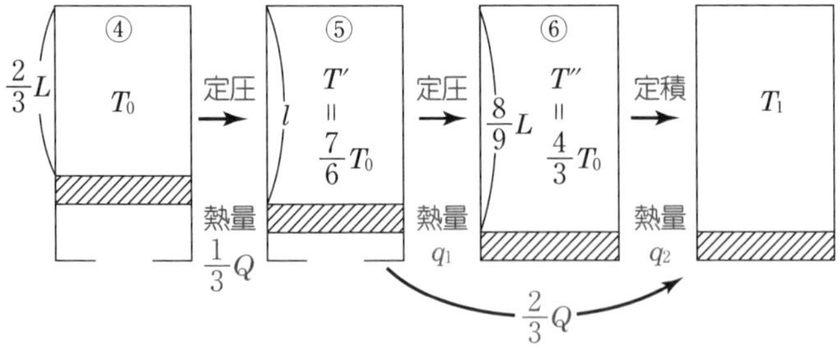

別解　初め(左端の図，T_0)と最後(T_1)の間の第1法則より

$$\frac{3}{2}R(T_1-T_0)=\frac{1}{3}Q+\frac{2}{3}Q-P'S\left(\frac{8}{9}L-\frac{2}{3}L\right)$$

③と P' と④

$$=\frac{5}{4}RT_0-\frac{1}{3}RT_0$$

(以下，省略)

53 熱力学

シリンダー内に1モルの単原子分子の理想気体が入っている。図はこの気体の1サイクルの状態変化を表すもので，横軸は絶対温度T，縦軸は体積Vである。状態Aにおける気体の温度と体積は，T_0，V_0であり，気体定数をRとする。

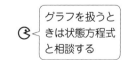

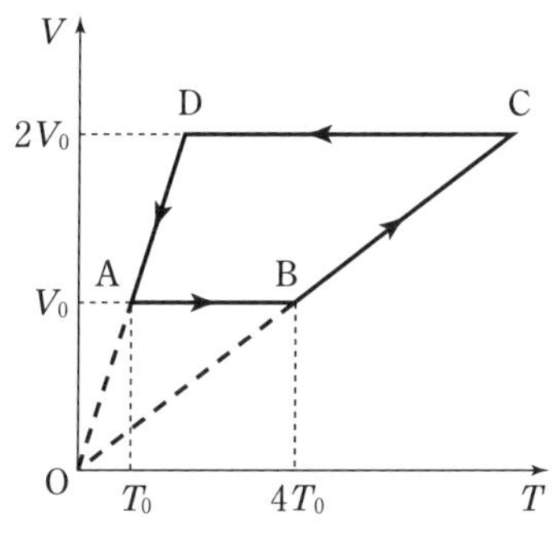

(1) 状態Aにおける圧力を求めよ。
また，状態CとDにおける圧力と温度をそれぞれ求めよ。

(2) この状態変化を，縦軸に圧力，横軸に体積をとったグラフに表せ。

(3) 1サイクルの間に，気体が真に吸収した熱量の総和Q_{IN}(放出した分は含めない)を求めよ。

(4) 1サイクルにおける(熱)効率を求めよ。 (横浜市立大)

Level (1) A：★★ C, D：★ (2),(3) ★ (4) ★

Point & Hint

BC 間とDA 間がどのような状態変化かがポイント。原点を通る直線上にあることから，V は Tに比例している。すると，状態方程式から……。
(4) 効率(熱効率) eは1サイクルで気体がする実質の仕事を，真に吸収した熱量で割った値。

LECTURE

(1) Aの圧力を P_0とすると，状態方程式から

$$\text{A：}\quad P_0V_0 = RT_0 \qquad \therefore\ P_0 = \frac{\boldsymbol{RT_0}}{\boldsymbol{V_0}}$$

$PV = nRT$ で nRは一定だから，BC間のように $V \propto T$ ($\propto$は比例を表す) となるためには，Pが一定であること。つまり，BC間では定圧変化が

グラフを扱うときは状態方程式と相談する

起こっている（DA間も同様）。そこで，Bでの圧力 P_1 を調べればよく

B：　$P_1V_0 = R\cdot 4T_0$　　$\therefore\ P_1 = \boldsymbol{\frac{4RT_0}{V_0}}$

Cの温度を T_C とすると

C：　$\frac{4RT_0}{V_0}\cdot 2V_0 = RT_C$　　$\therefore\ T_C = \boldsymbol{8T_0}$

DA間も定圧変化だから，Dの圧力はAの圧力に等しく，$P_0 = \boldsymbol{\frac{RT_0}{V_0}}$

Dの温度を T_D とすると

D：　$\frac{RT_0}{V_0}\cdot 2V_0 = RT_D$　　$\therefore\ T_D = \boldsymbol{2T_0}$

CやDの温度は与えられた図から相似三角形を利用するなど幾何学的にも求められるが，BC間やDA間が定圧変化であることを上のように確定できることが大切。

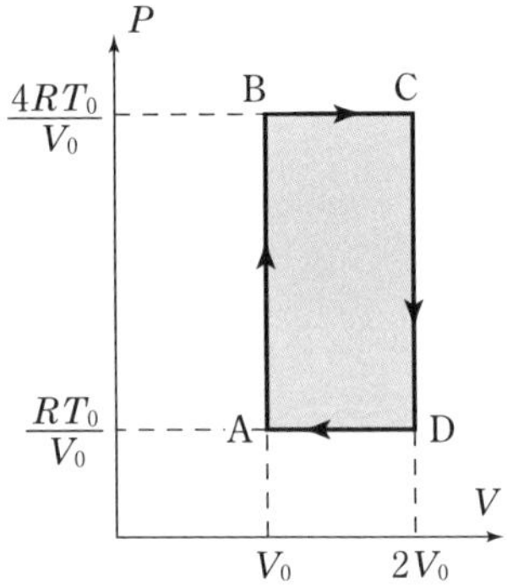

(2)　定積変化（AB間とCD間）と定圧変化の組み合わせだから，*PV*グラフは右のようになっている。

(3)　定積と定圧では，熱の吸収は温度が上昇するとき起こるから，AB間とBC間を調べればよい。

AB間は定積で，

$$Q_{AB} = nC_V\Delta T = 1\cdot\frac{3}{2}R(4T_0 - T_0) = \frac{9}{2}RT_0$$

BC間は定圧で，　$Q_{BC} = nC_P\Delta T = 1\cdot\frac{5}{2}R(8T_0 - 4T_0) = 10RT_0$

$$\therefore\ Q_{IN} = Q_{AB} + Q_{BC} = \boldsymbol{\frac{29}{2}RT_0}$$

(4)　1サイクルでする実質の仕事 W は，*PV*グラフで囲まれた面積（赤色の部分）で表されるから

*PV*グラフといえばコレ！

$$W = \left(\frac{4RT_0}{V_0} - \frac{RT_0}{V_0}\right)(2V_0 - V_0) = 3RT_0$$

$$\therefore\ e = \frac{W}{Q_{IN}} = \frac{3RT_0}{\frac{29}{2}RT_0} = \boldsymbol{\frac{6}{29}}$$

e はいつも $e < 1$ となるはず

54 熱力学

単原子分子からなる理想気体の圧力と体積を，図に示す直線の経路に沿って，A→B→C→Aと1サイクル変化させた。状態Aの圧力はP_0で体積はV_0である。

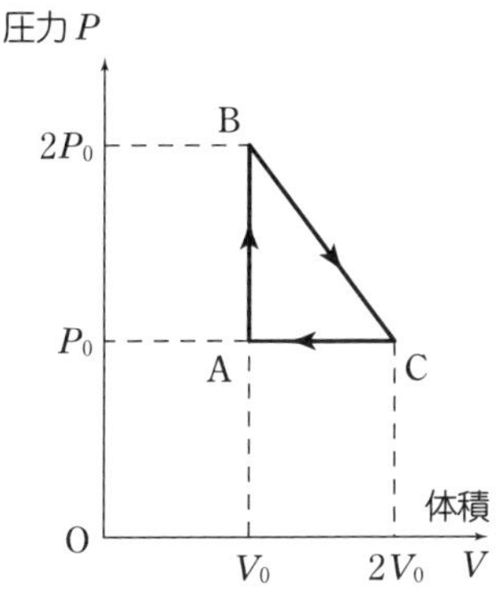

(1) A→B 間およびC→A間で気体が吸収した熱量をそれぞれ求めよ。

(2) A→B→C 間で気体がした仕事を求めよ。

(3) 1サイクルの間に気体が実質的に吸収した熱量は図のある部分の面積で表される。斜線で示せ。

(4) 状態 A, B, C での絶対温度の比 $T_A : T_B : T_C$ を数値で求めよ。

(5) 1サイクルの間に気体がとる最高温度を T_A で表せ。

(6) B→C 間において，状態Bからある途中の状態Mまでは気体は熱を吸収し，その後気体は熱を放出する。Mにおける気体の体積を求めよ。

(日本大＋近畿大)

Level (1)〜(4) ★ (5) ★ (6) ★★

Point & Hint

(1) 物質量nや気体定数など必要な量は自分で用意して考えを進める。

(2) 与えられたグラフの特徴を生かす。

(3) **1サイクルでは $\Delta U = 0$** つまり，内部エネルギー(あるいは温度)は元の値に戻ることを意識する。

(4) 状態方程式 $PV = nRT$ は「PV の積がTに比例する」とも読み取れる。

(5) BC 上でのPとVの関係式を作ることが先決。そして，温度TをVだけの関数として表していく。

(6) Mは最高温度のときと思うと誤り。B→C の途中の状態をX（圧力P, 体積V）として，B→X間で気体が吸収した熱量 Q_X を，第1法則を用いてまず調べること。Q_XをVの関数として表せば，もうあと一息。ただし，早とちりしてはいけない。Q_Xは実質的に吸収した熱量であることに注意。

LECTURE

(1)　A→B 間は定積変化だから，求める熱量 Q_{AB} は

$$Q_{AB} = nC_V\varDelta T = n\cdot\frac{3}{2}R(T_B - T_A)$$
$$= \frac{3}{2}(2P_0\cdot V_0 - P_0V_0) = \boldsymbol{\frac{3}{2}P_0V_0}$$

> nRT は PV へ置き換える

C→A 間は定圧変化だから

$$Q_{CA} = nC_P\varDelta T = n\cdot\frac{5}{2}R(T_A - T_C)$$
$$= \frac{5}{2}(P_0V_0 - P_0\cdot 2V_0) = \boldsymbol{-\frac{5}{2}P_0V_0}$$

> 答えのマイナスは，熱を放出していることを表している。

(2)　PV グラフの面積（灰色部）より

$$\frac{P_0 + 2P_0}{2}\times(2V_0 - V_0) = \boldsymbol{\frac{3}{2}P_0V_0}$$

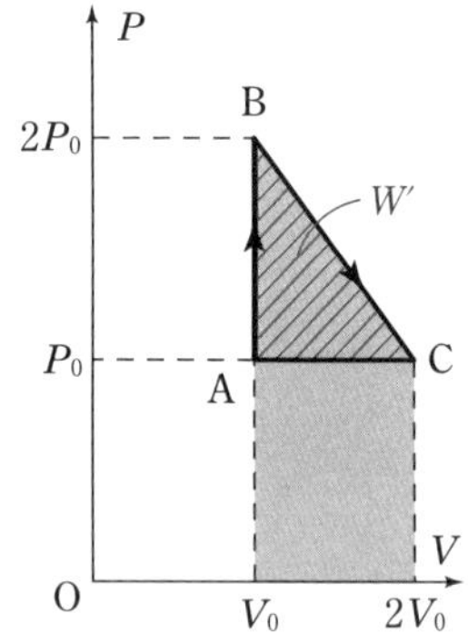

図 a

(3)　1 サイクルについての第 1 法則は

$$0 = Q + W$$

1 サイクルでは気体は実質的に△ABC の面積分の仕事 W' をしているから，上式は

$$0 = Q + (-W') \qquad \therefore\quad Q = W'$$

結局，吸収した熱量 Q は実質した仕事 W' に等しく，赤で示した斜線部となる。

(4)　$T_A : T_B : T_C = P_0V_0 : 2\,P_0\cdot V_0 : P_0\cdot 2V_0 = \boldsymbol{1 : 2 : 2}$

(5)　A→B 間は温度上昇，C→A 間は降下だから，最高温度は B→C 間でしかあり得ない。直線 BC の方程式は，数学の知識より

$$P - 2P_0 = \frac{P_0 - 2P_0}{2V_0 - V_0}(V - V_0) \quad \cdots\cdots①$$

一方，状態方程式 $PV = nRT$ より

$$T = \frac{PV}{nR} = \frac{V}{nR}\left\{\frac{P_0}{V_0}(V_0 - V) + 2P_0\right\}$$
$$= \frac{P_0}{nRV_0}V(3V_0 - V) \quad \cdots②$$

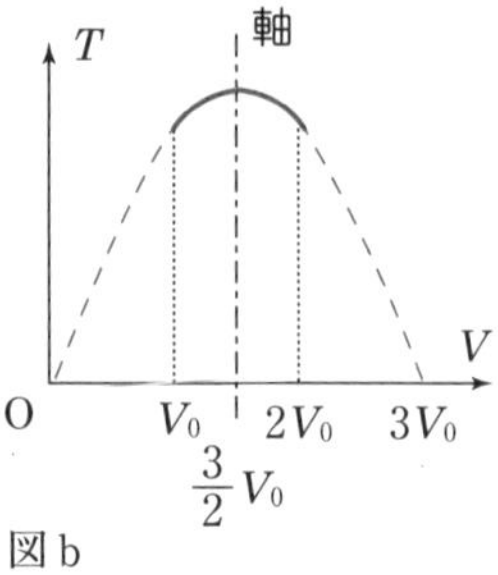

図 b

これは上に凸の放物線を表し，TV グラフは右のようになる（②から $V=0$ と $V=3V_0$ で V 軸と交わることが分かる）。よって，放物

線の軸の位置　$V=\dfrac{3}{2}V_0$ で T は最大 $T_{\max}$ となる。

②より　　$T_{\max}=\dfrac{9P_0V_0}{4nR}$

A の状態方程式 $P_0V_0=nRT_A$ を用いれば　　$T=\boldsymbol{\dfrac{9}{4}T_A}$

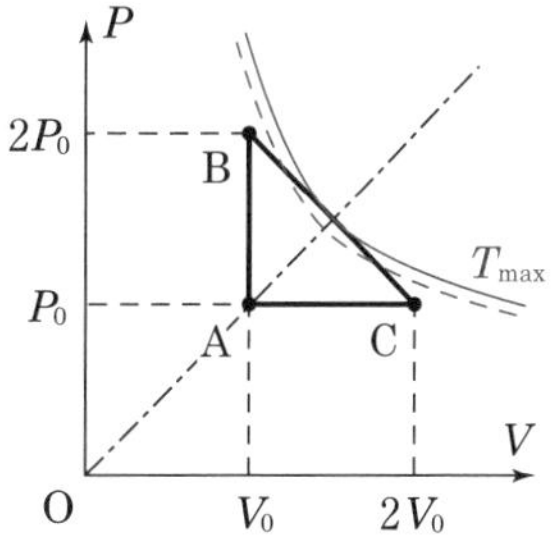

図 c：点線より実線のほうが温度が高い

別解　問題文の図は縦軸と横軸の 1 目盛の長さが異なっているので分かりにくいが，同じにしてみると図 c のようになる。等温線は「PV＝一定」を満たす直角双曲線だから，線分 BC に接するものが最高温度に当たる。

図より BC の中点，つまり，$V=\dfrac{3}{2}V_0$，$P=\dfrac{3}{2}P_0$ で接するのは明らか。よって

$\dfrac{3}{2}P_0\cdot\dfrac{3}{2}V_0=nRT_{\max}$ から $T_{\max}$ が求められる。

(6)　BX 間で気体がする仕事 W' は灰色の面積で表され

$$W'=\frac{P+2P_0}{2}(V-V_0)$$
$$=\frac{P_0}{2V_0}(V-V_0)(5V_0-V)\quad \text{①を用いた}$$

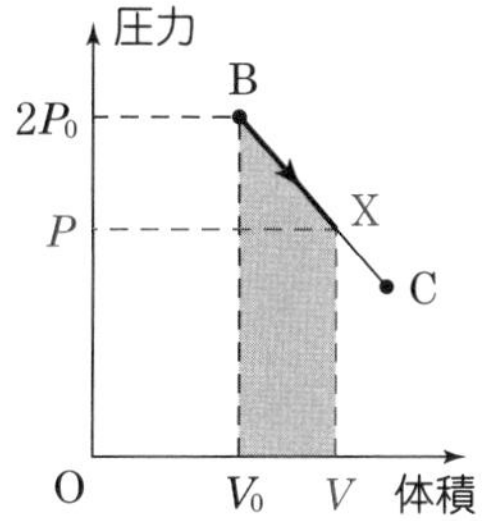

BX 間での内部エネルギーの変化 $\varDelta U$ は，X の温度を T として

$$\varDelta U=\frac{3}{2}(nRT-nRT_B)=\frac{3}{2}(PV-2P_0\cdot V_0)$$
$$=\frac{3P_0}{2V_0}(V-V_0)(2V_0-V)\quad \text{①を用いた}$$

第 1 法則 $\varDelta U=Q+(-W')$ より

$$Q=\varDelta U+W'=\frac{P_0}{2V_0}(V-V_0)(11V_0-4V)$$

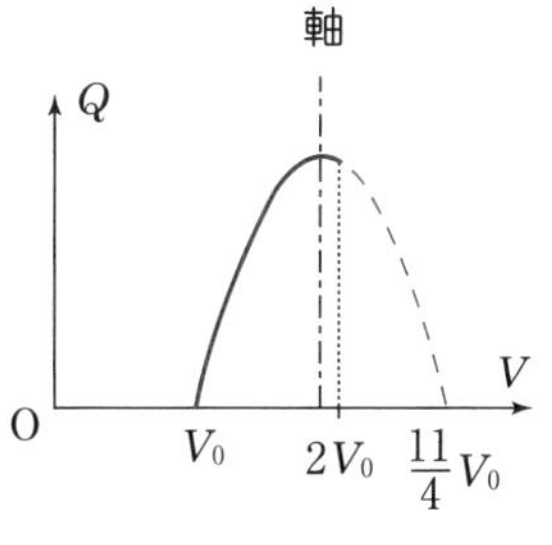

グラフは放物線で右のようになる。Q が最大値をとるのは軸の位置で

$$V=\frac{V_0+\frac{11}{4}V_0}{2}=\boldsymbol{\frac{15}{8}V_0}$$

Q は BX 間のトータルの吸収熱量を表している。吸収が続く限り Q は単調に増加するはずである。$\dfrac{15}{8}V_0$ 以後 Q が減少するのは放出が始まったからである。

55 熱力学

　鉛直シリンダーに単原子分子の理想気体を入れ，滑らかに動くピストンをシリンダーの底と軽いばねで連結する。ピストンの質量をM，面積をS，ばねの自然長をl_0，大気圧をp_0，重力加速度をgとする。

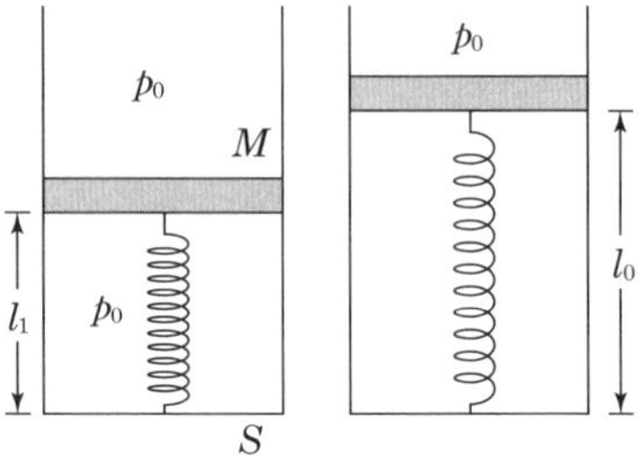

図1　　図2

　はじめ，気体の圧力は大気圧に等しく，ピストンはばねの長さl_1でつり合っていた。このときを状態1とする(図1)。ゆっくりと熱を加えたところ気体は膨張し，ばねの長さがちょうど自然長l_0になった。このときを状態2とする(図2)。

(1)　ばねのばね定数を求めよ。次に，ばねの長さlがl_1とl_0の間にあるとき，気体の圧力pとlとの関係式を記し，グラフに描け。

(2)　状態1から2へ変わる間に，気体がした仕事 Wを求めよ。

(3)　状態1から2へ変わる間の内部エネルギーの変化ΔUを求めよ。

(4)　状態1から2へ変わる間に，気体に加えた熱量Qを求めよ。

（名古屋大）

Level　(1)★　(2)★　(3)★　(4)★

Point & Hint　(1) ピストンに働く1つ1つの力をきちんと押さえる。
(2) 前問のグラフがヒントになっている。横軸lは体積につながる量である。
(3) 内部エネルギーといえば，温度を調べること。　(4) 第1法則の登場。

LECTURE

(1)　容器の内外ともに圧力がp_0なので，ピストンのつり合いは

$$k(l_0-l_1)=Mg \qquad \therefore\ k=\frac{Mg}{l_0-l_1}$$

　ばねの長さがlのとき，力は次の図のように働いている。ピストンのつ

り合いより

$$pS + k(l_0 - l) = p_0S + Mg$$

kを代入して，整理すると

$$p = \boldsymbol{p_0} + \frac{\boldsymbol{Mg(l - l_1)}}{\boldsymbol{S(l_0 - l_1)}}$$

pは l の１次式となっているから，グラフは直線となる。

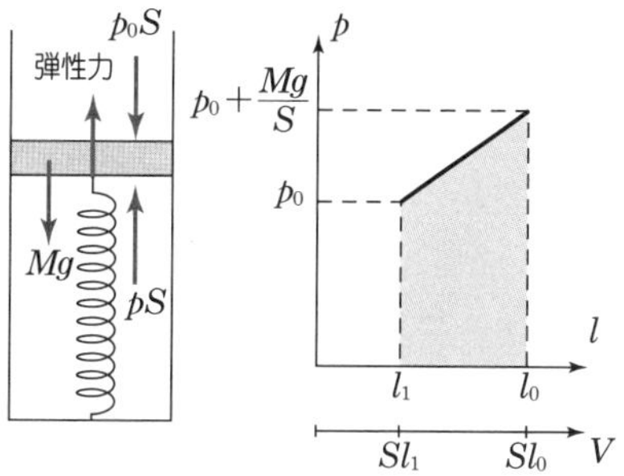

(2)　グラフの横軸 l にSをかけ，体積軸Vに置き換える(右図)。Wは赤色部の台形の面積に等しいから

$$W = \frac{1}{2}\left(p_0 + p_0 + \frac{Mg}{S}\right)(Sl_0 - Sl_1) = \left(\boldsymbol{p_0S} + \frac{\boldsymbol{1}}{\boldsymbol{2}}\boldsymbol{Mg}\right)(\boldsymbol{l_0 - l_1})$$

別解　エネルギー保存則を用いてもよい。気体とばねが仕事をしている(ばねは弾性エネルギー分の仕事をしている)。その和はピストンの位置エネルギーの増加と大気圧に対する仕事の和に等しいはずだから

$$W + \frac{1}{2}k(l_0 - l_1)^2 = Mg(l_0 - l_1) + \underbrace{p_0S(l_0 - l_1)}_{\text{忘れやすい!}}$$

大気圧による力 p_0S は一定なので，それに対する仕事は素直に距離 $l_0 - l_1$ をかければすむ。

(3)　状態方程式より，状態１，２の温度を T_1，T_2 として

状態１：　$p_0Sl_1 = nRT_1$　　　　状態２：　$\left(p_0 + \frac{Mg}{S}\right)Sl_0 = nRT_2$

$$\begin{aligned}\therefore\quad \Delta U &= \frac{3}{2}nRT_2 - \frac{3}{2}nRT_1\\ &= \frac{3}{2}\left\{\left(p_0 + \frac{Mg}{S}\right)Sl_0 - p_0Sl_1\right\}\\ &= \frac{\boldsymbol{3}}{\boldsymbol{2}}\boldsymbol{p_0S(l_0 - l_1)} + \frac{\boldsymbol{3}}{\boldsymbol{2}}\boldsymbol{Mgl_0}\end{aligned}$$

(4)　第１法則より　　　$\Delta U = Q + (-W)$

$$\therefore\quad Q = \Delta U + W = \frac{\boldsymbol{5}}{\boldsymbol{2}}\boldsymbol{p_0S(l_0 - l_1)} + \frac{\boldsymbol{1}}{\boldsymbol{2}}\boldsymbol{Mg(4l_0 - l_1)}$$

Q　状態２からさらに熱を加えてばねの長さを $l_2(>l_0)$ とする。この間に気体がする仕事をエネルギー保存則を用いて求めよ。(★)

56 熱力学

体積$2V$〔m³〕とV〔m³〕の2つの容器AとBを，コックのある細いガラス管で連結し，その全体に単原子分子の理想気体をn〔mol〕封入した。気体定数をR〔J/(mol・K)〕とする。

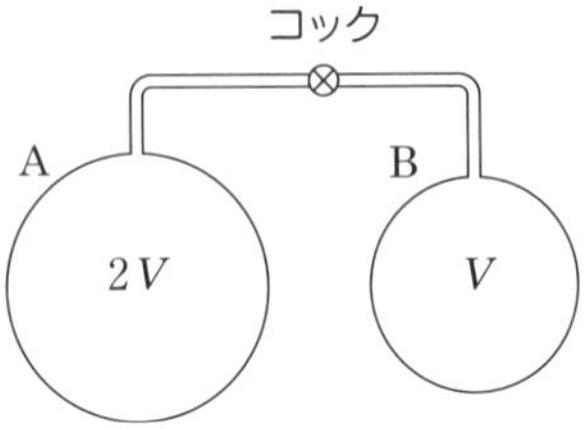

(1)　コックを開き，容器Bは温度T〔K〕の恒温槽につけ，容器Aは温度$\frac{4}{3}T$〔K〕の恒温槽につけたところ，十分時間がたった後，定常状態に達した。このときの圧力とA内の気体の物質量はいくらか。

(2)　続いて，コックを閉じ，容器Aがつけてある恒温槽の温度を$2T$〔K〕にした(BはT〔K〕のまま)。そして，AとBを恒温槽から取り出し，全体をす早く断熱材で囲んでから，コックを開いた。この直後，気体はどのように流れるか。以下のうちから選べ。

(a) AからBへ流れる。　(b) 流れない。　(c) BからAへ流れる。

また，十分時間がたった後の気体の温度と圧力はそれぞれいくらになるか。

(早稲田大＋近畿大)

Level　(1) ★　(2) ★

Point & Hint

気体の混合問題を解くための基本的な鍵は2つある。**物質量の和が不変**に保たれることと，**コックが開いているときは両側の圧力が等しい**ことである。

(2) 気体の流れは，コックを開く前の圧力の大小で決まる。

断熱容器の中で混合させると，内部エネルギーの和が不変に保たれる。

(☞エッセンス(下)p 27)　2つの容器の中の温度は等しくなることにも注意。

LECTURE

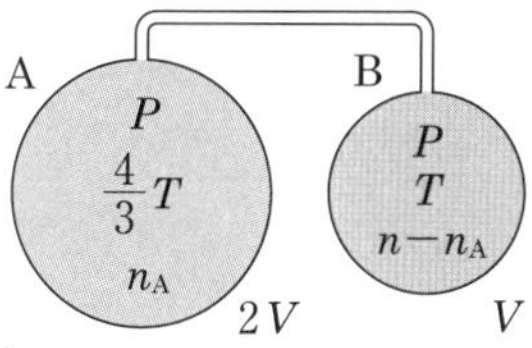

(1)　A 内の物質量をn_Aとすると，B内の物質量は $n-n_A$ となる。コックが開いていて両側の圧力が等しいのでPとおくと，状態方程式は

A：　$P\cdot 2V = n_A R\cdot\frac{4}{3}T$　……①

B：　$PV=(n-n_A)RT$　……②

②の PV を①へ代入することにより

$$2(n-n_A)=\frac{4}{3}n_A \qquad \therefore\quad n_A=\boldsymbol{\frac{3}{5}n}\ \text{〔mol〕}$$

①へ代入して，圧力Pは　　$P=\boldsymbol{\frac{2nRT}{5V}}$〔**Pa**〕

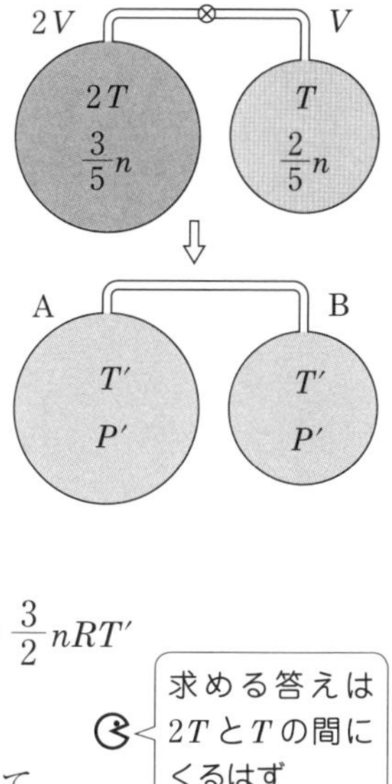

(2)　コックを閉じて A 内の温度を増しているから，A内の圧力はB内より高くなる。したがって，コックを開けば，圧力の高い A 側から B 側に気体が流れ込む。よって，(**a**)。

こうして，Aの圧力が下がり，Bの圧力が増して，圧力が等しくなっていく。

コックを開く前，B内には $n-\frac{3}{5}n=\frac{2}{5}n$〔mol〕の気体がある。 混合したとき，内部エネルギーの和は変わらないから，求める温度をT'とすると

$$\frac{3}{2}\left(\frac{3}{5}n\right)R\cdot 2T+\frac{3}{2}\left(\frac{2}{5}n\right)RT=\frac{3}{2}nRT'$$

$$\therefore\quad T'=\boldsymbol{\frac{8}{5}T}\ \text{〔K〕}$$

求める答えは$2T$とTの間にくるはず

全体についての状態方程式は，圧力をP'として

$$P'(2V+V)=nR\cdot\frac{8}{5}T$$

$$\therefore\quad P'=\boldsymbol{\frac{8nRT}{15V}}\ \text{〔Pa〕}$$

Q　もし，気体が単原子分子気体ではないとすると，(2)の温度T'はどうなるか。ただし，気体の定積モル比熱を C_V〔J/(mol·K)〕とする。(★★)

57　熱力学

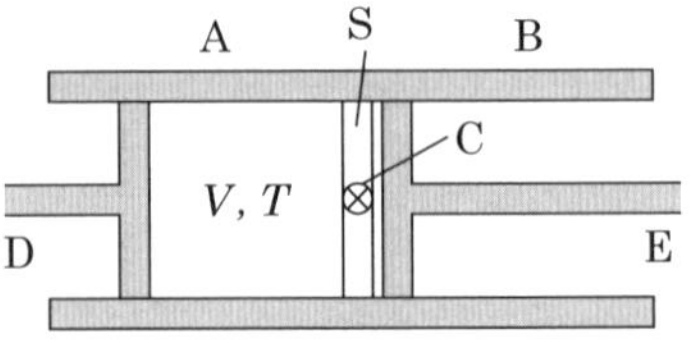

図1

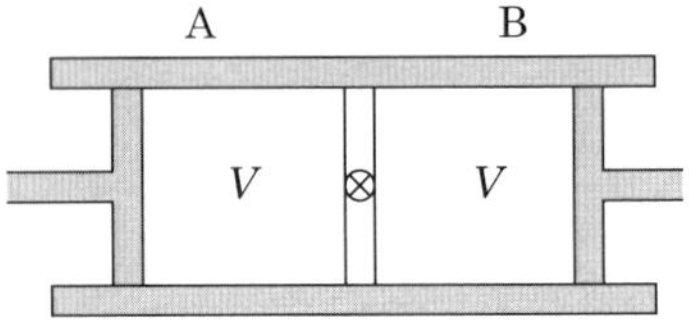

図2

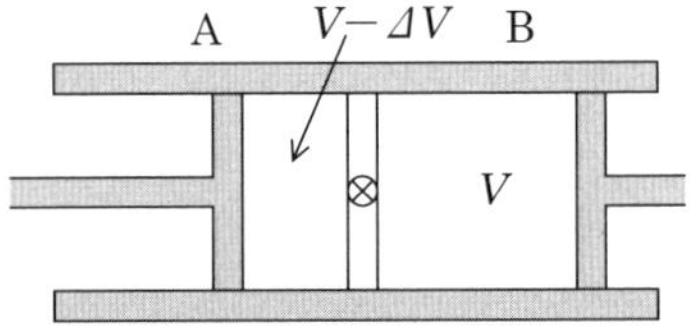

図3

図1のように，両側にピストンD, Eがついている円筒を，熱をよく通す壁Sで2つの部分A，Bに分ける。円筒とピストンは断熱材でできている。Sには弁Cがついている。ピストンE をSに押しつけてCを閉じ，Aの体積 V の部分に絶対温度 T の単原子分子の理想気体 n モルを入れておく。以下のどの問においても，この状態から始めるものとする。気体の比熱比を γ，気体定数を R とする。

(1)　Dを固定して，Bの体積が V になるまでEを引いて固定してから，Cを全開にする。平衡状態(図2)の気体の温度はいくらか。

(2)　Dを固定し，Cを全開にしてから，Bの体積がVになるまでEをゆっくり動かす。終りの状態(図2)の気体の圧力と温度を求めよ。

(3)　Bの体積が V になるまで E を引いて固定する。Cをごくわずかに開けると同時に，Aの圧力が初めの圧力と等しい値に保たれるようにDを押してゆく。その結果，Aの体積が $V-\Delta V$ になったところで Bの圧力が Aの圧力と等しくなった(図3)。この間に気体になされた仕事をΔVを用いて表せ。また，終りの状態の気体の温度と ΔV を求め，それぞれ T と Vで表せ。　(早稲田大)

Level　(1)★　(2)★　(3)★★

Point & Hint　(1) Bは初め真空となっている。真空へ気体が広がるときは…。　(2) A，B内の圧力と温度は常に等しく，断熱変化が起こっている。断熱変化では **PV^{γ}＝一定** が成り立つ。　(3) A内の圧力が一定なので，ある公式が応用できる。そして，熱力学第1法則が切り札となる。

LECTURE

(1) **真空への拡散では気体の温度は不変に保たれる**ので　$\boldsymbol{T}$

(2) 初めの圧力を P とすると，状態方程式より　$P=\dfrac{nRT}{V}$

後の圧力を P' とすると，「$PV^{\gamma}=$ 一定」より

$$PV^{\gamma}=P'(2V)^{\gamma} \qquad \therefore \quad P'=\frac{P}{2^{\gamma}}=\boldsymbol{\frac{nRT}{2^{\gamma}V}}$$

後の温度を T' とすると，状態方程式より

$$P'\cdot 2V=nRT' \qquad \therefore \quad T'=\frac{2P'V}{nR}=\boldsymbol{\frac{T}{2^{\gamma-1}}}$$

$\gamma=C_P/C_V$ であり，$C_P=C_V+R$ より，$\gamma>1$　よって，上の結果は $T'<T$ つまり，断熱膨張で温度が下がることと合っている。　なお，断熱変化では「$TV^{\gamma-1}=$一定」も成り立つ。そこで $TV^{\gamma-1}=T'(2V)^{\gamma-1}$として求めてもよい。

(3) 仕事はピストン D によってなされる。A内の圧力 P が一定なので，定圧変化の公式が応用でき，気体がされた仕事 W は

公式$P\varDelta V$が出される過程を振り返ってほしい

$$W=P\varDelta V=\boldsymbol{\frac{nRT}{V}\varDelta V}$$

後の温度を T'' とすると，状態方程式は（全体の圧力は P！）

$$P(V-\varDelta V+V)=nRT''$$

$$\therefore \quad \frac{nRT}{V}(2V-\varDelta V)=nRT'' \quad \cdots\cdots ①$$

第1法則より，断熱で $Q=0$ だから　$\varDelta U=0+W$

$$\therefore \quad \frac{3}{2}nR(T''-T)=\frac{nRT}{V}\varDelta V \quad \cdots\cdots ②$$

①, ②より　$T''=\boldsymbol{\dfrac{7}{5}T}$　　$\varDelta V=\boldsymbol{\dfrac{3}{5}V}$

なお，(1) や (3) では $PV^{\gamma}=$一定 は成り立たない。AとBの圧力が変化の途中で異なっているからで，気体全体が一様な圧力，温度で膨張や圧縮する場合(それが真の断熱変化)に限られる。(2) でEを「ゆっくり動かす」のは弁C の口が狭いからである。壁 Sがなければ E を速く動かしてもよい。

58　熱力学

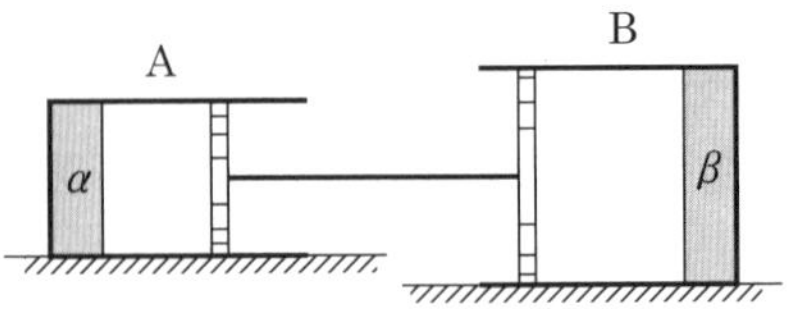

真空中で，容器AとBを水平に固定し，滑らかに動くピストンを棒で連結する。容器とピストンは断熱材で作られ，αとβは温度調節器である。A，Bにはそれぞれ1 molずつ単原子分子の理想気体が入っていて，最初，絶対温度はともにT_0である。気体定数をRとする。

Ⅰ　両容器の断面積は同じとし，気体の体積は初め共にV_0とする。次に，αとβを働かせ，A内の温度をT_1に上げ，B内の温度をT_0に保った。

(1)　あとのA内の気体の体積V_Aと圧力P_Aを求めよ。

(2)　αが放出した熱量をQ_αとすると，βが吸収した熱量Q_βはいくらか。

Ⅱ　Bの断面積はAの2倍とし，初めのA内の体積をV_0とする。次に，βとB内の気体との熱のやりとりを断ち，αだけを働かせてA内の温度をT_1に上げたところ，B内の温度はT_2となった。

(3)　初めのB内の気体の体積はいくらか。

(4)　αが放出した熱量qを求めよ。

(5)　あとのA内の気体の体積V_1を求めよ。

（センター試験＋岐阜大＋室蘭工大）

Level　(1)★　(2)★　(3)★　(4),(5)★

Point & Hint

特に断りがない限り，熱はゆっくりと加え，ピストンは静かに移動していると考える。

(1) ピストンのつり合いから言えることは…。あとは状態方程式。

(2) 第1法則をA，B個別に用いる。内部エネルギーの変化はすぐに分かる。そして，Aの気体は仕事をし，Bの気体は仕事をされる。その大きさの関係は…。「αが放出した」は「Aの気体が吸収した」と同義。

Ⅱ Ⅰの応用。ピストンの面積の違いが圧力，仕事，体積変化に及ぼす影響に注意。断熱変化の公式 $PV^{\gamma}=$一定 や $TV^{\gamma-1}=$一定 は提示がなければ，用いないで解くことをまず試みる。

LECTURE

(1) ピストンのつり合いよりB内の圧力もP_Aに等しい。B内の体積は $2V_0-V_A$ となるから，状態方程式は

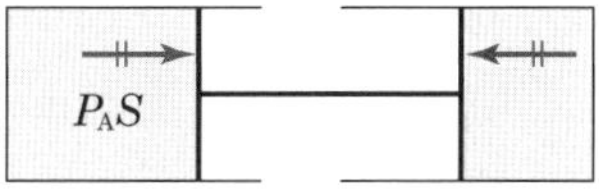

S はピストンの面積

A： $P_AV_A=RT_1$

B： $P_A(2V_0-V_A)=RT_0$

この連立方程式を解くと $V_A=\dfrac{2T_1}{T_0+T_1}V_0$ $P_A=\dfrac{R(T_0+T_1)}{2V_0}$

(2) Aの気体は Q_α 吸収し，Bの気体は Q_β 放出している。また，AとBの気体がピストンに及ぼす力はたえず等しいので，Aの気体がした仕事を W とすると，B の気体は W の仕事をされている。そこで，第１法則は

A： $\dfrac{3}{2}RT_1-\dfrac{3}{2}RT_0=Q_\alpha+(-W)$ B： $0=-Q_\beta+W$

W を消去して $Q_\beta=Q_\alpha-\dfrac{3}{2}R(T_1-T_0)$

気体全体に対してのエネルギーの流れは右のようになっている(W は顔を出さない)。$\varDelta U_A$は A の内部エネルギーの増加であり $Q_\alpha=\varDelta U_A+Q_\beta$となっている。この関係から Q_βを求めてもよい。

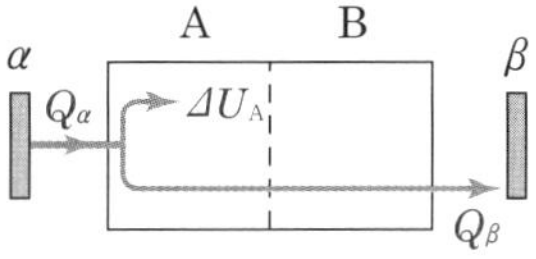

(3) A，B内の圧力を p_A，p_Bとすると，ピストンのつり合いより

$p_AS=p_B\cdot 2S$ ∴ $p_B=\dfrac{1}{2}p_A$

初めの状態方程式は

A： $p_AV_0=RT_0$

B： $\dfrac{1}{2}p_A\cdot V_B=RT_0$

右辺が等しいので

$p_AV_0=\dfrac{1}{2}p_A\cdot V_B$ ∴ $V_B=2V_0$

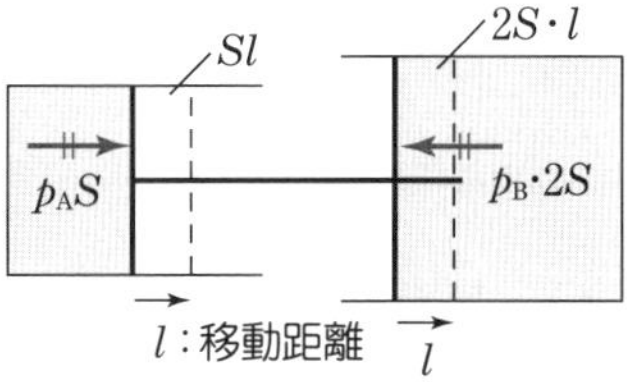

(4)　A, Bの気体がピストンに及ぼす力はたえず等しく，ピストンの移動距離は同じだから，やはりAの気体がした仕事 W' は B の気体がされた仕事に等しい（途中，力は変化している）。第1法則より

A：　$\frac{3}{2}R(T_1-T_0)=q+(-W')$　　B：　$\frac{3}{2}R(T_2-T_0)=0+W'$

W' を消去して　　$\boldsymbol{q=\frac{3}{2}R(T_1+T_2-2T_0)}$

気体全体に対してのエネルギーの流れは右のようになっていて

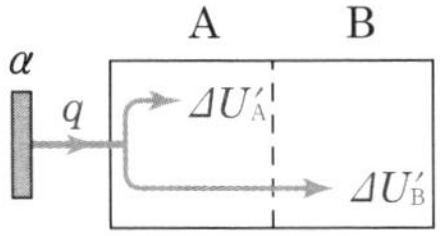

$$q=\varDelta U'_A+\varDelta U'_B$$

こうして q を求めてもよい。

(5)　前ページの図よりAの体積増加 $Sl=V_1-V_0$ の2倍だけBの体積は減少する。あとのAの圧力を p とすると，(3)と同様，Bの圧力は $\frac{1}{2}p$ と表されるから，状態方程式は

A：　$pV_1=RT_1$　　B：　$\frac{1}{2}p\{2V_0-(V_1-V_0)\times 2\}=RT_2$

p を消去すれば　　$\boldsymbol{V_1=\frac{2T_1}{T_1+T_2}V_0}$

Q　装置が大気圧 P_0 の大気中に置かれていたとして，問(1)〜(4)に答えよ。ただし，(4)ではAのあとの体積を V_1 とする。(★★)

59 熱力学・力学

鉛直に置かれた断面積 S のシリンダーに，圧力 P，体積 V，絶対温度 T の単原子理想気体が入っている。この状態からピストン（質量は M で，滑らかに動く）を鉛直下方に距離 x_0 だけ押し下げて静かに放したところ，ピストンは運動を始めた。ただし，x_0 は底面からピストンまでの高さに比べて十分小さく，容器全体は断熱材でできていて，大気中に置かれている。

Ⅰ まず，この気体の断熱変化について考える。ただし，圧力，体積，温度の変化 $\varDelta P$, $\varDelta V$, $\varDelta T$ は微小なので，それらの積は無視する。

(1) 状態方程式を用いることによって，$\varDelta P$，$\varDelta V$，$\varDelta T$ の間に成り立つ関係式を示せ。

(2) この変化において，気体がなされた仕事 W を求めよ。そして，熱力学第1法則を用いて，$\varDelta T$ と $\varDelta V$ の関係を記せ。

(3) 以上の結果から，$\varDelta P = -A\varDelta V$ の関係が成り立つことが分かる。A を求めよ。

Ⅱ 次に，ピストンの運動を考える。

(4) ピストンがはじめの位置から x だけ鉛直下方に変位しているとき，ピストンに働いている力 F を求めよ。$|x| \leqq x_0$ とする。

(5) (4)の位置にピストンがあるとき，ピストンの速さ v を求めよ。

(6) ピストンの運動を特徴づける物理量を2つ挙げて，その大きさを求めよ。 （名古屋大）

Level (1) ★ (2)〜(6) ★

Point & Hint

(2) 微小変化では,「気体がする仕事$=P\varDelta V$」あるいは「気体がされる仕事$=-P\varDelta V$」としてよい。本来は定圧変化での公式だが，右図のように，くい違いの部分の面積$\left|\dfrac{1}{2}\varDelta P\varDelta V\right|$は2次の微小量で無視できる。

(4) 大気圧P_0も考慮に入れること。

(5) 前問の結果から運動が確定する。そして，その運動特有のエネルギー保存則が用いられる。

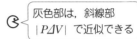

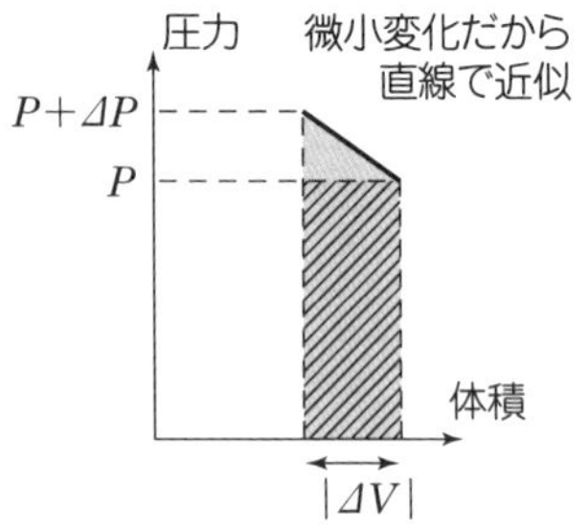

灰色部は，斜線部 $|P\varDelta V|$ で近似できる

LECTURE

(1) 状態方程式は,

はじめ：　$PV=nRT$ ……①

後　　：　$(P+\varDelta P)(V+\varDelta V)=nR(T+\varDelta T)$ …②

n, R を消すため ②÷① とすると

$$\left(1+\frac{\varDelta P}{P}\right)\left(1+\frac{\varDelta V}{V}\right)=1+\frac{\varDelta T}{T}$$

②−①として計算してもよい。nRは①で消す。

$\varDelta P\varDelta V/PV$ の項は無視できることから

$$\boldsymbol{\frac{\varDelta P}{P}+\frac{\varDelta V}{V}=\frac{\varDelta T}{T}} \quad \cdots\cdots③$$

(2) 上述のように　$W=-\boldsymbol{P\varDelta V}$ ……④

第1法則において，$Q=0$ だから　$\varDelta U=W$ ……⑤

単原子気体なので　$\varDelta U=\dfrac{3}{2}nR\varDelta T=\dfrac{3}{2}\cdot\dfrac{PV}{T}\varDelta T$ ……⑥

④, ⑥ を ⑤に代入すると　$\dfrac{3}{2}\cdot\dfrac{PV}{T}\varDelta T=-P\varDelta V$

$$\therefore\quad \boldsymbol{\varDelta T=-\frac{2T}{3V}\varDelta V}$$

断熱圧縮の場合は $\varDelta V<0$ であり，温度が上昇する（$\varDelta T>0$）という知識と照らし合わせて符号のチェックをするとよい。この解答では圧縮のケースを考えて計算を進めているが，$\varDelta V>0$ となる膨張のケースを含めてすべての式は成立している（右ページも）。

(3) ΔTを③に代入して $\quad \dfrac{\Delta P}{P}+\dfrac{\Delta V}{V}=-\dfrac{2\Delta V}{3V}$

$$\therefore \quad \Delta P=-\frac{5P}{3V}\Delta V \qquad \therefore \quad A=\boldsymbol{\frac{5P}{3V}}$$

(4) 初めは力のつり合いで(図 a)

$$PS=P_0S+Mg \qquad \cdots\cdots ⑦$$

図 b のときの合力 F は下向きが正だから

$$F=P_0S+Mg-(P+\Delta P)S$$

$$=-\Delta P\cdot S \qquad \text{⑦を用いた}$$

$$=\frac{5PS}{3V}\Delta V=-\boldsymbol{\frac{5PS^2}{3V}x} \qquad \cdots\cdots ⑧$$

$$(\because \ \Delta V=-Sx)$$

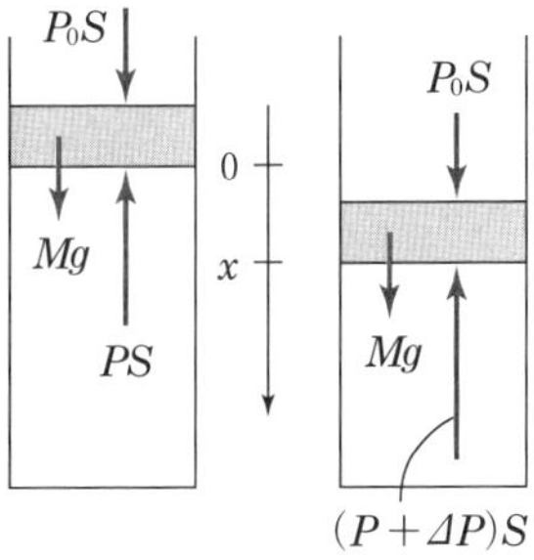

図 a　図 b

(5) 「$F=-Kx$」型の力だから(定数 $K=5PS^2/3V$), 運動は $x=0$ を振動中心とする単振動となる。単振動のエネルギー保存則より

$$\frac{1}{2}Kx_0{}^2=\frac{1}{2}Mv^2+\frac{1}{2}Kx^2$$

$$\therefore \quad v=\sqrt{\frac{K}{M}(x_0{}^2-x^2)}=\boldsymbol{S\sqrt{\frac{5P}{3MV}(x_0{}^2-x^2)}}$$

「$\boldsymbol{F=-Kx}$」と決まればあとは一本道

(6) $x=0$ が振動中心で, 放した位置が端だから, **振幅は $\boldsymbol{x_0}$**

周期 $\boldsymbol{T_0}$ は $\quad T_0=2\pi\sqrt{\dfrac{M}{K}}=\boldsymbol{\dfrac{2\pi}{S}\sqrt{\dfrac{3MV}{5P}}}$

単振動であることを示すには, 加速度 a が $a=-(\text{定数})\cdot x$ と表せることを示してもよい。定数は ω^2 を表す(ωは角振動数)。式⑧を用いて, 運動方程式をつくると

$$Ma=F \qquad \therefore \quad a=\frac{F}{M}=-\frac{5PS^2}{3MV}x$$

これより, **角振動数 $\boldsymbol{\omega}$ は** $\quad \omega=\boldsymbol{S\sqrt{\dfrac{5P}{3MV}}}$

$T_0=\dfrac{2\pi}{\omega}$ の関係があるので, T_0 と ω はどちらかだけを答える。

Q 容器が熱をよく通し, 等温変化が起こる場合, 単振動の同期は長くなるか短くなるか。PVグラフを考え, 定性的に判断せよ。(★)

60　熱力学・力学

図1のように口の開いたU字管に，密度ρの液体を入れ，この液体が管内で微小振動する様子を調べた。U字管の断面積Sは一定であり，液体の長さはLである。液体と管壁との摩擦や液体の蒸発は無視でき，重力加速度をgとする。

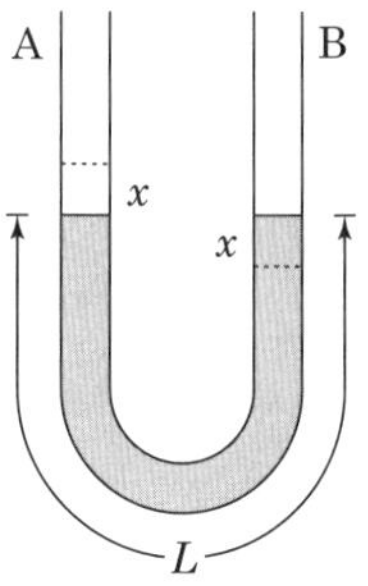

図1

(1)　管A内の液面がつり合い位置からxだけ上昇し，管B内の液面がxだけ下降したとき，液体に働く復元力の大きさを求めよ。

(2)　液体の振動の周期を求めよ。

次に，図2のように管Aにふたをしてから液体を微小振動させた。液体がつり合い位置で静止している状態では，A内の空気（理想気体とする）の長さはlであった。管は熱を伝えやすく，A内の空気の温度は一定とする。大気圧をPとし，2次の微小量は無視して答えよ。

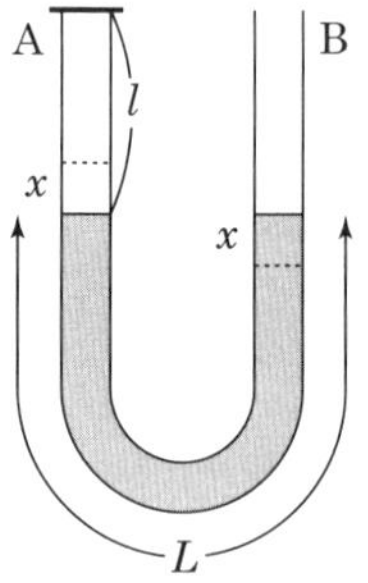

図2

(3)　気体の圧力の増加分ΔPを求め，P，l，xで表せ。

(4)　液体の振動の周期を求めよ。

（慶應大＋静岡大）

Level　(1)★　(2)★　(3)★　(4)★

Point & Hint

分かりにくければ，問題を1次元に置き換えて考えてみるとよい。右の図のように，左右の重力が逆向きに働いているのと同じこと（p 72 や p 58を参照）。

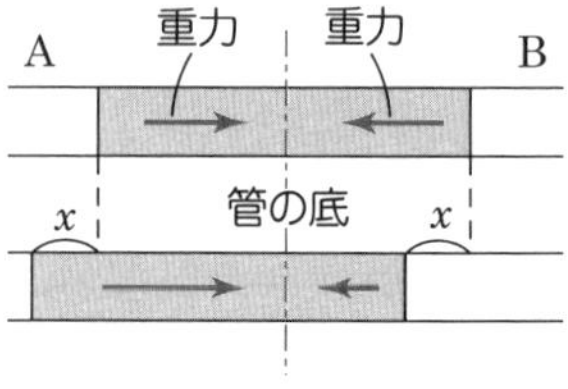

LECTURE

(1)　赤点線から下の部分だけなら左右はつり合うから，アンバランスを生じるのは斜線部の液体。その重力が復元力 F として働く。その大きさは

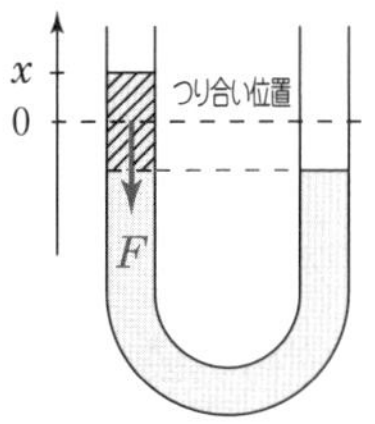

$$|F| = \rho S(2x)g = \boldsymbol{2\rho Sgx}$$

(2)　Aの液面に注目すると，変位 x のとき（上向きを正とする），F は符号を含めて，$F=-(2\rho Sg)x$ と表せる。これは「$-Kx$ 型」の力で単振動を引き起こす。よって，周期 τ_0 は

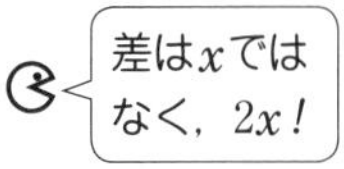

$$\tau_0 = 2\pi\sqrt{\frac{m}{K}} = 2\pi\sqrt{\frac{\rho SL}{2\rho Sg}} = \boldsymbol{2\pi\sqrt{\frac{L}{2g}}}$$

(3)　等温変化だから $PV=$ 一定（ボイルの法則）が成り立つ。

$$PSl = (P+\Delta P)S(l-x)$$

$$\therefore \quad 0 = -PSx + \Delta P\cdot Sl - \Delta P\cdot Sx$$

$\Delta P\cdot Sx$ は2次の微小量で無視できるから　　$\Delta P = \boldsymbol{\dfrac{P}{l}x}$

(4)　問(1)の力に加えて，空気の圧力の違いによる分

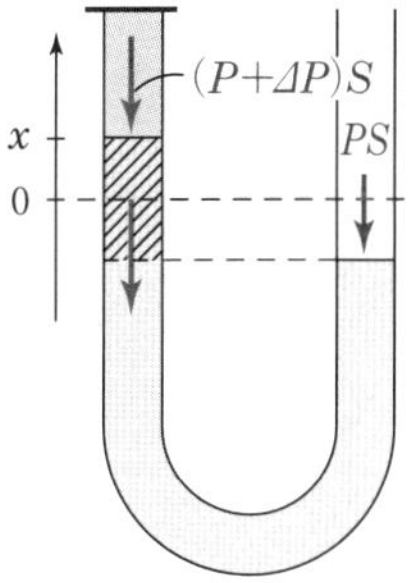

$$(P+\Delta P)S - PS = \Delta P\cdot S$$

が現れる。そこで，復元力 F' は

$$F' = -(2\rho S\,gx + S\Delta P)$$

$$= -\left(2\rho g + \frac{P}{l}\right)Sx$$

よって，周期 τ_1 は

$$\tau_1 = 2\pi\sqrt{\frac{\rho SL}{\left(2\rho g+\dfrac{P}{l}\right)S}} = \boldsymbol{2\pi\sqrt{\frac{\rho Ll}{2\rho gl+P}}}$$

前半の問題では，左右ともに PS の力がかかっているため，大気圧は顔を出さずにすんでいたのである。

Q　図2で，A内に単原子気体を入れ（初めの圧力は P），気体は容器や液体と熱のやりとりをしないとする。この場合の微小振動について，状態方程式と第1法則を用いて ΔP を求め，次に周期 τ_2 を求めよ。（★★）

61　熱力学

図は気体の熱膨張を利用して水をくみ上げる装置である。はじめ円柱に高さaまで単原子分子の理想気体が外気と等しい温度で入れてあり，ピストンの上に注水口Cまで深さbの水がたまってつり合っている(状態Ⅰ)。注水口Cを閉じて気体を加熱すると水面はゆっくり上がり，高さhの排水口Dに達する（状態Ⅱ)。さらに加熱すると水はDからあふれ出し，ピストンがDに達して排水を終わる（状態Ⅲ)。ここで加熱を止めると，気体が冷えるにしたがってピストンは下がり，排水口Cに達する(状態Ⅳ)。Cを開くと，水はピストンの下がるにつれて注入され，状態Ⅰに戻る。

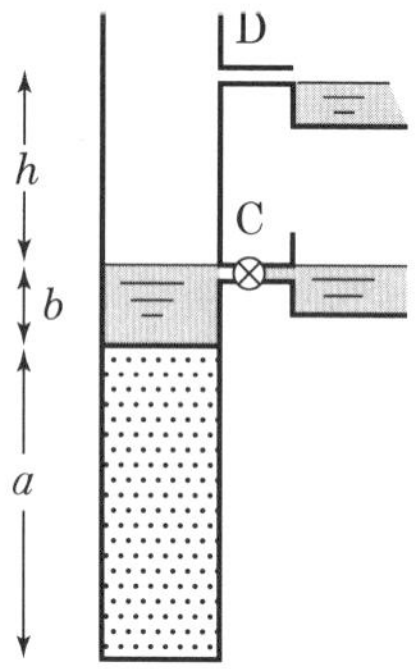

外気の圧力をp_0，その絶対温度をT_0，円柱の断面積をS，水の密度をρ，重力加速度をg，ピストンの重さは無視できるものとする。

(1)　状態 Ⅰ，Ⅱ，Ⅲ，Ⅳ での気体の圧力 p_1，p_2，p_3，p_4，およびⅡ，Ⅲ，Ⅳでの絶対温度 T_2，T_3，T_4を求めよ。

(2)　状態ⅠからⅡまでの間に気体がする仕事 W_1と吸収する熱量Q_1を求めよ。

(3)　状態ⅡからⅢまでの間に気体がする仕事 W_2と吸収する熱量Q_2を求めよ。

(4)　Ⅰ→Ⅱ→Ⅲ→Ⅳ→Ⅰの一巡で，気体がする仕事Wを求めよ。

（東京大）

Level　(1),(2) ★　(3),(4) ★★

Point & Hint

(1) 水とピストンを一体とみて(全体をピストンとして)扱うとよい。まず，各状態の図を描くこと。

(2) この間の状態変化は…？　いつものパターン。

(3) 定圧変化以外で仕事を直接求める方法といえば…あるグラフの利用！
あるいは，エネルギー保存則で考えることもできる。

(4) 1つ1つの仕事の和を調べるのが正攻法。グラフを1サイクルについて描けば，別の解法も思いつく。まったくグラフに頼らず，エネルギー保存則で一挙に解決することもできる。

LECTURE

(1) 水の質量 m は，$m=\rho Sb$ だから，Ⅰでの力のつり合いより

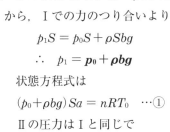

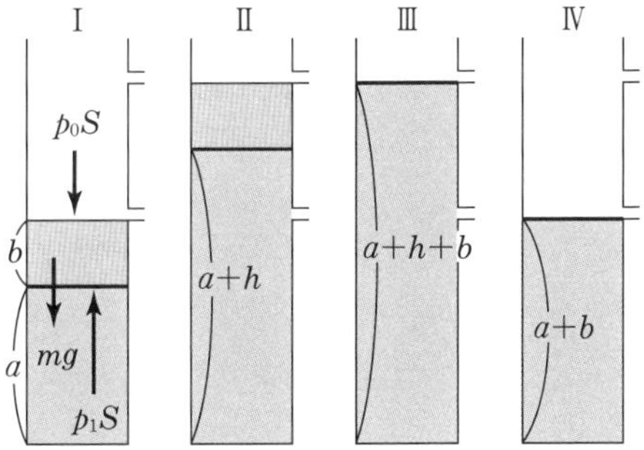

$$p_1S = p_0S + \rho Sbg$$

$$\therefore\quad p_1 = \boldsymbol{p_0 + \rho bg}$$

状態方程式は

$(p_0+\rho bg)Sa = nRT_0$ …①

Ⅱの圧力はⅠと同じで（Ⅰ→Ⅱ間は定圧変化）

$$p_2 = p_1 = \boldsymbol{p_0 + \rho bg}$$

状態方程式は　$(p_0+\rho bg)S(a+h) = nRT_2$ ……②

$\dfrac{②}{①}$ より　$T_2 = \boldsymbol{\dfrac{a+h}{a}T_0}$

Ⅲでは，ピストンの重さがないので　$p_3S = p_0S$　$\therefore\ p_3 = \boldsymbol{p_0}$

状態方程式は　$p_0S(a+h+b) = nRT_3$ ……③

$\dfrac{③}{①}$ より　$T_3 = \boldsymbol{\dfrac{(a+h+b)p_0}{a(p_0+\rho bg)}T_0}$

Ⅳの圧力はⅢと同じで（Ⅲ→Ⅳ間は定圧変化）　$p_4 = \boldsymbol{p_0}$

状態方程式は　$p_0S(a+b) = nRT_4$ ……④

$\dfrac{④}{①}$ より　$T_4 = \boldsymbol{\dfrac{(a+b)p_0}{a(p_0+\rho bg)}T_0}$

(2) 定圧変化だから　$W_1 = p_1\mathit{\Delta} V = \boldsymbol{(p_0+\rho bg)Sh}$

$$Q_1 = nC_P\mathit{\Delta} T = n\cdot\frac{5}{2}R(T_2-T_0) = \boldsymbol{\frac{5}{2}(p_0+\rho bg)Sh}$$

計算は②と①を用いて，「nRT」を「PV」に置き換えるとよい。

(3) Ⅱからピストンがxだけ上がったときの気体の圧力をpとすると，力のつり合いより　$pS = p_0S + \rho S(b-x)g$

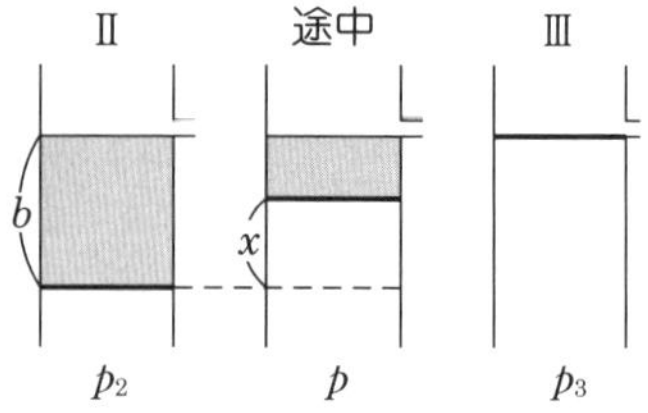

一方，気体の体積は

$$V = S(a+h+x)$$

この2つの式から x を消去すると，p と V の関係は1次式となり(※)，pVグラフは直線となる。面積が仕事を表すから

$$W_2 = \frac{p_2+p_3}{2}(V_3-V_2) = \left(\boldsymbol{p_0+\frac{\rho bg}{2}}\right)\boldsymbol{Sb}$$

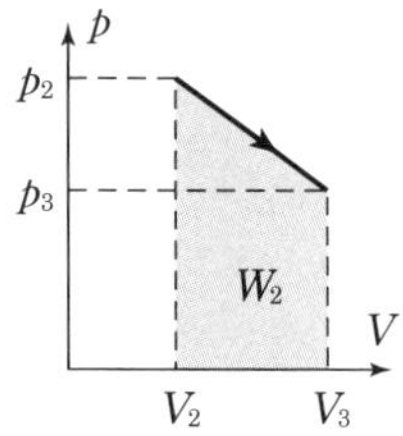

(※)　p は x の1次式であり，x は V の1次式だから計算してみるまでもない。

別解　気体がした仕事 W_2 は，水の位置エネルギーの増加と大気圧に対する仕事の和に等しい。水の重心は $\frac{b}{2}$ だけ上がっているから（ここが要注意！）

$$W_2 = mg\cdot\frac{b}{2}+(p_0S)b = \left(\boldsymbol{\frac{1}{2}\rho bg+p_0}\right)\boldsymbol{Sb}$$

次に，第1法則より　　$\varDelta U_2 = Q_2+(-W_2)$

ここで　　$\varDelta U_2 = \frac{3}{2}nRT_3-\frac{3}{2}nRT_2 = \frac{3}{2}\{p_0-(a+h)\rho g\}Sb$

$$\therefore\quad Q_2 = \varDelta U_2+W_2 = \boldsymbol{\frac{Sb}{2}\{5p_0-(3a+3h-b)\rho g\}}$$

(4)　Ⅲ→Ⅳ 間は p_0 での定圧変化だから，気体がする仕事 W_3 は

$$W_3 = p_0\varDelta V = -p_0Sh$$

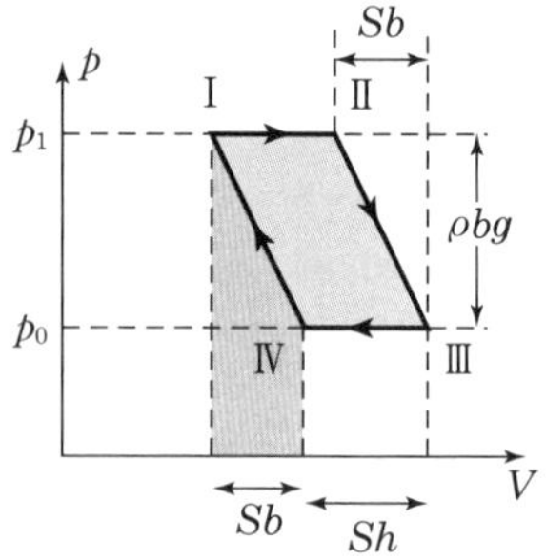

Ⅳ→Ⅰ 間でする仕事 W_4 は，Ⅱ→Ⅲ 間と同様に，pV グラフの面積(灰色部)より

$$W_4 = -\frac{p_0+p_1}{2}\times Sb$$

$$\therefore\quad W = W_1+W_2+W_3+W_4 = \boldsymbol{\rho bgSh}$$

別解　1サイクルでの仕事 W は囲まれた部分(赤色)の面積に等しい。平行四辺形になっているから　　$W = \boldsymbol{\rho bg\cdot Sh}$

別解　1サイクルすると，結局のところ，気体は下の水槽から上の水槽へ質量 $m=\rho Sb$ の水を h の高さだけ運び上げているのだから，　$W = mgh = \boldsymbol{\rho Sbgh}$

なお，Ⅰ→Ⅱ→Ⅲ と h だけ上昇するとき大気に対して仕事をし，Ⅲ→Ⅳ→Ⅰ と下降するとき大気から仕事をされる。大気とのエネルギーのやり取りはトータル0である。また，水槽は底の浅いものと考えると分かりやすい。

波動Ⅰ

62　波の性質

ある媒質中を縦波が x 軸の正の向きに進んでいる。図1は，時刻 $t=0$〔s〕のときの媒質の変位 y（$+x$ 方向への変位を正とする）を，座標 x に対して図示している。図2は，ある位置での媒質の変位を時刻 t に対して図示している。

(1)　この波の波長，振動数，速さはそれぞれいくらか。

(2)　$t=0$〔s〕のとき，$x=100$〔cm〕での変位はいくらか。また，$x=10$〔cm〕の位置で，$t=2.5$〔s〕のときの変位はいくらか。

(3)　図1で，媒質の密度が最大になっているのはどこか。図の範囲で該当する位置をすべて答えよ。また，$x=11$〔cm〕の位置で密度が最大になるまでにはあと何秒かかるか。

(4)　図1で，媒質の速度が0の位置，および右向きで最大となっている位置を，それぞれ図の範囲ですべて答えよ。

(5)　図2のようになる位置は図1の中のどこか。すべて答えよ。また，図2で，媒質の密度が最大になるのはいつか。図の範囲ですべて答えよ。

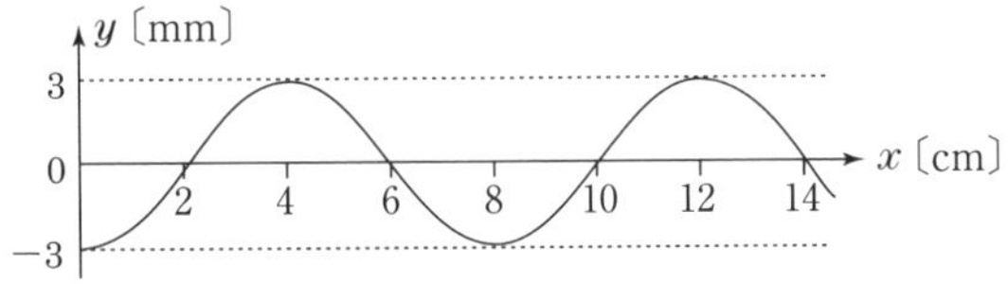

図1

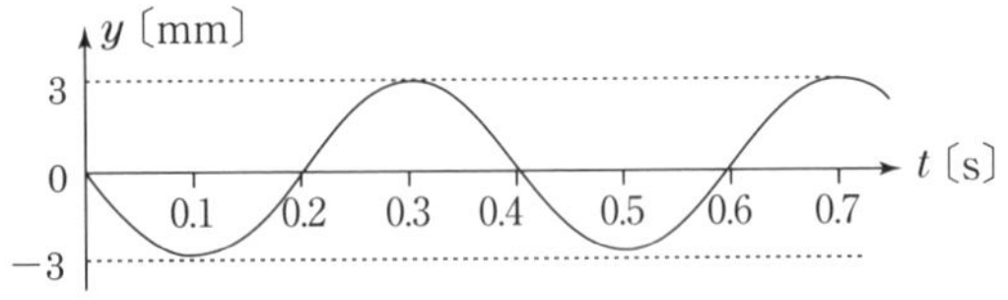

図2

Level　(1) ★★　(2)〜(4) ★　(5) ★

Point & Hint

(1) 図1のような**波形グラフからは波長 λ が読み取れる**。図2のような**媒質の振動を表すグラフからは周期 T が読み取れる**。

(2) 波は**波長 λ ごとに同じ状態**であること，また，**周期 T ごとに同じ状態**になることを利用する。

Base　波の基本式

波の速さ　$v=f\lambda$

振動数　$f=\dfrac{1}{T}$

(3) 縦波は疎や密の模様が伝わるので**疎密波**ともよばれる。図1のように横波的に表すときの約束($+x$ 方向への変位は $+y$ 方向への変位として表す)に基づいて考える。

(5) 密の位置では変位がどのように変わっていくかを，まず図1から考えてみる。

LECTURE

(1)　図1より波長は $\lambda=$ **8**〔cm〕。図2より周期は $T=0.4$〔s〕。よって，振動数は $f=\dfrac{1}{T}=\dfrac{1}{0.4}=$ **2.5**〔Hz〕。波の速さは $v=f\lambda=2.5\times8=$ **20**〔cm/s〕

(2)　$100=12\times8+4=12\lambda+4$ の関係から，$x=100$ と $x=4$ は常に同じ変位となっていることが分かる。よって，$x=4$ の変位を読み取ればよく，

$y=$ **3**〔mm〕

　$2.5=6\times0.4+0.1=6T+\dfrac{T}{4}$ の関係より，$t=\dfrac{T}{4}$ のときを調べればよい。$x=10$ では変位が0から負になっていくことと，振動中心から端までの時間が $\dfrac{T}{4}$ であることから，　$y=$ **−3**〔mm〕

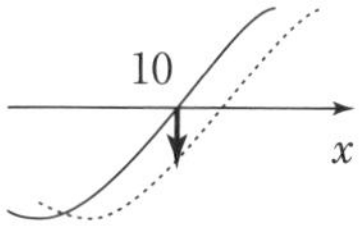

点線は少し後の波形

別解　**波は1周期 T の間に1波長 λ 進む**。$\dfrac{T}{4}$ では $\dfrac{\lambda}{4}$ 進むから，$\dfrac{\lambda}{4}=2$〔cm〕だけ波形を右へ平行移動して調べてもよい。$x=10$ には谷がくる。

(3)　媒質が振動中心から左右どちらへ変位しているかを矢印で示してみると右のようになる。密の位置は，$x=$ **6，14**〔cm〕

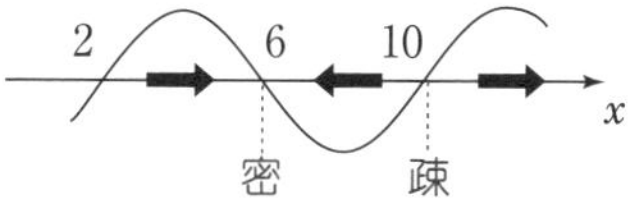

　$x=11$ に最も近い密の位置は図1では $x=6$ にある。それが $x=11$ に達するまでの時間は $(11-6)\div20=$ **0.25**〔s〕

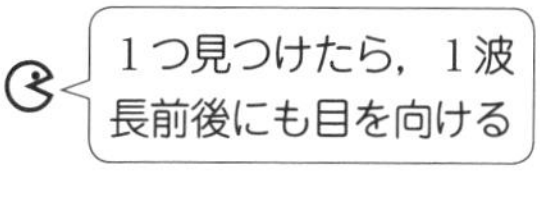
1つ見つけたら，1波長前後にも目を向ける

(4)　**媒質の速度が 0 になるのは振動の端**であり，山や谷になっている位置だから，　$x = $ **0，4，8，12**〔**cm**〕

　媒質の速さが最大となるのは振動中心であり，変位　$y=0$　の位置。速度が右向きとなるのは少し時間がたったとき，$y > 0$　となること。この 2 つの条件から，　$x = $ **6，14**〔**cm**〕

(5)　$t = 0$　で　$y = 0$　であり，その後　$y < 0$　となる位置をさがせばよい。よって，　$x = $ **2，10**〔**cm**〕

　密度のことは図 1 でしか分からない。たとえば，$x=6$　では　$t=0$　で密度最大で，その後，変位は正になっていく（$x = 10$　の疎では負になっていく）。つまり，図 2 でも変位が 0 から正になるときを選べばよい。それは，$t = $ **0.2，0.6**〔**s**〕

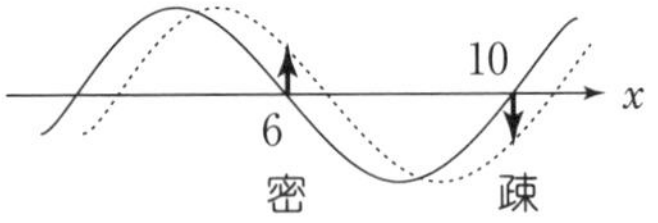

Q　「縦波が x 軸の負の向きに進んでいる」として，すべてを解き直してみよ。

63 反射・定常波

図は右へ進む振幅 A, 周期 T の入射波を表し，波の先端は点 E にある。この波(正弦波)は，点 H にある壁で固定端反射される。

(1) 図のとき，媒質の速度が負($-y$ 方向)で，最大となっている位置はどこか。

(2) 波の先端が壁に達するまでにかかる時間はいくらか。

(3) 1 周期 T 後の反射波と合成波を作図せよ。また，$\frac{5}{4}T$ 後と $\frac{3}{2}T$ 後についても作図せよ。

(4) 十分時間がたったとき，最も激しく振動する位置をすべて答えよ。

(5) 図の状態から点 G の変位が正で最大となるまでにかかる時間はいくらか。また，点 E についても答えよ。

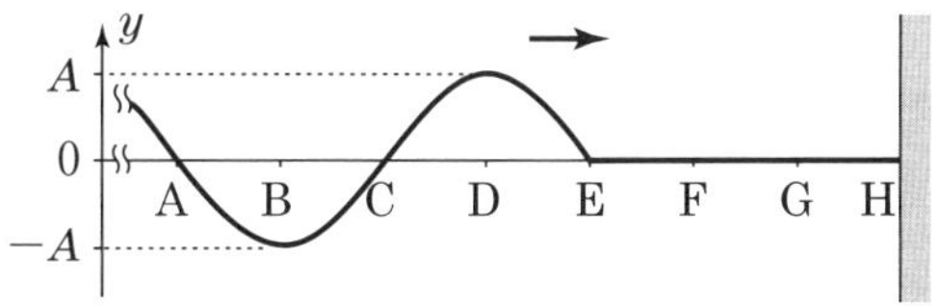

Level (1) ★ (2) ★★ (3),(4) ★ (5) ★

Point & Hint

(3) **〈反射波の作図法〉**

1 **壁がなかった場合の入射波を描く。**

2 **自由端反射**　**固定端反射**
1の波を＋－反転する。

3 **壁の所で鏡のように折り返す。**

(4) 反射をすると，入射波と反射波が重なり合って自然に定常波ができる。**自由端は腹**となり，**固定端は節**となる。

Base 定常波

同波形の 2 つの波が逆向きに進むと生じる

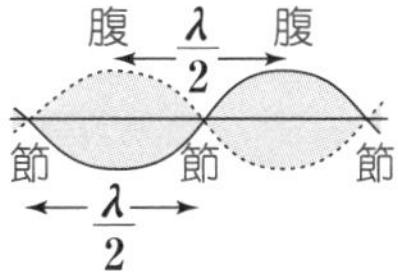

※ 定常波は **定在波** とよぶことも増えている。

LECTURE

(1)　**媒質の速さは 振動中心**（$y=0$）**で最大** だから，A，C，E が候補となる。少し時間がたったときの波形を点線で描くと，$-y$ 方向の速度をもつのは点 **C** と決まる。

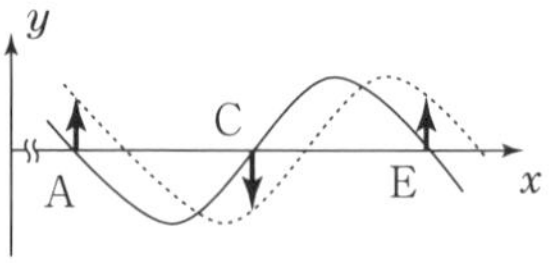

なお，この波が縦波だとすると，点 C の媒質は $-x$ 方向へ最大の速さで動いていることになる。縦波の場合の媒質の速度（や加速度）の正負は横波の場合と同じになる。

(2)　1 目盛が $\frac{1}{4}$ 波長になっている。EH 間は 3 目盛だから $\frac{3}{4}\lambda$ 進めばよく，かかる時間は　$\boldsymbol{\frac{3}{4}T}$

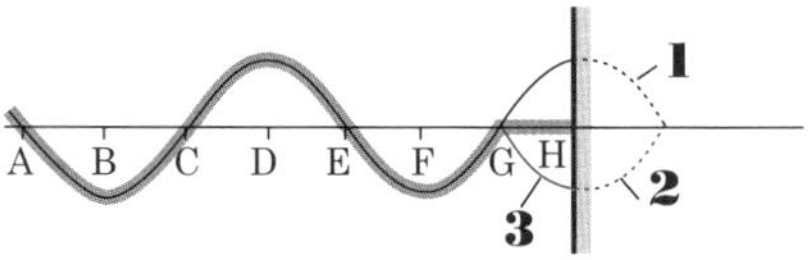

図 a：T 後（定常波は GH 間）

(3)　T 後には 1 波長 λ 進む。つまり 4 目盛分進み，**1**，**2** の手順の後，反射波（赤線）**3** が描ける。反射波は GH 間だけにあり，合成波は赤い太線のようになる（図 a）。

$\frac{5}{4}T$ 後には図 a より 1 目盛分進み，図 b のようになる。

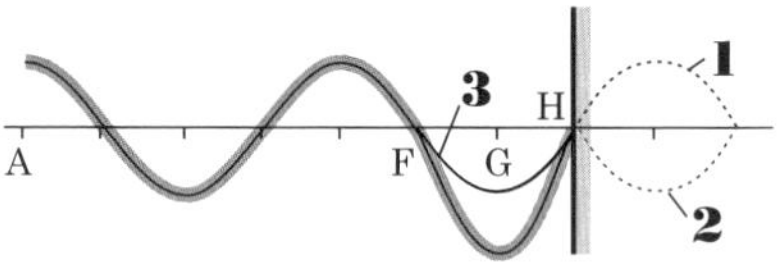

図 b：$\frac{5}{4}T$ 後（定常波は FH 間）

同様に，$\frac{3}{2}T=\frac{6}{4}T$　後には更に 1 目盛分進めて図 c が得られる。参考のために，$\frac{7}{4}T$ 後には図 d のようになる。

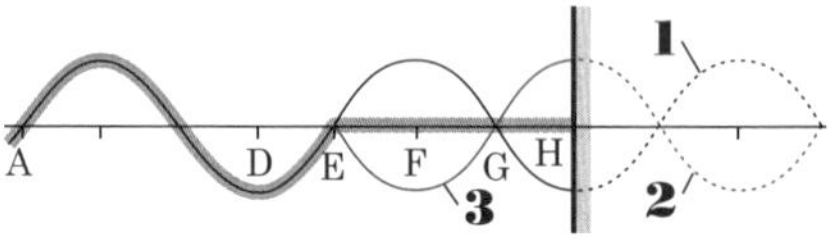

図 c：$\frac{3}{2}T$ 後（定常波は EH 間）

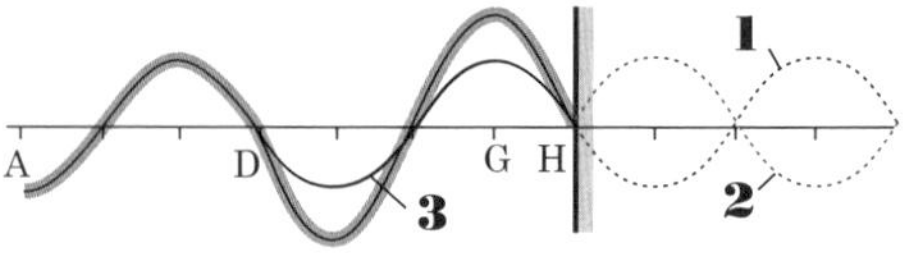

図 d：$\frac{7}{4}T$ 後（定常波は DH 間）

実は，いつも **1**～**3** の手順を踏まなくても，図 a の反射波を左へ 1 目盛ずつ進めていけば，図 b ～ d の反射波が描ける。

固定端反射するのが縦波の場合，密は密のまま反射され（図 d の反射点に注目），疎は疎のまま反射される（図 b）。音波が壁で反射されるときが具体例である。

(4) 固定端 H が節(ふし)になること，**節と節の間隔は $\boldsymbol{\frac{\lambda}{2}}$** であることから，節の位置が決まる。最も激しく振動するのは腹(はら)の位置であり，腹は節と節の中央にあるから，**A，C，E，G**

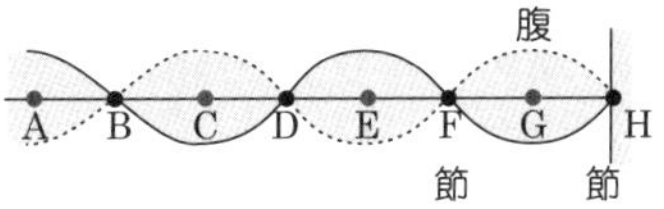

図 b からも分かるが，作図に頼らない方法を身につけたい。

(5) 点 G と E は腹の位置だから，変位は最大 $2A$ にまでなる。図 b のとき，G の変位は最小($-2A$)なので，最大となるまでには半周期 $\frac{T}{2}$ の時間がかかる。よって，　$\frac{5}{4}T+\frac{1}{2}T=\boldsymbol{\frac{7}{4}T}$（図 d を参照）

点 E では図 c 以後に定常波が現れる。図 c のときの変位は 0 だが，点 D にいる谷（入射波）と F にいる谷（反射波）がやがて出会うから，E の変位は負になっていくことが分かる。そして，正で最大となるまでには，図 c から $\frac{3}{4}T$ かかる。

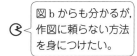

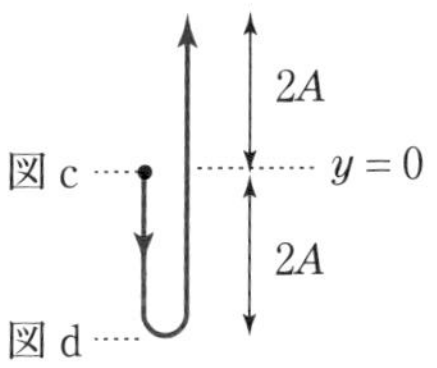

Eでの振動

よって，　$\frac{3}{2}T+\frac{3}{4}T=\boldsymbol{\frac{9}{4}T}$

別解 反射によって変位が反転するから，はじめ点 B にあった谷が(反射によって山になり）点 G や E に達するときを調べればよい。G と E は定常波の腹の位置であることが分かっているから，1 つの波の山がきたとき，もう 1 つの波も山となってきているはずだから。B → H → G 間は 7 目盛の道のりだから $\boldsymbol{\frac{7}{4}T}$ であり，B → H → E 間は 9 目盛で $\boldsymbol{\frac{9}{4}T}$

Q 波は縦波とする。問題図のとき，媒質の加速度が正で最大となっている位置はどこか。また，十分に時間がたった後の媒質の速さの最大値を求めよ。(★)

64　弦の共振

全体の長さが120 cm，質量1.8 g の弦の右端に滑車を通して質量6 kgのおもりをつるし，振動源Sによって弦を振動させる。この弦は，コマBを動かすことにより任意の一点を固定できる。弦の張力はどこも同じで，振動するAB間の距離を a，重力加速度を10 m/s^{2}とする。

問1　コマBを適当に動かすと，a=30 cm で弦が共振する。さらにBを右に移動していくと，a=35 cm で再び弦が共振する。したがって，弦を伝わる横波の波長は［ (1) ］cm であり，このときのAB間の腹の数は［ (2) ］個である。またSの振動数は［ (3) ］Hz である。また，a=35 cm をそのままにし，おもりを4倍に増やしたとき，弦は共振しなくなった。弦を再び共振させるには，Bを少なくとも［ (4) ］cm 右に移動しなければならない。

問2　もとの弦と同じ材質，同じ長さで，直径が2倍の弦に張り替えて，aを30 cmにし，おもりの質量を6 kgに戻す。このとき弦は共振し，AB間の腹の数は［ (5) ］個となる。また，AB間の腹の数を3個とするには，Sの振動数を［ (6) ］Hz とすればよい。

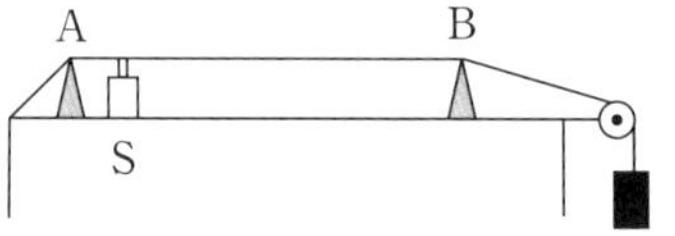

（上智大）

Level　(1)〜(4) ★　(5), (6) ★

Point & Hint

(1), (2) **弦が共振するのは，両端が節となる定常波ができるとき**。節と節の間隔は $\frac{\lambda}{2}$ だから，弦の長さが $\frac{\lambda}{2}$ の整数倍に等しいとき，共振が起こる。

(3) 弦の張力を S〔N〕，線密度を ρ〔kg/m〕とすると，弦を伝わる横波の速さ v〔m/s〕は $v=\sqrt{\frac{S}{\rho}}$　この問題のような状況では，S はおもりの重力 mg に等しい。

LECTURE

(1)　振動数fと波の速さvが変わっていないので，波長λも変わっていない。Aが節で$\frac{\lambda}{2}$ごとに節があるから，Aから30 cmの範囲の定常波の様子は同じこと。そこで，Bを右へ$\frac{\lambda}{2}$だけ移せば再び共振する。よって

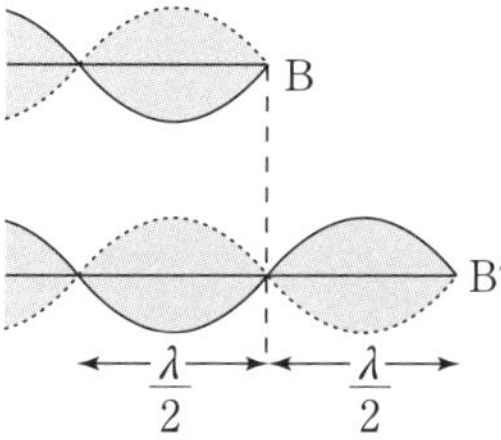

$$\frac{\lambda}{2} = 35 - 30 \qquad \therefore\ \lambda = \mathbf{10}\ \text{cm}$$

(2)　$\frac{\lambda}{2} = 5\ \text{cm}$　ごとに腹が1つずつあるから　$35 \div 5 = \mathbf{7}$ **個**

(3)　線密度ρは

$$\rho = \frac{1.8 \times 10^{-3}}{120 \times 10^{-2}} = 1.5 \times 10^{-3}\ \text{kg/m}$$

〔kg〕と〔m〕を用いること

$$v = \sqrt{\frac{mg}{\rho}} = \sqrt{\frac{6 \times 10}{1.5 \times 10^{-3}}} = 200\ \text{m/s}$$

$v = f\lambda$　より　$f = \frac{v}{\lambda} = \frac{200}{10 \times 10^{-2}} = \mathbf{2000}\ \text{Hz}$

(4)　はじめは　$\sqrt{\frac{mg}{\rho}} = f\lambda$　……①

mを4倍にしたときの波長をλ_1とすると，fは変わっていないから　$\sqrt{\frac{4mg}{\rho}} = f\lambda_1$　……②

①を見て，mを4倍にすると，λは2倍になると即断したい。

$\frac{②}{①}$　より　$2 = \frac{\lambda_1}{\lambda}$　　$\therefore\ \lambda_1 = 2\lambda = 20\ \text{cm}$

弦の長さが　$\frac{\lambda_1}{2} = 10\ \text{cm}$　の整数倍のとき共振するから，35 cmより大きい次の値としては　40 cm。よって，**5 cm 動かせばよい。**

(5)　直径を2倍にすると，断面積が4倍になるから，線密度ρも4倍になる。波長をλ_2とすると　$\sqrt{\frac{mg}{4\rho}} = f\lambda_2$　……③

①からρを4倍にすれば，λは$\frac{1}{2}$倍と即断できる。

$\frac{③}{①}$　より　$\frac{1}{2} = \frac{\lambda_2}{\lambda}$　　$\therefore\ \lambda_2 = \frac{\lambda}{2} = 5\ \text{cm}$

腹は　$\frac{\lambda_2}{2} = \frac{5}{2}\ \text{cm}$　ごとにあるから　　$30 \div \frac{5}{2} = \mathbf{12}$ **個**

⑹　新しい波長を λ_3 とすると　$\frac{\lambda_3}{2} \times 3 = 30$　より　$\lambda_3 = 20\,\text{cm}$

求める振動数を f' とすると　$\sqrt{\frac{mg}{4\rho}} = f'\lambda_3$　……④

③, ④より　$f' = \frac{\lambda_2}{\lambda_3} f = \frac{5}{20} \times 2000 = \mathbf{500}\ \text{Hz}$

波の速さ v は変わっていないから，波長を $\lambda_2 = 5\,\text{cm}$ から $\lambda_3 = 20\,\text{cm}$ へ4倍にするには，$v = f\lambda$ より，振動数は $\frac{1}{4}$ 倍にすればよいと分かる。このような定性的な考え方も大切。

65 弦の共振

線密度の比が 1：4 である弦 L_1 と L_2 を点 B でつなぎ，L_1 には滑車を通しておもりをつるし，L_2 には振動数 200〔Hz〕のおんさ O を水平にしてつなぐ。おんさを振動させると，点 B を節として 5 つの腹をもつ定常波が AC 間にできた。弦 AB，BC の長さはそれぞれ 0.8〔m〕，0.6〔m〕である。

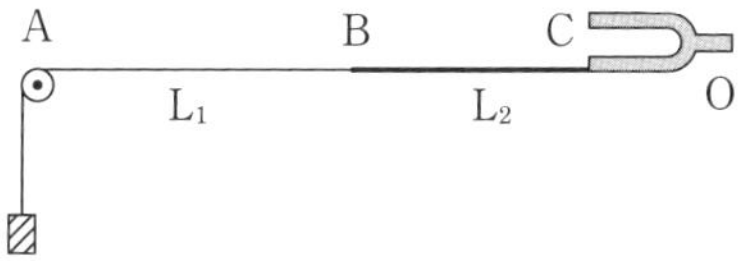

(1) 弦 AB と BC を伝わる波の波長はそれぞれいくらか。

(2) 弦 AB と BC を伝わる波の速さはそれぞれいくらか。

(3) AC 間にできている定常波の形を描け。 （京都工繊大）

Level (1)〜(3) ★

Point & Hint

共振している 2 つの弦の振動数が一致していることがポイント。その振動数はおんさの振動数に等しい。弦 BC はおんさの振動数で振動させられるし，弦 AB も弦 BC という「波源」によって振動させられるからである。あるいは，波は異なる媒質中に入っても振動数は不変に保たれるからと理解してもよい（屈折の法則に関連して習ったはず）。また，2 つの弦の張力が等しいことも利用する。

LECTURE

(1) 弦 AB の線密度を ρ とすると，BC の方は 4ρ と表せる。張力を S とすると，それぞれを伝わる波の速さ v_1，v_2 は

$$\text{AB：}\quad v_1=\sqrt{\frac{S}{\rho}} \qquad \text{BC：}\quad v_2=\sqrt{\frac{S}{4\rho}}=\frac{1}{2}v_1$$

振動数を f とし，それぞれの弦の波の波長を λ_1，λ_2 とすると

$$\text{AB：}\quad v_1=f\lambda_1 \quad \cdots\cdots① \qquad \text{BC：}\quad (v_2=)\frac{1}{2}v_1=f\lambda_2 \quad \cdots\cdots②$$

①，②より $\quad \lambda_2=\dfrac{1}{2}\lambda_1 \quad \cdots\cdots③$

弦ABの腹の数を n とすると，BCの腹の数は $5-n$ となる。それぞれの弦の長さは（半波長）×（腹の数）に等しいので

AB：　$0.8=\dfrac{\lambda_1}{2}\times n$　……④

BC：　$0.6=\dfrac{\lambda_2}{2}\times(5-n)=\dfrac{\lambda_1}{4}(5-n)$　……⑤

④, ⑤より　$n=2$，$\lambda_1=\mathbf{0.8}$ **〔m〕**　　また，③より　$\lambda_2=\mathbf{0.4}$ **〔m〕**

別解　弦の固有振動数の公式 $\boldsymbol{f=\dfrac{n}{2l}\sqrt{\dfrac{S}{\rho}}}$ を用いてもよい（l は弦の長さ）。ABとBCの振動数が一致しているので

$$\frac{n}{2\times0.8}\sqrt{\frac{S}{\rho}}=\frac{5-n}{2\times0.6}\sqrt{\frac{S}{4\rho}}$$

これより $n=2$ と決まる。あとは④から λ_1 が，⑤から λ_2 が求められる。

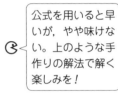

公式を用いると早いが，やや味けない。上のような手作りの解法で解く楽しみを！

(2)　f はおんさの振動数200〔Hz〕に等しいから

AB：　$v_1=f\lambda_1=200\times0.8=\mathbf{160}$ **〔m/s〕**

BC：　$v_2=f\lambda_2=200\times0.4=\mathbf{80}$ **〔m/s〕**

(3)　$n=2$ よりABには2個の腹があり，BCには3個の腹がある。

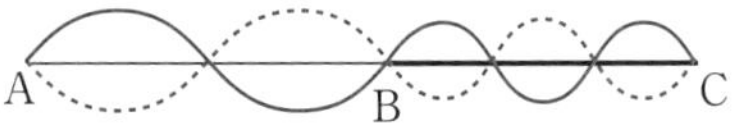

（振幅は適当でよい）

Q　次に，弦ABに直接おんさOを右図のように縦にしてつなぎ，振動させると定常波ができた。その形を描け。また，AB間の腹の数を3個にするには，おもりの質量を何倍にすればよいか。（★★）

66　気柱の共鳴

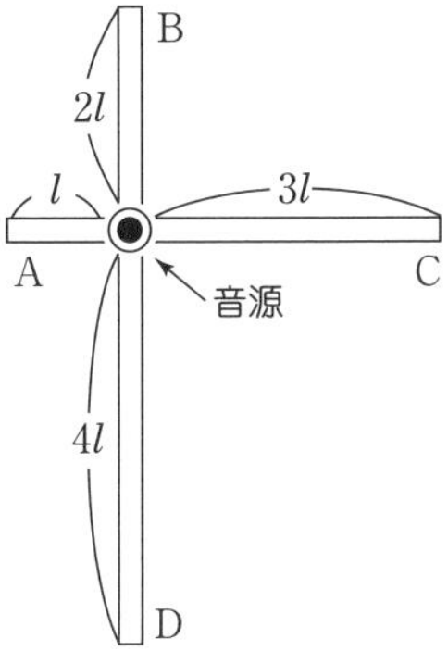

振動数が自由に変えられる音源のまわりに，長さ l，$2l$，$3l$ および $4l$ の4本の閉管A，B，C，Dを図のように配置して，気柱の共鳴実験を行った。音源の振動数を0から少しずつ増していくと，共鳴する管が次々と移っていく。このとき，共鳴する管の順序と振動数に関して，次の問いに答えよ。ただし，音速を V とし，開口端補正はないとする。

(1)　A管がはじめて共鳴するときの振動数，および2度目に共鳴するときの振動数を考え方を示して求めよ。

(2)　共鳴する管の順序を1番から5番目まで，A, B, C, Dを用いて記せ。ただし，複数の管が同時に共鳴するときはそれらを（　　）つきで記せ。（解答例：A管とC管が3番目に同時に共鳴するとき……AB(AC)AD）

次に，すべての管の閉端を開放して，開管の気柱の共鳴を調べた。振動数を0から少しずつ増していくとき，

(3)　D管が3度目に共鳴するのは，共鳴振動数では全体で何番目か。また，そのときの共鳴振動数を求めよ。((2)の解答例でA管が3度目に共鳴するのは，全体で4番目である。)

(4)　4本の管が同時に共鳴する最小の振動数を求めよ。　（横浜国大）

Level　(1) ★　(2)〜(4) ★

Point & Hint

(1) **閉管の共鳴は，管の口が腹，底が節となる定常波が生じるとき**起こる。

(2) 基本振動数を f_1 とすると，共鳴振動数は $3f_1, 5f_1, \cdots\cdots$ と続く。このように閉管の固有振動数は奇数列となる。

(3) **開管の共鳴は管の両端の口が腹となる定常波が生じるとき**起こる。

LECTURE

(1)　初めの共鳴は図 a のような定常波ができる基本振動で起こる。節と腹の間隔は「$\frac{1}{4}$波長」なので，波長をλ_1，振動数をf_1とすると

$$l=\frac{\lambda_1}{4} \qquad \therefore \quad \lambda_1=4l$$

$$V=f_1\lambda_1 \quad \text{より} \qquad f_1=\frac{V}{\lambda_1}=\boldsymbol{\frac{V}{4l}} \qquad \cdots\cdots①$$

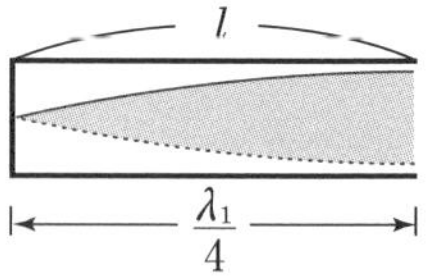

図 a　基本振動
（縦波である音波を横波的に表している）

次の共鳴は図 b のようになり，波長をλ，振動数をfとすると

$$l=\frac{\lambda}{4}\times 3 \qquad \therefore \quad \lambda=\frac{4}{3}l$$

$$V=f\lambda \quad \text{より} \qquad f=\frac{V}{\lambda}=\boldsymbol{\frac{3V}{4l}}$$

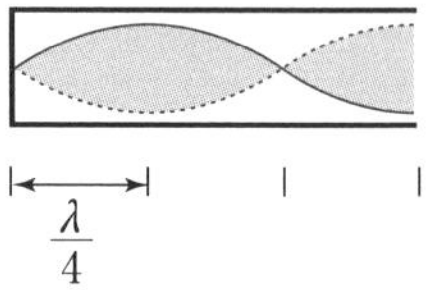

図 b　3 倍振動

このfがf_1の 3 倍になっているので 3 倍振動という。名称は基本振動数の何倍になっているかで決めている。

$\frac{\lambda}{4}$が何個入っているかを考える

さらに，次の共鳴（図 c）は

$$l=\frac{\lambda}{4}\times 5 \quad \text{となり} \qquad f=\frac{V}{\lambda}=\frac{5V}{4l}=5f_1$$

となって，5 倍振動となる。結局，閉管の固有振動は基本振動，3 倍振動，5 倍振動，…と奇数倍振動が続く。

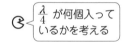

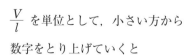

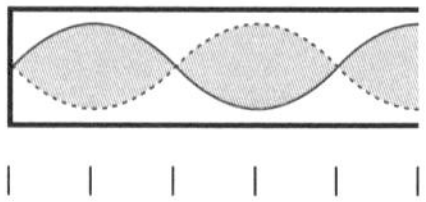

図 c　5 倍振動

(2)　B 管の基本振動数は，①のlを$2l$に置き換えればよいから

$$\frac{V}{4\cdot 2l}=\frac{V}{8l}$$

図 a と比べると，$\frac{1}{4}$波長を 5 個つめないといけないから，波長は$\frac{1}{5}$倍。つまり，振動数は 5 倍と分かる。

同様に，C，D 管の基本振動数と奇数倍の振動数を表にすると右のようになる。

$\frac{V}{l}$を単位として，小さい方から数字をとり上げていくと

	A	B	C	D
基本振動	$\frac{V}{4l}$	$\frac{V}{8l}$	$\frac{V}{12l}$	$\frac{V}{16l}$
3 倍振動	$\frac{3V}{4l}$	$\frac{3V}{8l}$	$\frac{3V}{12l}$	$\frac{3V}{16l}$

$\frac{1}{16}$, $\frac{1}{12}$, $\frac{1}{8}$, $\frac{3}{16}$, $\frac{1}{4}=\frac{3}{12}$, $\left(\frac{5}{16}\right.$：Dの5倍振動$\left.\right)$

管の名称の順にすると，**DCBD(AC)**

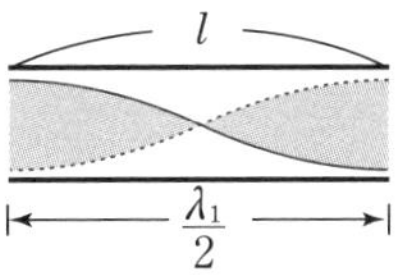

図d　基本振動

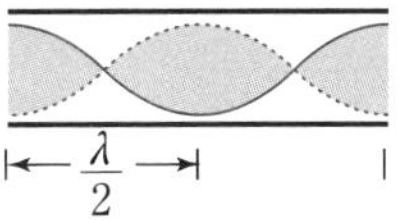

図e　2倍振動

(3)　開管Aの基本振動（図d）での波長を λ_1, 振動数を f_1 とすると

$$l=\frac{\lambda_1}{2} \qquad \therefore \quad \lambda_1=2l$$

$$\therefore \quad f_1=\frac{V}{\lambda_1}=\frac{V}{2l} \qquad \cdots\cdots②$$

そして，2倍振動，3倍振動，…と自然数列で続く。

②の l を $2l$ などに置き換えることにより，B管などの基本振動数が決まる。次に倍振動数を決めていくと，次の表のようになる。

図dの模様が2個入るから，波長は $\frac{1}{2}$ 倍で振動数は2倍。

	A	B	C	D
基本振動	$\frac{V}{2l}$	$\frac{V}{4l}$	$\frac{V}{6l}$	$\frac{V}{8l}$
2倍振動	$\frac{2V}{2l}$	$\frac{2V}{4l}$	$\frac{2V}{6l}$	$\frac{2V}{8l}$
3倍振動	$\frac{3V}{2l}$	$\frac{3V}{4l}$	$\frac{3V}{6l}$	$\frac{3V}{8l}$

$\frac{V}{l}$ を単位として，小さい順に

$\frac{1}{8}$, $\frac{1}{6}$, $\frac{1}{4}=\frac{2}{8}$, $\frac{2}{6}$, $\frac{3}{8}$

よって，DC(BD)CDとなり，Dが3度目に現れるのは**5**番目であり，振動数は　$\boldsymbol{\frac{3V}{8l}}$

閉管の基本振動数 $\frac{V}{4l}$ や開管の基本振動数 $\frac{V}{2l}$ の式を見ると，長い管ほど基本振動数は小さい。つまり，低い音が出る。それは科学常識ともいえ，D管から共鳴が始まるのは当然のこと。

(4)　D管の4倍振動数は　$\frac{4V}{8l}=\frac{V}{2l}$　となり，上の表を見るとA, B, Cのいずれにも現れている。よって，　$\boldsymbol{\frac{V}{2l}}$

弦も開管も固有振動数は基本振動数の自然数倍となるので，特に覚えることもない。「閉管だけが奇数倍」と覚えておくとよい。

67　弦と気柱の共鳴

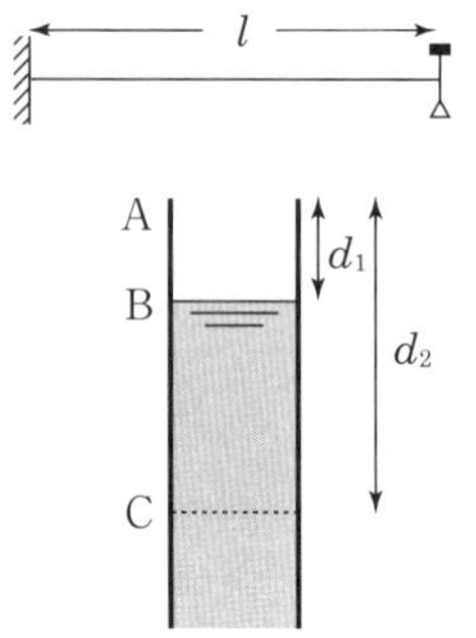

線密度 ρ〔kg/m〕, 長さ l〔m〕の弦が張力 S〔N〕で張られている。弦の中央をはじき, 弦に基本振動を生じさせる。弦の下には水を入れた管が置かれている。水面を管口Aから徐々に下げていくと, Bの位置（AB = d_1〔m〕）ではじめて共鳴し, Cの位置（AC=d_2〔m〕）で2度目の共鳴をした。開口端補正は一定とする。

(1)　弦を伝わる波の波長と振動数を求めよ。

(2)　音波の波長と音速を求めよ。また, 開口端補正を求めよ。

(3)　さらに水面を下げていくと, 3度目の共鳴が起こった。このとき, 管内において空気の密度が激しく変化している所はどこか。管口からの距離で答えよ。

(4)　水面をさらに下げてみたが, 共鳴は起こらないまま管の下端に達した。そこで水をなくし開管にすると, 管は共鳴した。管の全長を求めよ。

(5)　水面をCの位置に戻し, 弦の張力を S〔N〕から徐々に増していくと, 共鳴は止み, やがて再び共鳴した。このときの弦の張力を求めよ。

Level　(1) ★★　(2), (3) ★　(4), (5) ★

Point & Hint　(2) 管が共鳴するとき, 実際には, 管の口より少し外側に腹ができる。その管口からの距離を開口端補正という。音源である弦に気柱が**共鳴しているとき, 両者の振動数は一致**している。

(3) 縦波の定常波で密度変化が最大となる所は…。

(4) 開口端補正に注意。

(5) 張力が増すと, 何がどう変わるかを順次押さえる。閉管の固有振動数についての知識を利用すると早く解ける。

LECTURE

(1) 弦の基本振動は右のようになる。弦の波の波長を λ_s とすると

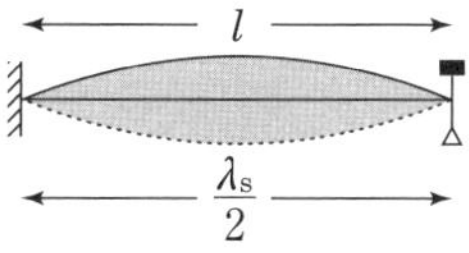

$$\frac{\lambda_s}{2} = l \qquad \therefore \quad \lambda_s = \boldsymbol{2l}\,〔\mathbf{m}〕$$

弦の波の速さ v は $v = \sqrt{\frac{S}{\rho}}$ と表される。基本振動数を f とすると

$$v = f\lambda_s \quad より \qquad f = \frac{v}{\lambda_s} = \boldsymbol{\frac{1}{2l}\sqrt{\frac{S}{\rho}}}\,〔\mathbf{Hz}〕$$

(2) BとCで気柱が共鳴したことから，定常波は右図のようになっている。BC間は節と節の間隔で半波長に等しい。音波の波長を λ とすると

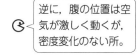

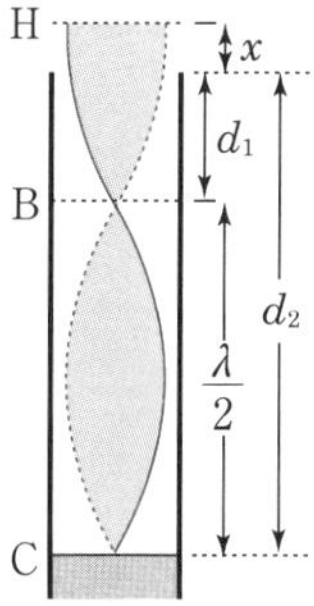

$$\mathrm{BC} = \frac{\lambda}{2} = d_2 - d_1 \qquad \therefore \quad \lambda = \boldsymbol{2(d_2 - d_1)}\,〔\mathbf{m}〕$$

音波の振動数も f だから，音速 V は

$$V = f\lambda = \boldsymbol{\frac{d_2 - d_1}{l}\sqrt{\frac{S}{\rho}}}\,〔\mathbf{m/s}〕$$

管口の少し外にある腹Hと節Bとの間隔は $\frac{\lambda}{4}$ だから，上図より開口端補正 x は

$$x = \frac{\lambda}{4} - d_1 = \boldsymbol{\frac{d_2 - 3d_1}{2}}\,〔\mathbf{m}〕$$

> 弦の波は横波で，音波は縦波。速さも波長も無関係。ただ振動数 f だけが一致している。

(3) V と f が一定だから，λ も変わらない。つまり，腹Hの下側にできる定常波の波形は変わらず，水面が節の位置にくるたびに共鳴が起こる。いいかえれば，節から節まで $\frac{\lambda}{2}$ 下げるたびに共鳴する。**密度変化（や圧力変化）が最大となるのは節の位置**だから(☞エッセンス(上) p 114)，B，Cと，Cの下 $\frac{\lambda}{2}$ 離れた水面位置D（次図）である。よって

$$\boldsymbol{d_1}\,〔\mathbf{m}〕,\ \boldsymbol{d_2}\,〔\mathbf{m}〕,\ d_2 + \frac{\lambda}{2} = \boldsymbol{2d_2 - d_1}\,〔\mathbf{m}〕$$

> 逆に，腹の位置は空気が激しく動くが，密度変化のない所。

なお，水面位置Dでの密度変化はBやCと同じである。(半分になるというのは誤解。節の上下の空気がまざり合うことはないから。)

(4) 3度目の共鳴が起こった位置Dより下には節の位置がないこと，および

開管にしたとき共鳴したことから，管と定常波の関係は右図のようになっている。管の下端でも開口端補正 x があることに注意する。

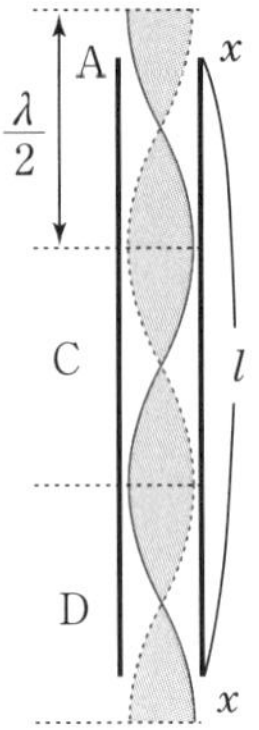

管の全長を l とすると，図より

$$x+l+x=\frac{\lambda}{2}\times 3$$

$$\therefore\quad l=\frac{3}{2}\lambda-2x=\mathbf{2d_2}\,〔\mathbf{m}〕$$

C が管の中心位置になっていることからも AC$(=d_2)$ の 2 倍と決められる。

(5)　張力 S を増すと，$v=\sqrt{\frac{S}{\rho}}$ より v が増す。λ_s は一定$\left(\frac{\lambda_s}{2}=l\right.$ の基本振動$\left.\right)$ だから，$v=f\lambda_s$ より v が増せば f が増す。

こうして，気柱の共鳴振動数が増したことが分かる。水面が C のときの定常波は 3 倍振動だから，次は 5 倍振動が現れたことになる。つまり，振動数は $\frac{5}{3}$ 倍になったことが分かる。

弦をピンと張っていくと，高い音に変わるのは常識。

弦に戻ると，$v=\sqrt{\frac{S}{\rho}}=f\lambda_s$ より f を $\frac{5}{3}$ 倍にするには S を $\frac{25}{9}$ 倍にすればよい。よって，$\mathbf{\frac{25}{9}S}\,〔\mathbf{N}〕$

閉管の長さを固定すれば，奇数列の性質が使える。開口端補正が気になるところだが，管の口は腹 H の位置まで達しているとみなせばよい。

別解　上述のように，S を増すと f が増す。V は一定だから，λ が減って次の定常波は右図のようになる。

$$x+d_2=\frac{\lambda'}{4}\times 5\qquad\therefore\quad \lambda'=\frac{6}{5}(d_2-d_1)$$

$$\therefore\quad f'=\frac{V}{\lambda'}=\frac{5}{6l}\sqrt{\frac{S}{\rho}}\ \left(=\frac{5}{3}f\right)$$

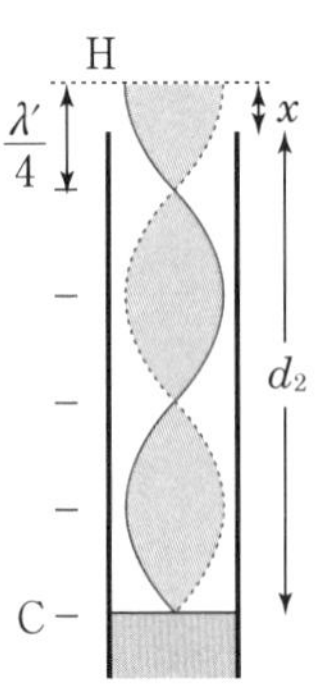

以下，上と同様でもいいし，計算で進めると(ダッシュ付きの量は後の共鳴状態)

$$v'=\sqrt{\frac{S'}{\rho}}=f'\lambda_s$$

$$=\frac{5}{6l}\sqrt{\frac{S}{\rho}}\cdot 2l\qquad\therefore\quad S'=\mathbf{\frac{25}{9}S}\,〔\mathbf{N}〕$$

68　波の式

x 軸の原点 O にある波源 S から振動数 f，波長 λ の波が左右に出ている。S から右に距離 L だけ離れた所に壁 R があり，波はここで振幅を変えずに固定端反射される。S から出る波の O における変位 y は，時刻 t に対して $y = A\sin 2\pi ft$ と表されるものとする。

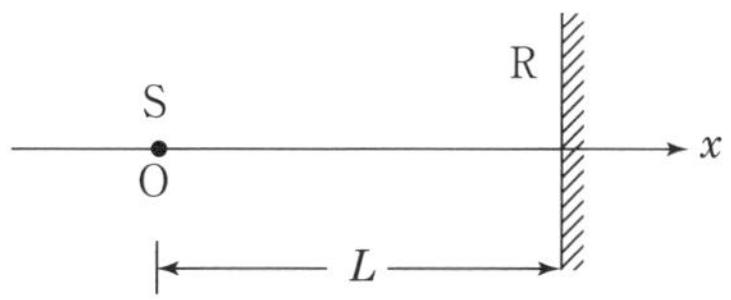

(1)　S から壁に向かう入射波の式 y_1 を x，t の関数として表せ。$(0 \leqq x \leqq L)$

(2)　壁からの反射波の式 y_2 を x，t の関数として表せ。$(x \leqq L)$

(3)　SR 間で，合成波の変位 y_{I} は次式のように表される。

$$y_{\text{I}} = 2A\sin \boxed{\quad(ア)\quad} \cos \boxed{\quad(イ)\quad}$$

(ア),(イ)を埋めよ。また，常に $y_{\text{I}} = 0$ となる位置 x を整数 $n\,(=0, 1, 2\cdots)$ を用いて表せ。

(4)　S の左側に生じる波(合成波)の振幅を求めよ。また，振幅が最大となるときの L を λ，n で表せ。　（東京理科大）

Level　(1) ★　(2),(3) ★　(4) ★★

Point & Hint　力学では単振動の式は $y=A\sin\omega t$ として扱うことが多い。$\omega = \dfrac{2\pi}{T} = 2\pi f$ の関係がある。

(1) 波が原点 O から位置 x まで伝わるのに要する時間 $\varDelta t$ をまず調べる。次に，位置 x で時刻 t のときの変位は，O でのいつの時刻の変位と等しいかを考える。

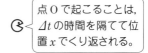

点 O で起こることは，$\varDelta t$ の時間を隔てて位置 x でくり返される。

(2) (1)の結果から壁 R での y_2 の時間変化が分かる。そこで，R から位置 x まで伝わる時間を調べる。考え方は(1)と同じこと。

(3) 三角関数の公式　$\sin\alpha \pm \sin\beta = 2\sin\dfrac{\alpha\pm\beta}{2}\cos\dfrac{\alpha\mp\beta}{2}$　を用いる。

(4) まず，S から直接に左へ向かう波の式をつくる。

LECTURE

(1)　入射波が点Oから位置xまで伝わる時間Δtは，波の速さをvとして，$\Delta t=\dfrac{x}{v}=\dfrac{x}{f\lambda}$ と表せる。位置xで時刻tの変位は，点Oで時刻 $t-\Delta t$ の変位に等しい。よって，

$$y_1=A\sin 2\pi f\left(t-\frac{x}{f\lambda}\right)$$
$$=\boldsymbol{A\sin 2\pi\left(ft-\frac{x}{\lambda}\right)}$$

三角関数の中でxとtが−（マイナス）で結ばれると，$+x$ 方向への波。

三角関数の中身（位相という）に時間tが現れるときは $\boldsymbol{\dfrac{2\pi}{T}t}$ という形になる。ここでは周期Tの代わりにfを用いているので $2\pi ft$ となっている。また，位置xが現れるときは $\boldsymbol{\dfrac{2\pi}{\lambda}x}$ という形になる。

(2)　壁Rの位置 $x=L$ での入射波の変位は　$y_1=A\sin 2\pi\left(ft-\dfrac{L}{\lambda}\right)$

固定端反射なので，Rでの反射波の変位y_2は

$$y_2=-y_1=-A\sin 2\pi\left(ft-\frac{L}{\lambda}\right)$$

Rから位置xまで反射波が伝わるのにかかる時間 $\Delta t'$ は $\Delta t'=\dfrac{L-x}{v}=\dfrac{L-x}{f\lambda}$ と表せるから，Rでの時刻 $t-\Delta t'$ の変位を調べればよい。

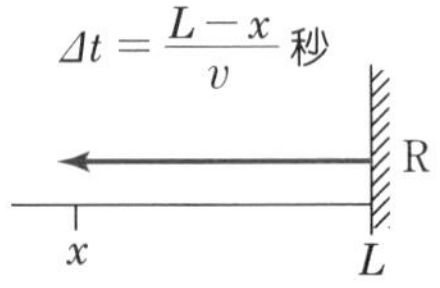

$$y_2=-A\sin 2\pi\left\{f(t-\Delta t')-\frac{L}{\lambda}\right\}$$
$$=-A\sin 2\pi\left\{f\left(t-\frac{L-x}{f\lambda}\right)-\frac{L}{\lambda}\right\}$$
$$=\boldsymbol{-A\sin 2\pi\left(ft+\frac{x-2L}{\lambda}\right)}$$

xとtが+（プラス）で結ばれると，$-x$方向への波

別解　与えられた式から直接求めることもできる。点Oから出た波がRで反射されて位置xに達するまでに $L+(L-x)$ の距離を伝わるから，かかる時間は $\dfrac{(2L-x)}{v}$　反射の際，位相がπ変わることを考え合わせて

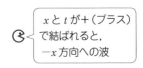

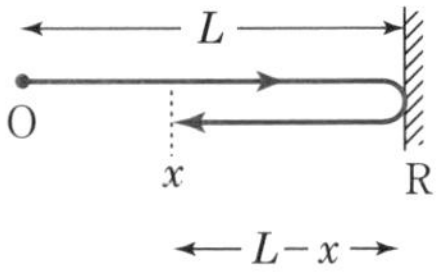

$$y_2 = \boldsymbol{A \sin\left\{2\pi f\left(t - \frac{2L-x}{f\lambda}\right) + \pi\right\}}$$

マイナスでもよい

(3)　波の重ね合わせの原理より，三角関数の公式を用いて

$$y_{\mathrm{I}} = y_1 + y_2 = 2A\sin\underset{(ア)}{\boldsymbol{2\pi\frac{L-x}{\lambda}}}\cos\underset{(イ)}{\boldsymbol{2\pi\left(ft - \frac{L}{\lambda}\right)}}$$

時間 t によらず $y_{\mathrm{I}} = 0$ となるには $\sin 2\pi\frac{L-x}{\lambda} = 0$ であればよい。

よって，　$2\pi\frac{L-x}{\lambda} = n\pi$　　$\therefore$　$x = \boldsymbol{L - \frac{n\lambda}{2}}$

x と t が別居していると，定常波。

ただし n には，$0 \leqq x \leqq L$ より $0 \leqq n \leqq \frac{2L}{\lambda}$
という制限がつく。

SR 間には定常波が生じていて，固定端 $x = L$ は節の位置となること，節と節の間隔は $\frac{\lambda}{2}$ であることから，定性的にも上の結果は出せる。

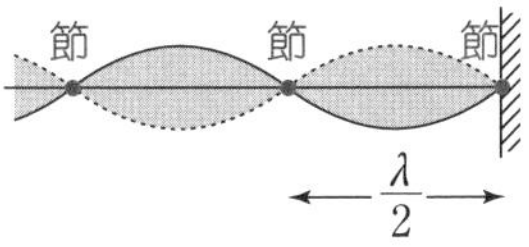

(4)　点 O から左へ進む波 y_3 は，位置 x（x は負!）まで伝わるのに，

$\varDelta t'' = \frac{-x}{v} = -\frac{x}{f\lambda}$ の時間を要するから

$$y_3 = A\sin 2\pi f(t - \varDelta t'') = A\sin 2\pi\left(ft + \frac{x}{\lambda}\right)$$

この y_3 と反射波 y_2 が合成波 y_{II} をつくるので

$$y_{\mathrm{II}} = y_2 + y_3 = 2A\sin\frac{2\pi L}{\lambda}\cos 2\pi\left(ft + \frac{x-L}{\lambda}\right)$$

y_2, y_3 ともに左へ進む波なので，y_{II} もまた左への進行波となっている。その振幅 A' は

定常波は SR 間のみ！

$$A' = \boldsymbol{\left|2A\sin\frac{2\pi L}{\lambda}\right|}$$

これが最大になるのは $\left|\sin\frac{2\pi L}{\lambda}\right| = 1$ のケースで

$$\frac{2\pi L}{\lambda} = \frac{2n+1}{2}\pi \qquad \therefore \quad L = \boldsymbol{\frac{2n+1}{4}\lambda}$$

ここで扱っているのは，実は波の干渉の問題。図のように赤線部 $2L$ が経路差となること，および反射で位相が π 変わることから，強め合う条件は $2L=\left(n+\dfrac{1}{2}\right)\lambda$ であり，前ページと同じ結果になっている。

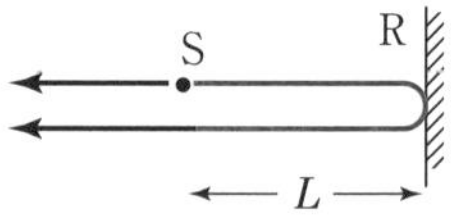

Sを同位相の2つの波源(一方は右へ，他方は左へ波を出す)とみなすと，干渉らしくなる。

さかのぼって，(3)で扱ったSR間で「常に $y_{\mathrm{I}}=0$ となる位置」も図のような2つの波の干渉の問題としてとらえることもできる。

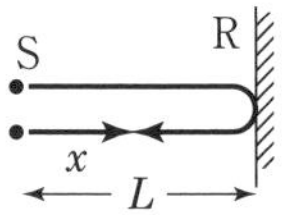

経路差は $(L+L-x)-x=2(L-x)$ であり，反射で位相が π 変わることを考えると，$y_{\mathrm{I}}=0$ となる，つまり，弱め合う条件は

$$2(L-x)=n\lambda \qquad \therefore \quad x=L-\frac{n\lambda}{2}$$

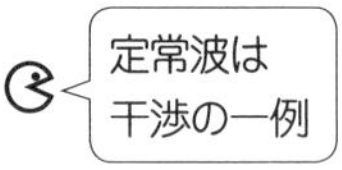

このように，定常波も干渉の一例であり，腹は強め合いの位置に，節は弱め合いの位置に該当する。

Q　波が壁Rで自由端反射される場合について，問(2)以下を解いてみよ。
((2),(3)★ (4)★★)

69 ドップラー効果

図のように，観測者O，音源Sおよび反射板Rが直線上に並んでいる。OとRは静止している。音速をVとし，風はない。右向きを速度の正の向きとする。

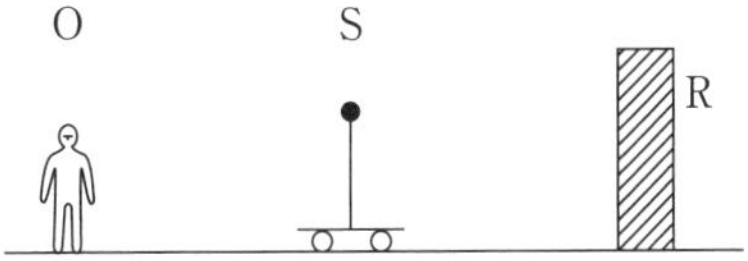

(1) Sは速度$v=2$〔m/s〕で動きながら，一定の振動数の音を出していて，$V=340$〔m/s〕とする。

(ア) Oが観測した反射音の振動数は680〔Hz〕であった。音源の振動数f_0を求めよ。

(イ) このとき，Oは毎秒約何〔回〕のうなりを観測するか。

(ウ) 仮に，反射板Rを適当な速度wで動かせば，うなりはまったく観測されなくなる。wを求めよ。ただし，$|w|<V$とする。

(2) Sは一定の速度 v $(0<v<V)$ で移動しながら，信号音を一定時間Tだけ鳴らしては一定時間Tだけ中断するということをくり返している。OがSからの直接音と静止しているRによる反射音とを観測したところ，信号音の継続時間の長さの観測値は，直接音についてはt_1，反射音についてはt_2であった。Sの速度vをこれらの観測値t_1, t_2およびVだけを用いて表せ。（東北大）

Level (1) (ア),(イ) ★ (ウ) ★ (2) ★

Point & Hint

(1) ドップラー効果は音源や人が動くと，音源の振動数f_0とは異なる振動数fの音が観測される現象。公式は1つですむ。うなりは振動数の異なる2つの音を聞くとき生じる。**1秒間のうなりの回数は2つの音の振動数の差に等し**

Base ドップラー効果

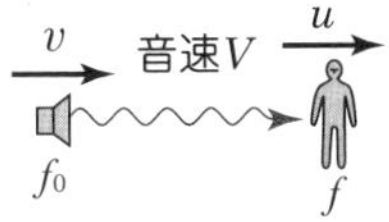

$$f=\frac{V-u}{V-v}f_0$$

u，vは速度で，音が伝わる向きを正とする。

い。ドップラー効果，うなり共に音波に限らず起こる。**反射板があるときは，公式を２段階に分けて扱うとよい**。まず，反射板を人に置き替えて振動数 f_{R} を求め，次に反射板を f_{R} の音源に置き替える。

⑵ 波数の不変性を利用する。音源が出した音を人が聞き終えれば，**出した波の数＝聞いた波の数**。波は１波長を１個と数える。ドップラー効果で波長は変わっても，波の数は変わらない。あるいは，音波が伝わる時間を丁寧に調べてもよい。

LECTURE

⑴ ㋐ まず，Rを人に置き替えて，振動数 f_{R} を求めると

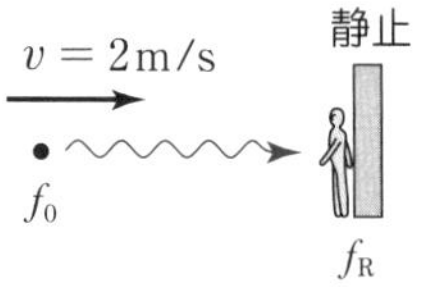

$$f_{\mathrm{R}}=\frac{V}{V-v}f_0 \qquad \cdots\cdots①$$

次に，Rを振動数 f_{R} の音源として扱えばよいのだが，Rは静止し，観測者Oも静止しているので，この後ドップラー効果は起こらない。反射音 680〔Hz〕は f_{R} に等しい。よって，

$$680=\frac{340}{340-2}f_0 \qquad \therefore\ f_0=\mathbf{676}\ \text{〔Hz〕}$$

音源が人に（相対的に）近づくと振動数は増え，遠ざかると減る。答えが出たらチェック！

㋑ SからOに直接伝わる音の振動数を $f_{直}$ とする。左向きを正として

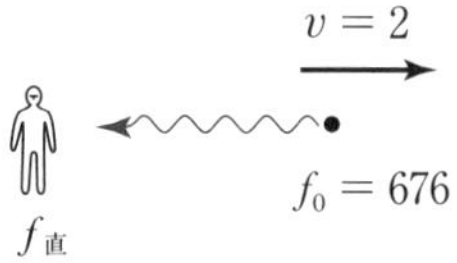

$$f_{直}=\frac{V}{V-(-v)}f_0 \qquad \cdots\cdots②$$

$$=\frac{340}{340+2}\times 676=672.0\cdots$$

よって，１秒間のうなりの回数は

$$680-672=\mathbf{8}\ \text{〔回〕}$$

㋒ うなりをなくすには，反射音の振動数 $f_{反}$ が $f_{直}$ に一致すればよい。$f_{反}$ は右のように２段階に分けて計算していく。

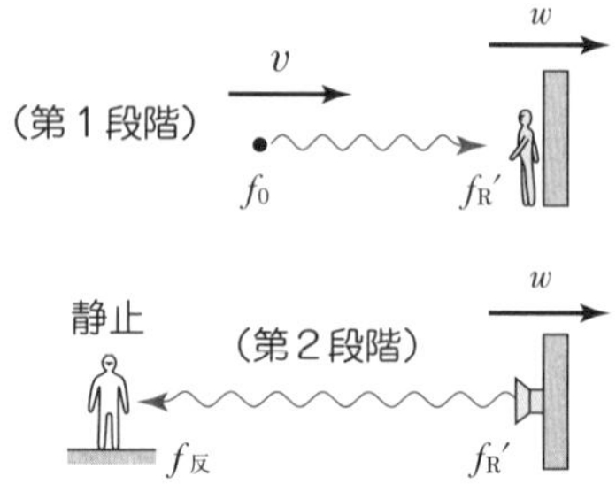

第１段階：　$f_{\mathrm{R}}'=\dfrac{V-w}{V-v}f_0$

第2段階：$f_{反}=\dfrac{V}{V-(-w)}f_{R}'$

$$=\frac{V(V-w)}{(V+w)(V-v)}f_0 \quad \cdots\cdots③$$

$f_{反}=f_{直}$ より $\dfrac{V-w}{(V+w)(V-v)}=\dfrac{1}{V+v}$

$$\therefore\quad w=v=\mathbf{2}\ \text{〔m/s〕}$$

第2段階で速度 w を忘れやすい。正の向きが変わることにも注意。なお，$w<0$ でも左の式は成立している。

$w=v$ という答えが出てみると，「なるほど」ということになる。つまり，第1段階では同じ速度だから（近づきも遠ざかりもせず）ドップラー効果は起こらず f_{R}' は f_0 に等しい。第2段階ではRが f_0 の音源として右へ v で動いていて，直接音と同じ状況になっているから，$f_{反}=f_{直}$ は当然のこととなる。

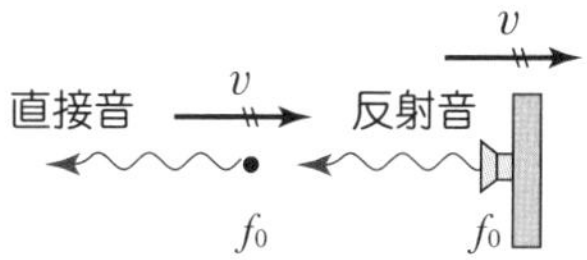

(2) T の間にSが出す波の数は f_0T であり，Oが受け取る直接音の波の数は $f_{直}\,t_1$ となっているから　$f_0T=f_{直}\,t_1$

②を用いることにより

$$t_1=\frac{V+v}{V}T \quad \cdots\cdots④$$

振動数 f_0 とは，音源は1s間に f_0 個の波を出すということ。また観測される振動数 f とは，1s間に f 個受け取るということ。

反射音の波の数は $f_{R}t_2$ だから

$$f_0T=f_{R}t_2$$

①を用いることにより　$t_2=\dfrac{V-v}{V}T \quad \cdots\cdots⑤$

④,⑤より T を消去して　$v=\dfrac{\boldsymbol{t_1-t_2}}{\boldsymbol{t_1+t_2}}\boldsymbol{V}$

④や⑤のように時間の関係は振動数 f_0 と無関係に決まることにも注目したい。

別解 Sが同じ位置で音を出し続ければOが聞く継続時間が T であることは明らか。出し終わりのときSは右へ vT だけ移動しているから音波がその距離を伝わる時間分だけ継続時間が長くなる。

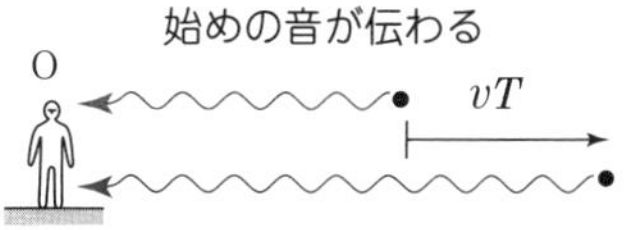

よって，　$t_1=T+\dfrac{vT}{V} \quad \cdots\cdots⑥$

反射音については，終わりの音が伝わる距離が vT だけ短くなっているから，その分の時間が短くなり，

$$t_2 = T - \frac{vT}{V} \qquad \cdots\cdots⑦$$

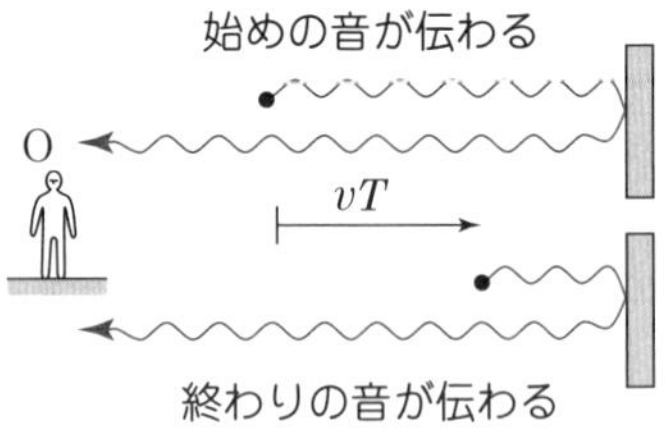

⑥ は ④ と，⑦ は ⑤ と同じ式になっている。

Q1 問(2)において，「継続時間が t_1, t_2」ではなくて，「中断時間が t_1, t_2」であった場合，答えはどうなるか。(★)

Q2 f_0 の音を出し続ける S と，R を静止させ，人 O が SR 間を右へ速度 u で動くと音の強弱がくり返される。強い音が聞こえてから再び強い音が聞こえるまでの時間を次の 2 つの考え方で求めよ。

(a) O が観測する現象に着目する。それはある名称でよばれる現象である。

(b) SR 間に生じている合成波の性質に着目する。(★)

70 ドップラー効果

振動数f_0〔Hz〕の音源Sと反射体Rがあり，観測者Aは静止し，観測者Bは音源S上に乗っている。SおよびRはそれぞれ速さu〔m/s〕，v〔m/s〕でAに近づいている。u，vは音速V〔m/s〕より小さいものとする。

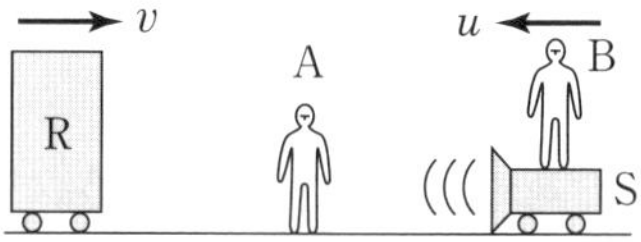

音源Sが前方に1秒間に出したf_0個の波は［(1)］〔m〕の範囲に広がっているから，波長は［(2)］〔m〕で，観測者Aが測定する音波の振動数は［(3)］〔Hz〕である。

また，反射体Rは1秒間に［(4)］個の波を反射する。これらの反射波は［(5)］〔m〕の範囲に広がっているから，波長は［(6)］〔m〕で，観測者Aが測定する反射波の振動数は［(7)］〔Hz〕となる。さらに，観測者Bは1秒間に$V+u$〔m〕の範囲に含まれる反射波を受け取るので，Bが測定する反射波の振動数f_B〔Hz〕は［(8)］〔Hz〕となる。

観測者Bはf_0, V, uの値を知っているので，音源S上でf_Bを測定することによって，反射体の速さ$v=$［(9)］〔m/s〕を求めることができる。さらに，音源Sを出た音波が反射されて再びBに帰ってくるまでの所要時間t_0〔s〕を測定すると，音波を出した時点のBと反射体Rとの距離をV, u, v, t_0を用いて［(10)］〔m〕と求めることができ，反射音がBに帰ってきた時点のBとRとの距離を［(11)］〔m〕と求めることができる。

（福井大）

Level (1) ★★ (2), (3) ★ (4)〜(11) ★

Point & Hint ドップラー効果は公式を用いて解くだけでなく，原理に戻って考えさせる出題も多い。

(1)〜(3) は公式の導出過程を扱っている。何がどうなったのか図を描いて考える。最も大切なことは，**音速は音源の速度によらない**こと。一般に，波の速さは媒質の物理的性質で決められている。
(4) 以下は反射体があるので少し難しいが，考え方は同じことである。

LECTURE

(1)　Sの速度に関係なく，音波は1〔s〕間に音速V〔m〕だけしか進めない。この間にSはu〔m〕動いているから，音波は $\boldsymbol{V-u}$〔m〕の範囲に広がっている。

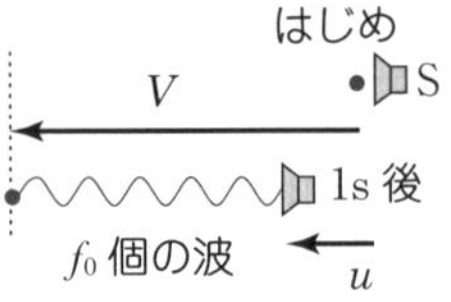

(2)　Sは1〔s〕間にf_0個の波を（動いていてもいなくても）出しているから，上で求めた $V-u$〔m〕の範囲にはf_0個の波がある。波1個分の長さが波長λ_1だから　　$\lambda_1=\dfrac{\boldsymbol{V-u}}{\boldsymbol{f_0}}$

(3)　音速はVであり，求める振動数をf_1とすると

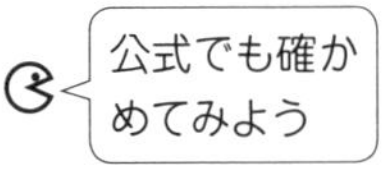
公式でも確か
めてみよう

$$V=f_1\lambda_1 \qquad \therefore\ \ f_1=\frac{V}{\lambda_1}=\frac{\boldsymbol{V}}{\boldsymbol{V-u}}\boldsymbol{f_0}$$

1〔s〕間と限定していることが気になるかもしれない。t〔s〕間とすれば一般的になる。音波は $Vt-ut$〔m〕の範囲に広がり，その中にはf_0t個の波が入っている。そこで波長は $\lambda_1=\dfrac{Vt-ut}{f_0t}=\dfrac{V-u}{f_0}$〔m〕となり，同じ結果が得られる。

(4)　Rは右へ v〔m/s〕で動き，音波は左へV〔m/s〕で向かっているから，Rは1〔s〕間に $V+v$〔m〕の範囲の波と出会う（相対速度で考えてもよい）。波長は上で求めたλ_1だから，出会う（反射する）波の数f_Rは

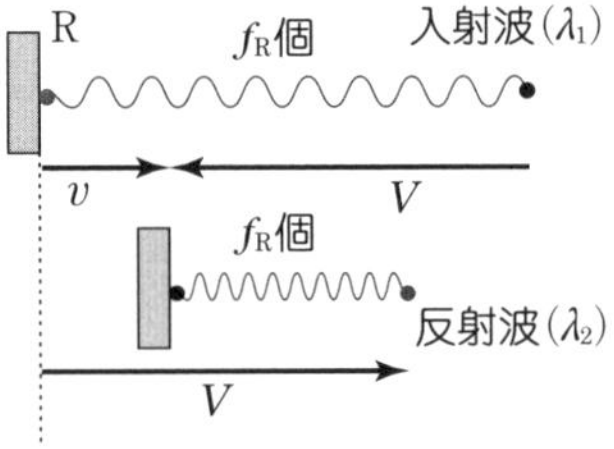

$$f_R=\frac{V+v}{\lambda_1}=\frac{\boldsymbol{V+v}}{\boldsymbol{V-u}}\boldsymbol{f_0}$$

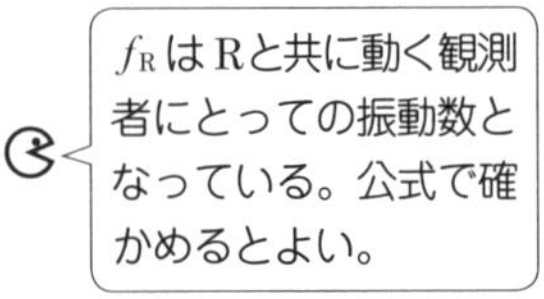
f_RはRと共に動く観測
者にとっての振動数と
なっている。公式で確
かめるとよい。

(5),(6)　音波は V〔m/s〕で進むから，1〔s〕間に反射される波の先端・と後端・の関係は上図のようになる。•∿∿∿• 部が反射波でその長さは $\boldsymbol{V-v}$〔m〕となっている。この中にf_R個の波があるから，その波長λ_2は

$$\lambda_2 = \frac{V-v}{f_R} = \frac{(\boldsymbol{V}-\boldsymbol{u})(\boldsymbol{V}-\boldsymbol{v})}{(\boldsymbol{V}+\boldsymbol{v})\boldsymbol{f_0}}$$

(7) Aが観測する振動数f_2は $V=f_2\lambda_2$ より

$$f_2 = \frac{V}{\lambda_2} = \frac{\boldsymbol{V}(\boldsymbol{V}+\boldsymbol{v})}{(\boldsymbol{V}-\boldsymbol{u})(\boldsymbol{V}-\boldsymbol{v})}\boldsymbol{f_0}$$

(8) $V+u$〔m〕の範囲に波長λ_2の波があるから，その個数（つまりBにとっての振動数）は

$$f_B = \frac{V+u}{\lambda_2} = \frac{(\boldsymbol{V}+\boldsymbol{u})(\boldsymbol{V}+\boldsymbol{v})}{(\boldsymbol{V}-\boldsymbol{u})(\boldsymbol{V}-\boldsymbol{v})}\boldsymbol{f_0}$$

p200で述べた2段階方式で公式からf_2やf_Bを求めることも試みてほしい。さらに，反射波の波長λ_2も知りたいのなら，**波長は観測者によらない**から，静止しているAの立場で $V=f_2\lambda_2$ から求めるとよい。Bの立場だと，Bにとっての音速 $V+u$ を用いて $V+u=f_B\lambda_2$ として求めることになる。

(9) (8)の結果からvを求めると

$$v = \frac{(\boldsymbol{V}-\boldsymbol{u})\boldsymbol{f}_B-(\boldsymbol{V}+\boldsymbol{u})\boldsymbol{f_0}}{(\boldsymbol{V}-\boldsymbol{u})\boldsymbol{f}_B+(\boldsymbol{V}+\boldsymbol{u})\boldsymbol{f_0}}\boldsymbol{V}$$

(10) Sが音を出したときのRS間の距離をlとし，Sから出た音がt〔s〕後にRに達したとして，状況を図示してみると次のようになる（赤は音波）。

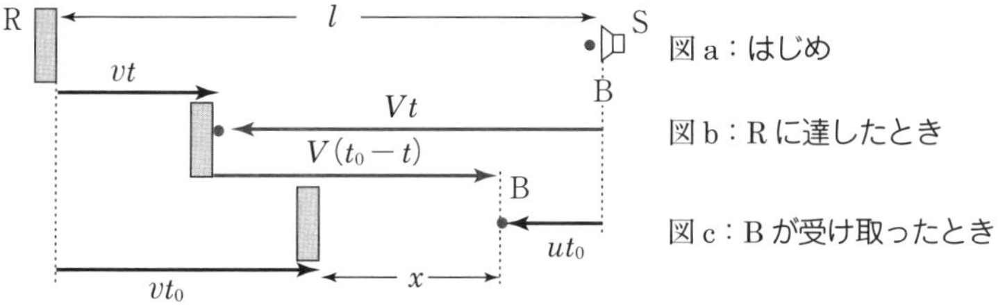

図bより $l=vt+Vt$ ……①

図b，cより $l=vt+V(t_0-t)+ut_0$ ……②

①，②よりtを消去して $l=\dfrac{\boldsymbol{t_0}}{\boldsymbol{2V}}(\boldsymbol{V}+\boldsymbol{u})(\boldsymbol{V}+\boldsymbol{v})$

(11) 求める距離xは，図cより

$$x = l-(vt_0+ut_0)$$

$$= \frac{\boldsymbol{t_0}}{\boldsymbol{2V}}(\boldsymbol{V}-\boldsymbol{u})(\boldsymbol{V}-\boldsymbol{v})$$

とにかく図を描いて
状況をつかむこと

71　ドップラー効果

長さ $2d$ の物体ABが速さ u で直線Lの上を右へ動いている。時刻 $t=0$ のときに，図1に示すような位置にある。点MはABの中点であり，点Oは静止点である。時刻 $t=0$ から $t=T$ までの間，先端Aおよび後端Bから振動数 f_0 の音を発した。これらの音を，点Mおよび点Oで観測する。音速を V とし，$V>u$，$d>uT$ とする。点Oと直線Lとの距離は無視できるものとする。

(1)　先に音を聞くのは，点Mと点Oのうちどちらか。また，その時刻はいつか。

(2)　点Mにおいて，Aからの音が聞こえている時間はどれだけか。

(3)　点Oにおいて，Aからの音が聞こえている時間はどれだけか。

(4)　点Oで聞くうなりの振動数はいくらか。また，うなりが聞こえている時間はどれだけか。

さて，上と同じ状況で，風が物体の運動方向と同じ向きに，速さ u で吹いている。このとき，

(5)　点Mで聞くAからの音の振動数はいくらか。

(6)　点Oで聞くうなりの振動数はいくらか。

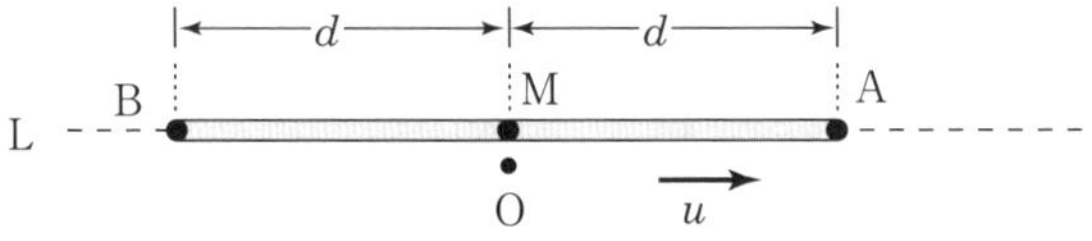

図1：$t=0$

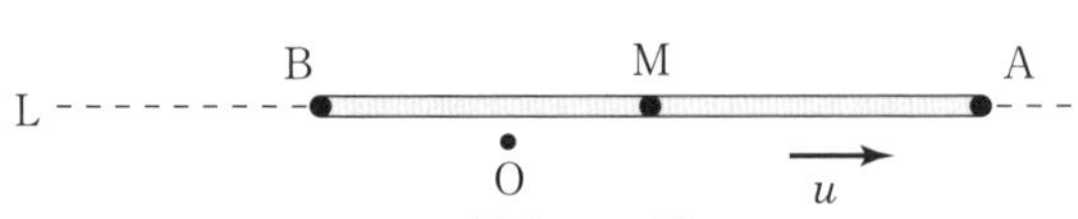

図2：$t=T$

（大阪工大）

Level　(1)〜(3) ★　(4) ★　(5) ★　(6) ★

Point & Hint　(1) 音速は音源の速度によらない。
(2) 時間を決めるには，いつの時刻に何が起こったかをきちんと追う。
(4) うなりは振動数の異なる2つの音を同時に聞くと生じる。

LECTURE

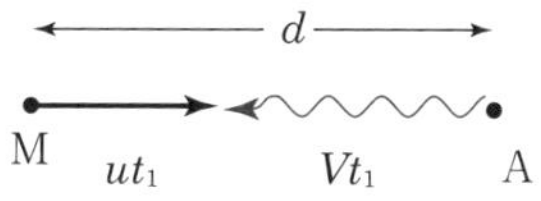

(1) Aから左へ出された音は音速 V で進む。点 **M** は右へ動いているから，静止点Oよりも先にこの音をキャッチする。その時刻を t_1 とする。図より

$$d = ut_1 + Vt_1 \qquad \therefore \quad t_1 = \boldsymbol{\frac{d}{V+u}}$$

なお，点OにはAからの音とBからの音が同時に届く。そしてBからの音がMに届くのは最も遅れる。

(2) (1)と同様に考えてよく，最後の音が時刻 T に出されてから t_1 秒後にMに届く。よって，聞き終わりの時刻 t_2 は $t_2 = T + t_1$ となる。Mでは時刻 t_1 から t_2 までの間音を聞くから，その時間は $t_2 - t_1 = \boldsymbol{T}$

時刻と時間の違いに注目！

別解 MとAは同じ速度で動いている（近づきも遠ざかりもしていない）から，ドップラー効果は起こらない。つまり，Mでは f_0 の音を聞く。「波数の不変性」より，求める時間を Δt とすると

$$\underset{\text{聞いた波の数}}{f_0 \Delta t} = \underset{\text{出した波の数}}{f_0 T} \qquad \therefore \quad \Delta t = \boldsymbol{T}$$

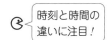

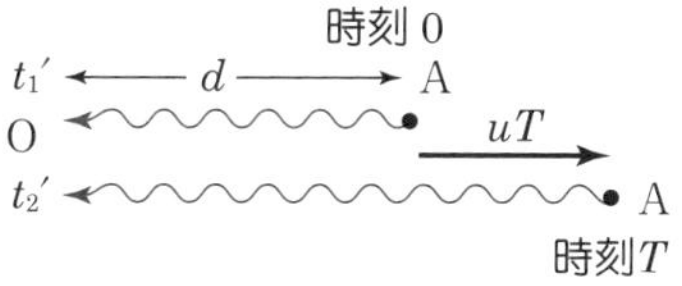

(3) 聞き始めの時刻 t_1' は $t_1' = \dfrac{d}{V}$

Aは uT だけ右へ動いた位置で最後の音を時刻 T に出すから，Oに届く時刻 t_2' は

$$t_2' = T + \frac{d+uT}{V}$$

よって，聞こえている時間は $t_2' - t_1' = \boldsymbol{\left(1 + \frac{u}{V}\right)T}$

uT を音速 V で通る分だけ T より長くなると考えると早い(p201参照)。

別解 Oで受け取る振動数を f_A とすると，ドップラー効果の公式より

$$f_A = \frac{V}{V-(-u)} f_0$$

波数の不変性より，聞こえている時間$\Delta t'$は

$$f_A \Delta t' = f_0 T \qquad \therefore \quad \Delta t' = \frac{f_0}{f_A} T = \boldsymbol{\frac{V+u}{V} T}$$

(4)　Bからの音の振動数f_Bは公式より　$f_B = \dfrac{V}{V-u} f_0$

よって，うなりの振動数は

$$f_B - f_A = \left(\frac{1}{V-u} - \frac{1}{V+u}\right) V f_0 = \boldsymbol{\frac{2Vu}{V^2-u^2} f_0}$$

うなりは2つの音を同時に聞いているときしか生じない。A，Bからの音を聞き始める時刻は等しく，$t_1' = \dfrac{d}{V}$
そして，BがOに近づいているので，Bからの音を先に聞き終わる。その時刻t_B'は，BO間の距離が $d-uT$ となっていることより

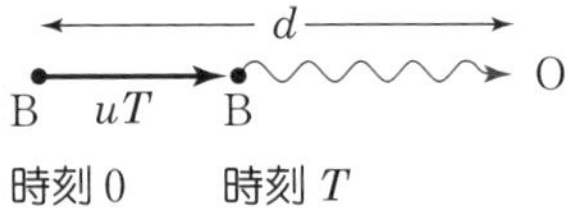

$$t_B' = T + \frac{d-uT}{V}$$

したがって，うなりが聞こえている時間は　$t_B' - t_1' = \boldsymbol{\left(1 - \frac{u}{V}\right) T}$

(5)　MとAは同じ速度で動いているのでドップラー効果は生じない。

よって，$\boldsymbol{f_0}$　なお，Bからの音もf_0であり，Mではうなりは起こらない。

(6)　風が吹くと音速が変わる。公式の音速Vを，風下に向かう音に対しては $V+u$ に，風上に向かう音に対しては $V-u$ に置き換えればよいから

$$f_A' = \frac{(V-u)}{(V-u)-(-u)} f_0 \qquad f_B' = \frac{(V+u)}{(V+u)-u} f_0$$

$$\therefore \quad f_B' - f_A' = \boldsymbol{\frac{2u}{V} f_0}$$

Q　(6)において，点Oでうなりが聞こえている時間はどれだけか。(★)

72　ドップラー効果

振動数f_0の音源が音速Vより遅い一定の速さvで，直線L上を運動している。Lからはずれた位置Aで音の振動数を測定する。直線L上に点Pをとる。PA間の距離はdであり，Pから見てAは直線Lから角度θの方向にある。

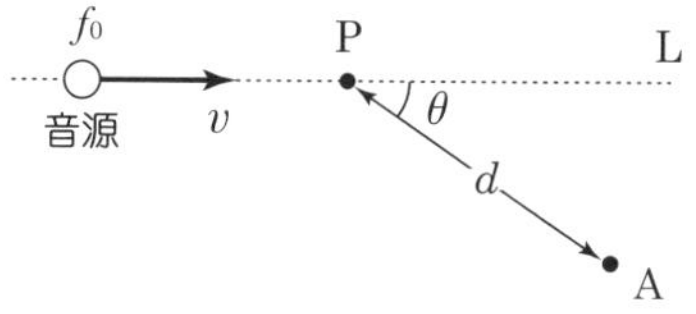

音源がPで出した音波と，それから音源の振動の1周期後に出す音波とは，測定点Aに時間差 $T=$ ［(ア)］ で到達する。dが$\dfrac{v}{f_0}$に比べ十分大きいときは，音源がPを通過しながら出す音が，Aでは振動数fの音として聞こえる。この場合，時間差Tを与える式から，fはf_0, v, V, θを用いて$f=$ ［(イ)］ と表すことができる。

(1)　空欄に入る適当な式を記せ。(イ)では，$d\gg\dfrac{v}{f_0}$により近似式を用いよ。

(2)　飛行機が東の方から測定地点の真上を通過して西の方へ飛んでいった。聞こえる音の振動数を測定したところ，振動数は単調に減少し，飛行機が西の方へ遠く飛び去っていく際の音の振動数は，最初に遠く東の方から聞こえ始めた音の振動数の$\dfrac{1}{3}$であった。また，振動数が最初の振動数の$\dfrac{2}{3}$から$\dfrac{1}{2}$まで変化する時間は3.0秒であった。

飛行機の速度 v〔m/s〕と高度 h〔m〕は一定としてvとhを求めよ。音速は $V=3.4\times10^2$ m/s とする。　　（東京大）

Level　(1) ★　(2) ★★

Point & Hint　(1)(ア) いつ何が起こったのかをていねいに追う。

(イ) $|x|\ll1$（$x\fallingdotseq0$ と同じ）のとき成り立つ近似式 $\boldsymbol{(1+x)^n\fallingdotseq1+nx}$ を用いる。1次の微小量があれば，x^2など2次以上の微小量は無視してよい。なお，このケ

ースでは $n=\dfrac{1}{2}$。

(2) ひっかかりやすい。もしも $h=883$〔m〕となったらミス！

LECTURE

(1) (ア) 時刻 $t=0$ にPで出された音（図の•）がAに達する時刻 t_1 は　$t_1=\dfrac{d}{V}$

1周期 T_0 は $\dfrac{1}{f_0}$〔s〕だから，この間に音源は $v\cdot\dfrac{1}{f_0}$〔m〕進んでP′にいる。その時刻は当然 $\dfrac{1}{f_0}$〔s〕。さて，ここで出された音(図の•)はP′Aを音速 V でやってくるから，Aに到達する時刻 t_2 は

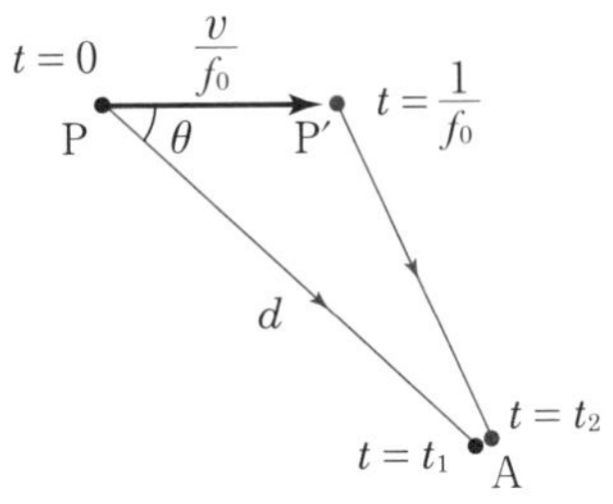

$$t_2=\frac{1}{f_0}+\frac{\mathrm{P'A}}{V}$$

余弦定理より　　$\mathrm{P'A}=\sqrt{d^2+\left(\dfrac{v}{f_0}\right)^2-2d\dfrac{v}{f_0}\cos\theta}$

$$\therefore\quad T=t_2-t_1=\boldsymbol{\frac{1}{f_0}+\frac{1}{V}\left\{\sqrt{d^2+\left(\frac{v}{f_0}\right)^2-2d\frac{v}{f_0}\cos\theta}-d\right\}}\qquad\cdots①$$

なお，PAとP′Aの差分だけ音源が近づいているので，音速で割った値だけ時間は短くなる。そこで，$T=T_0-(\mathrm{PA}-\mathrm{P'A})/V$ としてもよい（p201参照）。

(イ) 1周期を扱っているから•が山，•が次に出した山と思ってよい。T は山と山の時間間隔だから，観測者が測る周期になっている。したがって，振動数は $f=\dfrac{1}{T}$ となる。その前に①の中の｛　｝の部分を近似しておく。

$$d\left(1-\frac{2v}{f_0d}\cos\theta+\left(\frac{v}{f_0d}\right)^2\right)^{\frac{1}{2}}-d$$

（2次の微小量だからカット）

$$\fallingdotseq d\left(1-\frac{1}{2}\cdot\frac{2v}{f_0d}\cos\theta\right)-d$$

（上の式では $\frac{1}{2}$ 乗であった $\frac{1}{2}$）

$$=-\frac{v}{f_0}\cos\theta$$

（「1±微小量」の形にしてから近似すること）

$$\therefore\quad f=\frac{1}{T}=\frac{1}{\dfrac{1}{f_0}-\dfrac{v}{Vf_0}\cos\theta}=\boldsymbol{\frac{V}{V-v\cos\theta}f_0}\qquad\cdots\cdots②$$

この答えを見てホッとするはず。つまり，斜め方向のドップラー効果の扱い方は知識として知っているはずで，右の図のように**音源と観測者を結ぶ直線方向の速度成分（赤点線）を用いて公式を適用すればよい**。②は正にその形になっている。

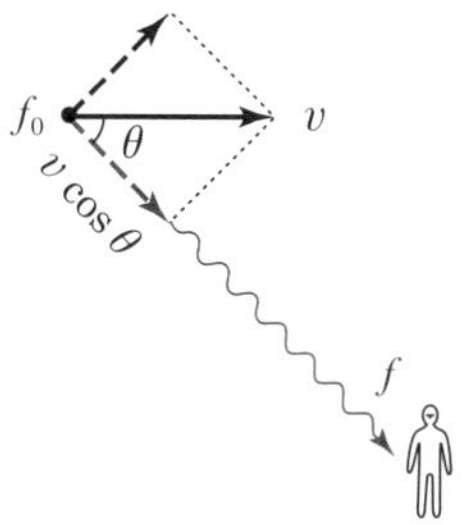

ドップラー効果は音源や観測者が相互に近づいたり，遠ざかったりすることで起こる(一言で言えば，音源と観測者の間の距離が変わるのが原因)。いまは赤い速度成分で近づいていて，黒い成分は近づきでも遠ざかりでもなくドップラーに影響していない――これが定性的な理解だが，ここでは計算で確かめたわけである。

(2) 遠く東の方にいたときは $\theta=0$ だから，聞こえる音の振動数 f_1 は②より

$$f_1=\frac{V}{V-v}f_0 \qquad \cdots\cdots③$$

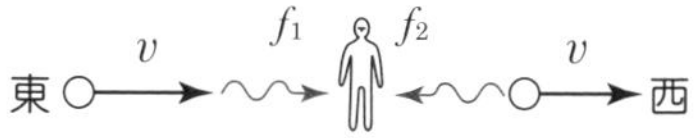

遠く西の方にいるときは $\theta=180°$ であり，このときの振動数 f_2 は

$$f_2=\frac{V}{V+v}f_0 \qquad \cdots\cdots④$$

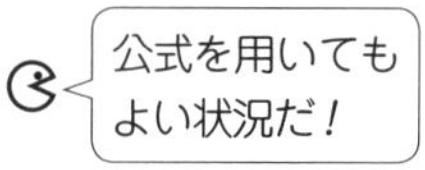

$$\frac{f_2}{f_1}=\frac{1}{3} \quad より \qquad \frac{V-v}{V+v}=\frac{1}{3}$$

$$\therefore \quad v=\frac{V}{2}=\mathbf{1.7\times10^2}\,〔\mathrm{m/s}〕$$

③より $$f_1=\frac{V}{V-\dfrac{V}{2}}f_0=2f_0$$

これが初めに聞いた振動数であり，その $\dfrac{2}{3}$ になるときの位置を P_1 とすると

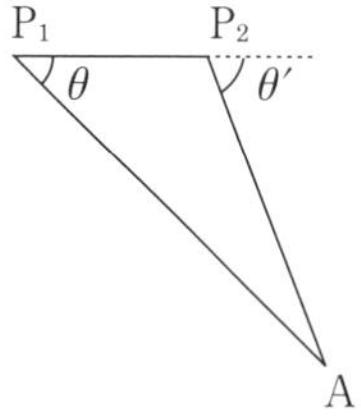

②より $$2f_0\times\frac{2}{3}=\frac{V}{V-\dfrac{V}{2}\cos\theta}f_0$$

$$\therefore \quad \cos\theta=\frac{1}{2} \qquad \therefore \quad \theta=60°$$

同様に P_2 に対して $$2f_0\times\frac{1}{2}=\frac{V}{V-\dfrac{V}{2}\cos\theta'}f_0$$

$$\therefore \quad \cos\theta' = 0 \qquad \therefore \quad \theta' = 90^\circ$$

P_2 の方は $2f_0 \times \dfrac{1}{2} = f_0$ と元の振動数と変わらないのだから，それは真上を通過するときのこと，と定性的にも決められる。

注意を要するのは，飛行機が P_1P_2 間を飛ぶ時間は 3.0 秒ではないこと！　人が 2 つの音を聞いた時間差が 3.0 秒なのである。(1)と同様の考慮が必要であり

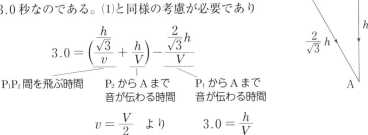

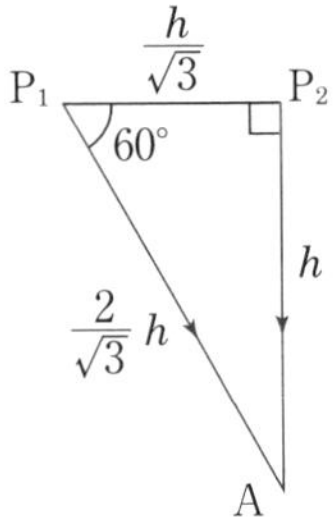

$$3.0 = \left(\frac{\frac{h}{\sqrt{3}}}{v} + \frac{h}{V}\right) - \frac{\frac{2}{\sqrt{3}}h}{V}$$

P_1P_2 間を飛ぶ時間　P_2 から A まで音が伝わる時間　P_1 から A まで音が伝わる時間

$$v = \frac{V}{2} \quad \text{より} \qquad 3.0 = \frac{h}{V}$$

$$\therefore \quad h = 3.0V = 3.0 \times 3.4 \times 10^2 = 1.02 \times 10^3 \fallingdotseq \mathbf{1.0 \times 10^3} \text{〔m〕}$$

$V = 3.4 \times 10^2$〔m/s〕と有効数字が 2 桁だから，答えも 2 桁で。

73 反射の法則・屈折の法則

屈折率 n_A の円柱状のガラス棒Aがある。Aの上端面は中心軸に垂直で空気に接している。また側面は屈折率 n_B の媒質Bで囲まれている。真空中での光速を c，空気の屈折率を1とする。

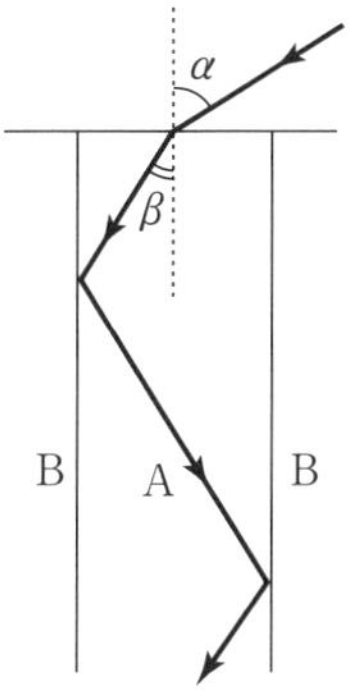

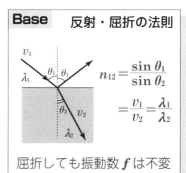

(1) Aの上端面に，入射角 α で入射した光の屈折角は β であった。α，β，n_A の間に成り立つ関係式を示せ。

(2) $n_A > n_B$ とすると，光がAからBへ進むとき，その境界面で全反射が起こりうる。臨界角を θ_0 として，θ_0，n_A，n_B の間に成り立つ関係式を示せ。

(3) (1)の光が媒質Bへ出ることなくAの中を進むためには，α，n_A，n_B の間にどのような条件が必要か。

(4) ガラス棒の長さを l としたとき，全反射をくり返して進む光がガラス棒をつきぬけるのに要する時間はいくらか。β を用いて答えよ。

(5) 媒質Bが空気のとき，(1)の光は α の値にかかわらずすべてAの中だけを進み，側面からは出てこなかった。媒質Bが水のとき，α の値によっては側面からも光が出てきた。ガラス棒Aの屈折率 n_A の取りうる範囲を示せ。ただし，水の屈折率を $\frac{4}{3}$ とする。

（京都工繊大）

Level (1) ★★ (2) ★ (3) ★ (4) ★ (5) ★★

Base 反射・屈折の法則

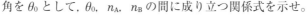

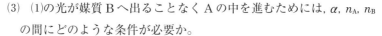

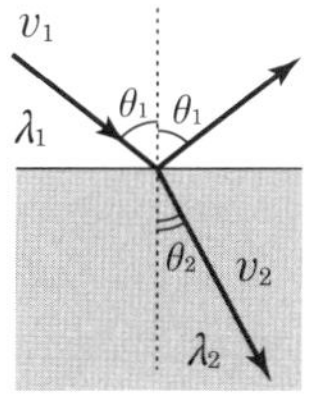

$$n_{12} = \frac{\sin\theta_1}{\sin\theta_2} = \frac{v_1}{v_2} = \frac{\lambda_1}{\lambda_2}$$

屈折しても振動数 f は不変

Point & Hint

右のまとめは，一般の波についての反射の法則と屈折の法則を表している。n_{12} を媒質1に対する媒質2の(相対)屈折率という。

光の場合，真空から物質へ入るとき

の屈折率 n をていねいには絶対屈折率という。

(2) 光の屈折では **$\boldsymbol{n\sin\theta}$＝一定**（θ は入射角や屈折角）が成り立つ。屈折の法則から進むなら，絶対屈折率 n の媒質中での光の速さ $\boldsymbol{v=\dfrac{c}{n}}$ を用いる。

(3) Bへの入射角が θ_0 を超えればよい。$\sin\theta$ は $0^\circ\leqq\theta\leqq90^\circ$ で単調増加であることを利用して不等式を扱う。

LECTURE

(1)　空気の(絶対)屈折率は1で，真空と同じだから　$\boldsymbol{n_A=\dfrac{\sin\alpha}{\sin\beta}}$ ……①

(2)　図aより　$n_A\sin\theta_0=n_B\sin90^\circ$

$$\therefore\quad \boldsymbol{\sin\theta_0=\frac{n_B}{n_A}} \quad\cdots\cdots②$$

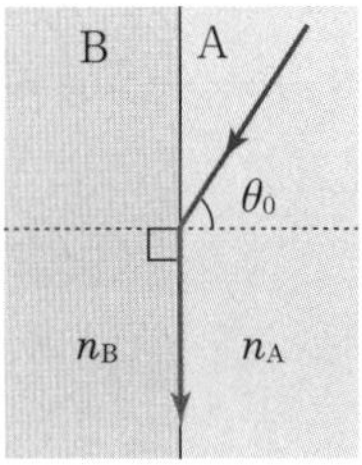

図a　臨界角のとき

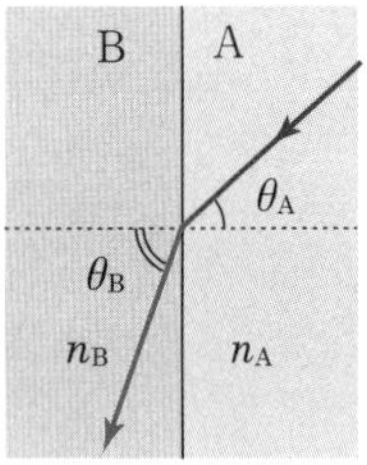

図b

別解　A，B内での光の速さを v_A，v_B とすると，屈折の法則と図bより

$$\frac{\sin\theta_A}{\sin\theta_B}=\frac{v_A}{v_B}=\frac{\dfrac{c}{n_A}}{\dfrac{c}{n_B}}=\frac{n_B}{n_A} \quad\cdots③$$

あとは $\theta_A=\theta_0$，$\theta_B=90^\circ$ とすればよい。実はこの③から $n_A\sin\theta_A=n_B\sin\theta_B$ となって，「$n\sin\theta$＝一定」が導かれている。

全反射が起こるのは，波の速さがより速い媒質に入ろうとするとき。

(3)　Bへの入射角は $90^\circ-\beta$ となる。これが臨界角 θ_0 を超えれば全反射するから

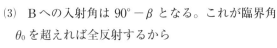

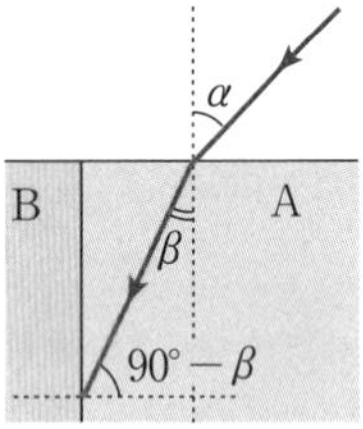

$$90^\circ-\beta>\theta_0 \qquad \therefore\quad \sin(90^\circ-\beta)>\sin\theta_0$$

②を用いれば　$\cos\beta>\dfrac{n_B}{n_A}$

一方，$\cos\beta=\sqrt{1-\sin^2\beta}=\sqrt{1-\left(\dfrac{\sin\alpha}{n_A}\right)^2}$

より（①を用いた）

$$\boldsymbol{\sqrt{n_A{}^2-\sin^2\alpha}>n_B} \text{　あるいは　} \boldsymbol{\sin\alpha<\sqrt{n_A{}^2-n_B{}^2}} \quad\cdots\cdots⑤$$

これらの式には等号を加えてもよい。もともと前図 a のような臨界角のとき，一応，屈折光線を描いているが，エネルギー的には 0 であり，事実上，全反射は臨界角から始まっているともいえる。

(4)　A 内での光速は　$v_A = \dfrac{c}{n_A}$　中心軸方向には速度成分 $v_A \cos\beta$（赤矢印）で距離 l 進むから

$$\frac{l}{v_A \cos\beta} = \boldsymbol{\frac{n_A l}{c \cos\beta}}$$

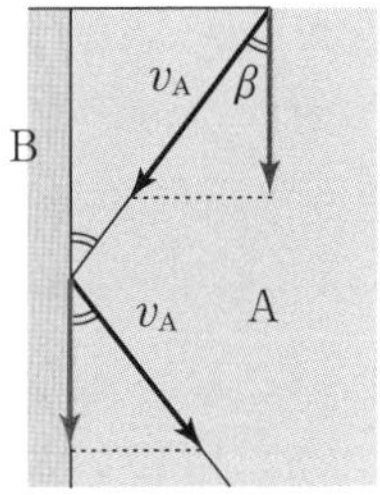

ジグザグの距離を追わなくてすむ

なお，左の境界面で全反射されれば，次の右の境界面でも全反射される。こうして，全反射がくり返される。反射の法則により右図の黒丸で表した角が続くからである。

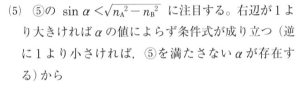

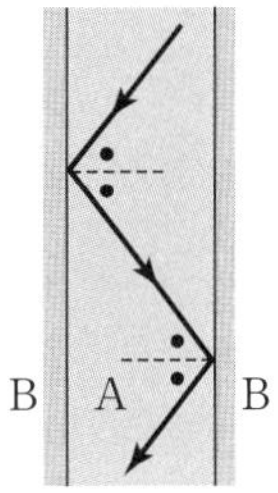

(5)　⑤の　$\sin\alpha < \sqrt{n_A{}^2 - n_B{}^2}$　に注目する。右辺が 1 より大きければ α の値によらず条件式が成り立つ（逆に 1 より小さければ，⑤を満たさない α が存在する）から

空気の場合：　$1 < \sqrt{n_A{}^2 - 1}$　より　$n_A > \sqrt{2}$

水 の 場 合：　$1 > \sqrt{n_A{}^2 - \left(\dfrac{4}{3}\right)^2}$　より　$n_A < \dfrac{5}{3}$

$$\therefore \quad \boldsymbol{\sqrt{2} < n_A < \frac{5}{3}}$$

$\sqrt{2} \leqq n_A < \dfrac{5}{3}$ と等号を加えてもよい。

74　レンズ

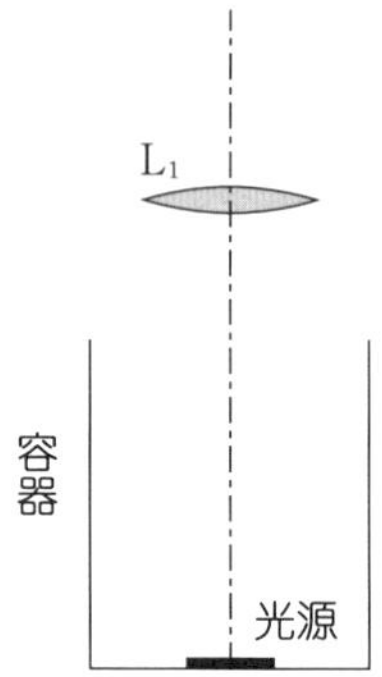

容器の底に小さな光源を入れ，光源の真上10cmの高さのところに，焦点距離8cmの薄い凸レンズL_1を水平に置く。

(1)　光源の像はL_1の上方または下方何cmにできるか。その像は実像か虚像か。また，像の大きさは光源の大きさの何倍か。

(2)　L_1の高さを変え，しかも実像が(1)の場合と同じ位置にできるようにするには，L_1を上下どちらへ何cm動かせばよいか。

次に，L_1を最初の位置に固定する。容器に透明な液体を4cmの深さまで入れたところ，光源の実像がL_1の上方72cmのところにできた。

(3)　この液体の屈折率はいくらか。

次に，液体を取り除き，焦点距離12cmの薄い凸レンズL_2をL_1の上方に光軸を合わせて置いた。

(4)　L_1，L_2による光源の像がL_2の下方24cmの位置で虚像となるためには，L_2をL_1から何cm離せばよいか。また，その像の大きさは光源の大きさの何倍か。

最後に，L_2のかわりに焦点距離12cmの薄い凹レンズL_3をL_1の上方30cmに光軸を合わせて置いた。

(5)　L_1，L_3による像はL_3の上方または下方何cmにできるか。また，その像は実像か虚像か。　　　　(熊本大＋東京電機大)

Level　(1),(2) ★　(3),(4) ★　(5) ★★

Point & Hint　レンズの公式は符号を含めて扱えば，1つの式ですむ。

a，b，f は次図のようなケースがスタンダード(正の値)となっている。

(3) 屈折率nの液体中，深さDにある物体を真上から見ると，屈折のため見かけの深さは$\dfrac{D}{n}$となる (☞エッセンス(上) p 129)。

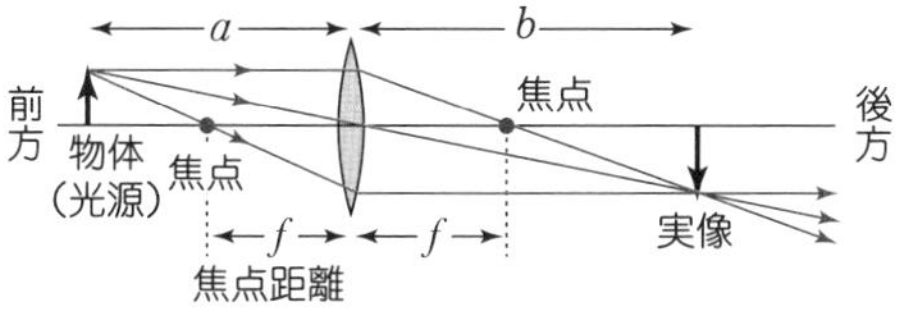

Base　レンズ

$$\frac{1}{a}+\frac{1}{b}=\frac{1}{f}\quad 倍率=\left|\frac{b}{a}\right|$$

※ 凸レンズは $f>0$
　凹レンズは $f<0$

※ 実像(レンズの後方の像)は
　$b>0$
　虚像(前方の像)は　$b<0$

(4) 1つのレンズによる実像や虚像は，次のレンズにとってはそこに物体があるかのように考えて扱えばよい。

(5) ふつうの光源は $a>0$ だが，光がレンズの後方に集まろうとしている場合は $a<0$ になる。

LECTURE

(1)　レンズの公式より　$\dfrac{1}{10}+\dfrac{1}{b}=\dfrac{1}{8}$　　$\therefore\ b=40$

$b>0$ より L_1 の**上方**(後方)**40 cm** に**実像**ができる。

倍率は　$\dfrac{b}{a}=\dfrac{40}{10}=$ **4 倍**

凸レンズの焦点距離より外側に物体があるときは，倒立の実像ができ(上図)，内側に物体があるときは正立の虚像ができる。いまは外側にある状況だ。

> 作図でも確かめてみるとよい

(2)　L_1 と光源との距離を a〔cm〕とすると，L_1 と像の距離は $10+40-a$〔cm〕。よって，

$\dfrac{1}{a}+\dfrac{1}{50-a}=\dfrac{1}{8}$　より　$a^2-50a+400=0$

$\therefore\ (a-10)(a-40)=0$　　$\therefore\ a=40$

したがって，40−10=**30 cm 上へ** 移せばよい。

光は逆行可能，つまり，来た道は戻れる。あとの状態ははじめの状態の逆行のケースとなっている(光源と像を入れ替えて考える)。

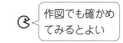

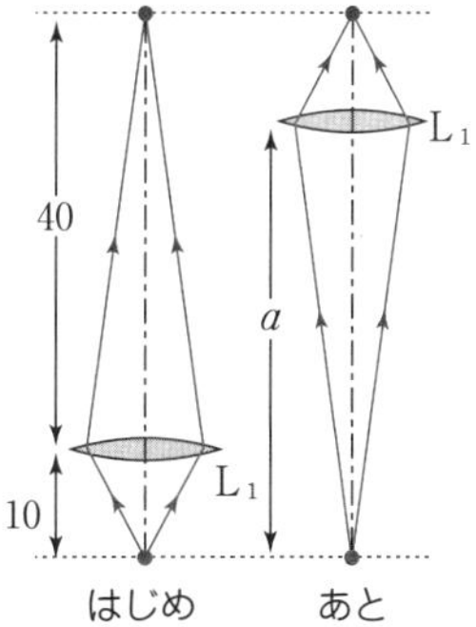

(3)　液体によって物体が浮き上がって見える（1つの虚像)。それが L_1 の下 a の距離にあるとすると

> レンズの公式で，a と b は入れ替え可能だ！

$$\frac{1}{a}+\frac{1}{72}=\frac{1}{8} \qquad \therefore \quad a=9\,\mathrm{cm}$$

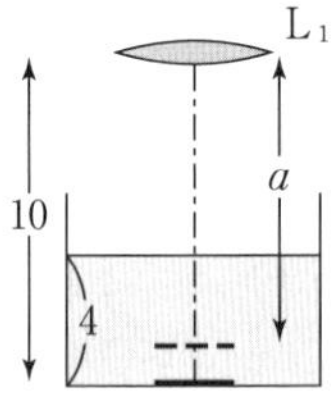

つまり，液体によって1cm 浮き上がって見えている。いいかえれば，深さ4cm が見かけの深さ3cm になっているので

$$\frac{4}{n}=3 \qquad \therefore \quad n=\frac{4}{3}\fallingdotseq \mathbf{1.3}$$

文字式でなく数値を扱う問題では小数まで直す

本問のようにとくに断りがなければ，空気の(絶対)屈折率は1と思ってよい。つまり，真空と同等に考えてよい。

(4)　(1)で求めたように，$\mathrm{L_1}$ による実像 I が $\mathrm{L_1}$ の上 40cm にできている。

$\mathrm{L_1L_2}$ 間の距離を l〔cm〕とすると，$\mathrm{L_2}$ は虚像をつくるので $b=-24$ とおけばよく

$$\frac{1}{l-40}+\frac{1}{-24}=\frac{1}{12} \qquad \therefore \quad l=\mathbf{48\,cm}$$

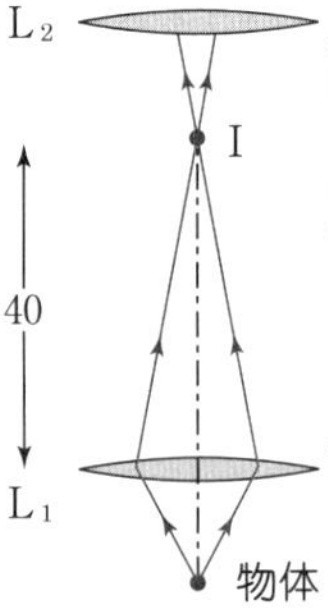

$\mathrm{L_2}$ の焦点距離12cm より内側の8cm の位置に物体（$\mathrm{L_1}$ による実像 I ）があるので，$\mathrm{L_2}$ は虚像をつくっている。

倍率は $\mathrm{L_1}$ で既に 4 倍になっているので

$$4\times\left|\frac{-24}{48-40}\right|=\mathbf{12倍}$$

(5)　凹レンズなので f は負として扱い，$f=-12\,\mathrm{cm}$。そして $\mathrm{L_1}$ による実像 I が $\mathrm{L_3}$ の後方(上方)10cm にできてしまうので，a は負として扱い，$a=-10$〔cm〕とする必要がある。

$$\frac{1}{-10}+\frac{1}{b}=\frac{1}{-12} \qquad \therefore \quad b=60$$

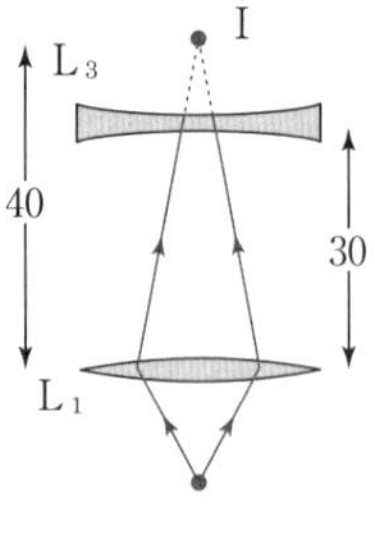

$b>0$ より $\mathrm{L_3}$ の**上方**（後方）**60cm** に**実像**ができる。なお，倍率は $4\times\left|\frac{60}{-10}\right|=24$倍 となっている。

Q　(4)では $l \geqq 40$ として解いている。$l<40$ の場合に答えが変わるおそれはないのか。(★)

75 光 波

図1のMはレーザー光源で，その前に置かれた200枚の歯をもつ歯車Gは，一定の回転数で回転して，光を周期的に遮断する。光は半透明の鏡Aで2つに分けられ，1つは，検出器P_1に入り，もう1つはl〔m〕離れた遠方の鏡Bに向かう。Bで反射された光は，Aの近くの鏡Cで反射され，検出器P_2に入る。距離ABはBCに等しく，またAP_1はCP_2に等しい。途中の水槽は長さ500mである。図2は測定結果で，縦軸は光の強度を表し，横軸は時間で1目盛りは5.0×10^{-6}〔s〕を表す。実線はP_1からの信号，破線はP_2からの信号である。光速 $c=3.0\times10^8$〔m/s〕とする。

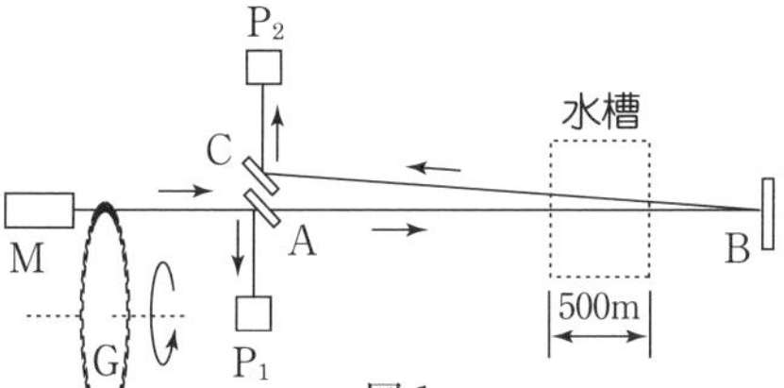

図1

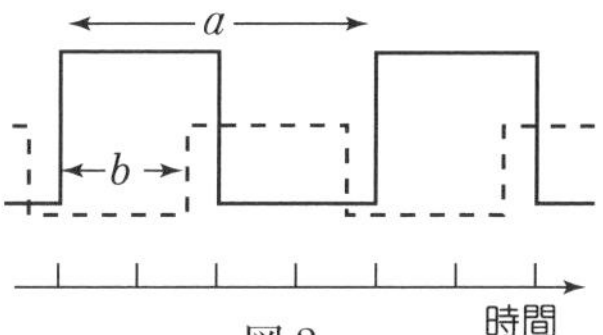

図2

(1) 図2の実線の図形は周期的で，間隔aは4.0目盛りであることが読み取れた。歯車の毎秒の回転数を求めよ。

(2) 水槽に水がない場合，破線の図形は図2に示すように実線の図形と $b=1.6$ 目盛りだけずれていた。ここで水槽に水を満たすと，破線の図形はどちらに何目盛りずれるか。水の屈折率は1.3とする。

(3) 水槽の水を抜いて問(2)の初めの状態に戻す。次に歯車の回転数を徐々に変えた後に一定にしたが，その間にaは徐々に伸びて $a'=5.0$ 目盛りとなり，またbは徐々に縮んで $b'=0.6$ 目盛りとなった。lを求めよ。

（東京大）

Level (1),(2) ★　(3) ★★

Point & Hint

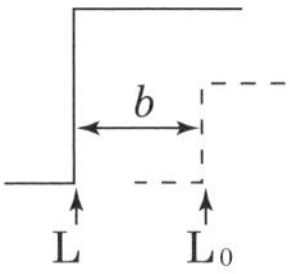

⑴ 歯車がどれだけ回れば a の時間に対応するのかを，落ち着いて図を描きながら考える。

⑵ 新たな「ずれ」は水槽の部分だけで生じてくる。光が往復していることにも注意。

⑶ 図のLと L_0 は，一見すると，同時に光源を出た光と思えてしまうが……。もしそうなら，回転数によらず b は一定のはず。

LECTURE

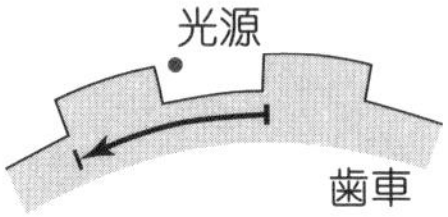

⑴　$a=4.0$ 目盛りを時間 t〔s〕に直すと

$$t=4.0\times5.0\times10^{-6}=2.0\times10^{-5}\,〔s〕$$

この間に歯車の歯は1つ分だけ回る。200枚の歯があるから $\frac{1}{200}$ 回転になる。したがって，1秒間の回転数は

$$\frac{1\,〔s〕}{2.0\times10^{-5}\,〔s〕}\times\frac{1}{200}=\mathbf{2.5\times10^2}\,〔\textbf{回/s}〕$$

1回転の時間(周期) T は　$T=200t$　そこで，回転数は $\frac{1}{T}=\frac{1}{200t}$ として求めてもよい。

> 歯車を止め，光源を回転させて考えてもよい。

⑵　水中での光の速さは $\frac{c}{1.3}$ と遅くなるから，破線は**右**にずれる（遅れて現れる)。水中を往復するために余分にかかる時間を調べればよく

$$\frac{500\times2}{\frac{c}{1.3}}-\frac{500\times2}{c}$$

$c=3.0\times10^8$〔m/s〕 より，この値は 1.0×10^{-6}〔s〕で **0.2 目盛り**に相当する。

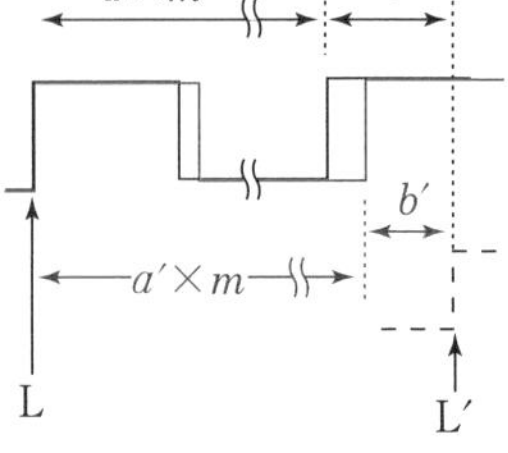

⑶　右の図でLとL′は光源から同時に出た光で，その時間差は，光がAB間を往復する時間であり，一定である。歯車の回転が遅くなると（赤線）a は増し，b は減る。LL′間に m 個の明暗のパターンがあるとすると（$m=0$，1，2…）

$$am + b = a'm + b'$$

$$\therefore \quad 4.0m + 1.6 = 5.0m + 0.6 \qquad \therefore \quad m = 1$$

こうして，次図①（図2と同じ）のL_1こそがL'と分かる。図②は何が起こったかを示している。

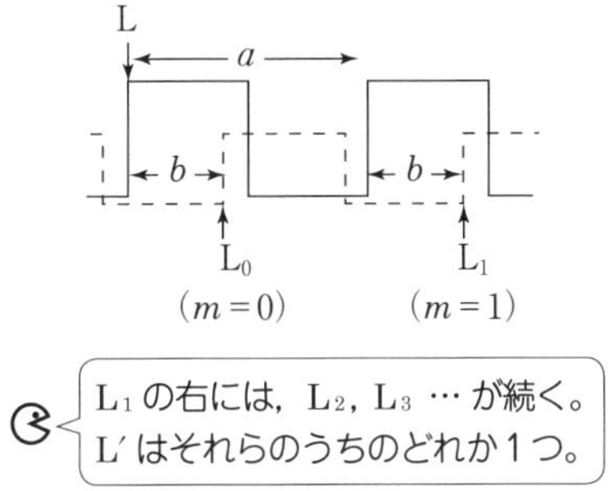

図①

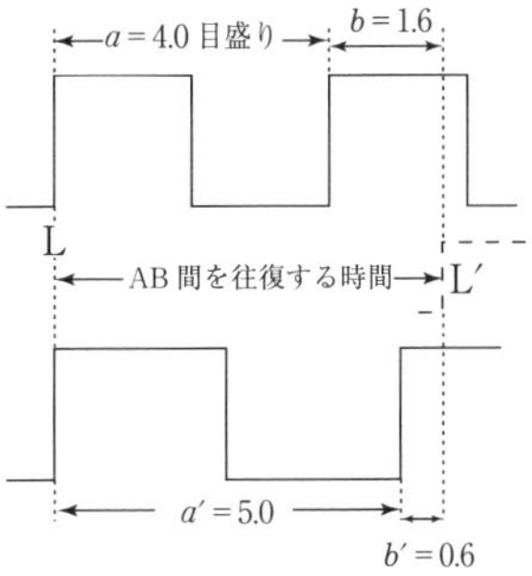

図②

鏡Bに向かった光は $am + b$ に相当する時間でlを往復するから

$$2l = c \times (am + b) \times 5.0 \times 10^{-6}$$

$$\therefore \quad l = \frac{1}{2} \times 3.0 \times 10^{8} \times (4.0 \times 1 + 1.6) \times 5.0 \times 10^{-6}$$

$$= \mathbf{4.2 \times 10^{3}}\ \text{[m]}$$

なお，ヒントに書いたようにL_0ではないからという理由だけで，次のL_1を選んだ人は正解とは言えない。もしも，$a' = 5.0$目盛りでなく$a' = 4.5$とすると，$m = 2$（図①ではL_2）になることを確かめてみるとよい。

Q 次図のように装置をセットし直し，歯車Gの回転数を増していくと，P_1で光が検出されなくなる。このときの回転数f_0を，c，lと歯の数Nで表せ。（★）

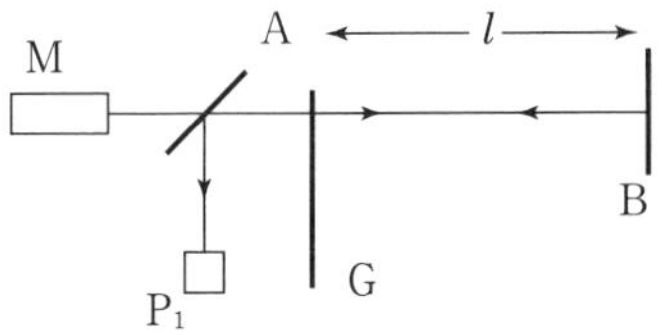

Q の 解説・解答

3 **Q**$_1$ 斜面から最も離れるのは y 座標が最大になるときである。y 方向のＵターン型の運動に着目すると，y 座標が最大となるのは，速度の y 成分が0となる位置である。初速が $ev_0\cos\theta$ で，加速度が $-g\cos\theta$ だから

$$0^2-(ev_0\cos\theta)^2=2(-g\cos\theta)y \qquad \therefore\quad y=\frac{e^2v_0{}^2}{2g}\cos\theta=\boldsymbol{e^2h\cos\theta}$$

Q$_2$ Pは斜面に衝突するたびに力学的エネルギーを失う。斜面に垂直な y 軸方向に着目して，衝突直後の速度成分を u_1，u_2，…とする。$u_0=v_0\cos\theta$ であり，１回毎の損失分の和が $\varDelta E$ となるので

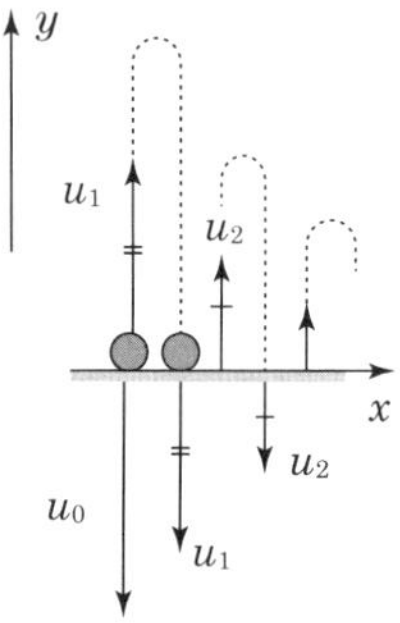

$$\varDelta E=\left(\frac{1}{2}mu_0{}^2-\frac{1}{2}mu_1{}^2\right)+\left(\frac{1}{2}mu_1{}^2-\frac{1}{2}mu_2{}^2\right)+\left(\frac{1}{2}mu_2{}^2-\frac{1}{2}mu_3{}^2\right)+\cdots$$

（消える）

$$=\frac{1}{2}mu_0{}^2=\frac{1}{2}mv_0{}^2\cos^2\theta=\boldsymbol{mgh\cos^2\theta}$$

補足すると，運動エネルギーはスカラーで，成分という見方はできない。衝突時の速度の x 成分を w とすると，速さの２乗の形にして $\frac{1}{2}m(u_0{}^2+w^2)-\frac{1}{2}m(u_1{}^2+w^2)$ のようにすべきだが，w の項はなくなることを踏まえての上記の計算である。

別解１　Pが斜面上を滑る点Ｂ以後は力学的エネルギーが保存される。そこで，最初と点Ｂでの力学的エネルギーの違いを調べればよい。Ｂでの速さを v_B とすると

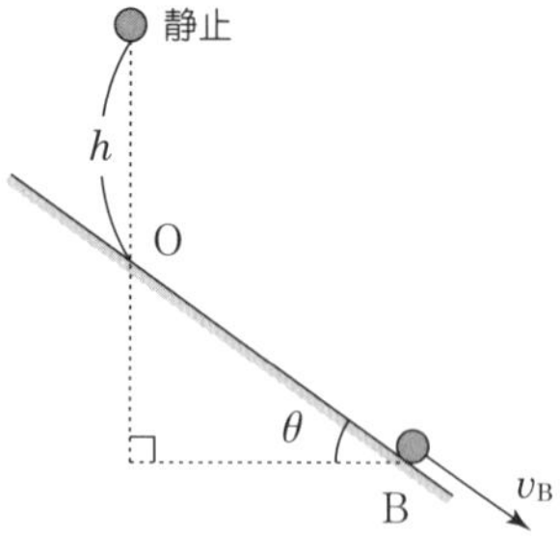

$$\varDelta E=mg(h+\mathrm{OB}\sin\theta)-\frac{1}{2}mv_B{}^2$$

斜面方向OB間は初速 $v_0\sin\theta$，加速度 $g\sin\theta$ での等加速度運動だから

$$v_B{}^2-(v_0\sin\theta)^2=2(g\sin\theta)\cdot\mathrm{OB}$$

$v_B{}^2$ を $\varDelta E$ の式に代入すると，OBの項は消えて

$$\varDelta E=mgh-\frac{1}{2}mv_0{}^2\sin^2\theta=mgh\cos^2\theta \qquad (\because\ v_0=\sqrt{2gh}\ )$$

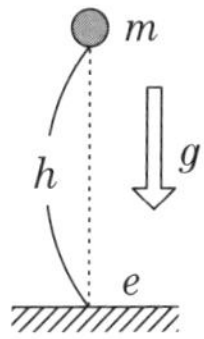

別解２ 右のように，高さ h からPを反発係数 e の水平床に落とし，何度もはね返らせるとき，「Pが失った力学的エネルギーは？」と問われれば…最後は床上で静止するので mgh と即答できる。

今の場合，x 方向と y 方向は完全に独立な運動となっていて，y 方向に注目すれば，$g\cos\theta$ の加速度のもとで，$h\cos\theta$ の高さから落とすことにほかならない。よって，

$$\varDelta E = m(g\cos\theta)(h\cos\theta) = mgh\cos^2\theta$$

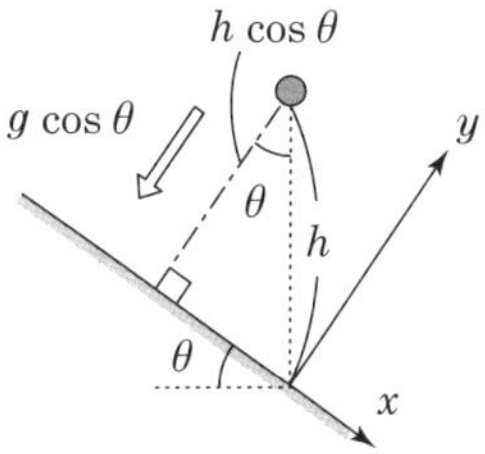

9 Q₁ **赤色の部分をすべて一体としてみる**と，上向きの力は２本の綱の張力 T だけだから

$$2T = (60+20+10)g \qquad \therefore\ T = 45g\,〔\mathrm{N}〕$$

N まで求めたいのなら，人だけに注目して①式（p 29）を立てていけばよい。注目物体のとり方の大切さを学んでほしい。

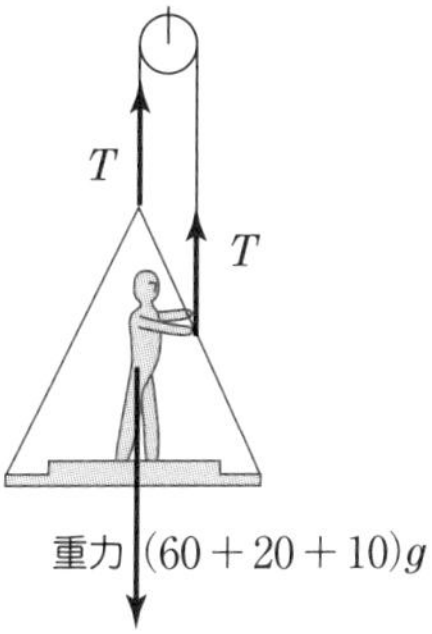

Q₂ 体重計の読みが０となるとき（$N=0$ のとき）の加速度を a とすると

人：　$60a = T - 60g$

G＋H：　$30a = T - 30g$　　$\therefore\ a = \boldsymbol{-g}\,〔\mathbf{m/s^2}〕$

このとき $T=0$ であり，人は事実上，綱から手を放してHやGと共に自由落下している状態である。

12 AとCの速さを u とすると，糸方向の速度成分は等しいので※，　$u = v\cos 60°$

PB間の糸の長さは初めの a から図の $\dfrac{2}{\sqrt{3}}a$ となり，その差がAとCの上昇距離である。物体系の力学的エネルギー保存則より（右辺第１項はBの分，第２項はAとCの分）

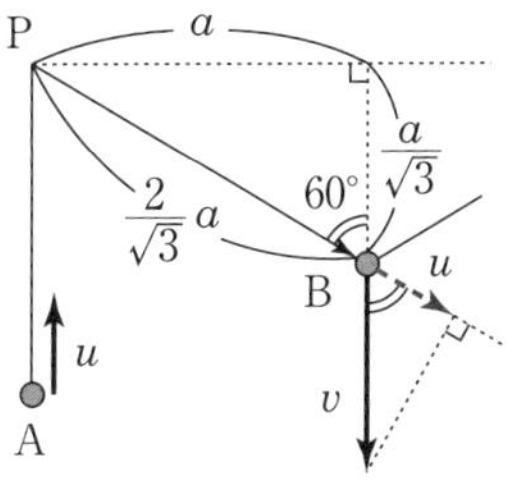

$$\frac{1}{2}mv^2 + \frac{1}{2}mu^2 \times 2 = mg\frac{a}{\sqrt{3}} - mg\left(\frac{2}{\sqrt{3}}a - a\right) \times 2$$

右辺は実質的に減少した位置エネルギーである。　$u=\frac{1}{2}v$ を代入して整理すると

$$\frac{3}{4}mv^2=mga\left(2-\frac{3}{\sqrt{3}}\right) \qquad \therefore\ \boldsymbol{v=2\sqrt{\frac{2-\sqrt{3}}{3}ga}=(\sqrt{3}-1)\sqrt{\frac{2}{3}ga}}$$

※　APB間の糸の長さは一定なので，微小時間 Δt にPB間で $v\cos 60°\cdot\Delta t$ だけ糸が長くなると，AP間では $u\Delta t$ だけ短くなり，両者が等しいことになる。糸に垂直な速度成分は糸の長さに影響しない（考えている瞬間では）。

14　P_1 と P_2 は共に重力加速度 g で運動するから，相対加速度は0であり，相対速度は一定となる（問題**1**参照）。その値は(4)で求めた u である。そして，P_1 と P_2 が点Aから地面に落下するまでの時間は(1)で求めた t の半分だから，落下したときの P_1P_2 の距離は

$$u\cdot\frac{t}{2}=2\sqrt{2}v_0\cos\theta\cdot\frac{v_0}{g}\sin\theta$$
$$=\boldsymbol{\frac{2\sqrt{2}v_0^2}{g}\sin\theta\cos\theta=\frac{\sqrt{2}v_0^2}{g}\sin 2\theta}$$

この結果は，P_1 の落下点の座標 $\left(\frac{OB}{2},\frac{OB}{2}\right)$ と，(5)で扱った P_2 の座標 $\left(-\frac{OB}{2},\frac{3}{2}OB\right)$ とから求めた距離 $\sqrt{OB^2+OB^2}=\sqrt{2}\,OB$ と一致することも確かめておくとよい。

15　途中での容器とPの速さを V'，v' とすると，運動量保存則より $MV'=mv'$ つまり，$V'/v'=m/M$ となって，2つの速さの比は常に一定である。すると，移動距離の比も m/M になるはず。※ そこで，Pの移動距離を x とすると

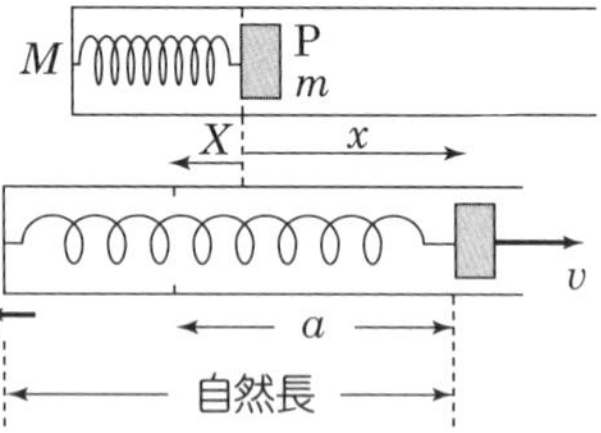

$$\frac{X}{x}=\frac{m}{M} \quad \cdots\cdots①$$

一方，Pが容器に対して a だけ動いたとき，ばねは自然長に戻るので

$$X+x=a \quad \cdots\cdots②$$

①，②より　　$\boldsymbol{X=\frac{m}{m+M}a}$ 　　　$x=\frac{M}{m+M}a$

手短かに言えば，相互のずれ a を，①に従って質量の逆比で分配すればよい。「静止状態から分離すると，速さも移動距離も質量の逆比になる」ことは意識しておくとよい。

※　エッセンス(上)p68を参照。厳密には積分を用いる(☞エッセンス(上)p164)。

$$X=\int_0^\tau V'dt=\int_0^\tau \frac{m}{M}v'dt=\frac{m}{M}\int_0^\tau v'dt=\frac{m}{M}x$$　（τ はPが離れるまでの時間）

16 **抵抗力の反作用**（p 51の図の黒矢印F）**が木材に対して正の仕事 FX をしていることを考慮していないこと**。つまり，弾丸と木材の物体系で考えると，抵抗力に関わる仕事は

$$-Fx+FX=-F(x-X)=-Fd'$$

負の値だから，Fd' の分だけ物体系の運動エネルギーが減る。対応して，Fd' が熱として現れる。

抵抗力は弾丸にブレーキをかけるが，その反作用は木材を加速している点に注意。弾丸が熱くなるだけでなく，木材も熱くなる。熱は両者の間で発生しているので物体系の見方が必要となっている。そして，摩擦熱はこすれ合った距離 d' で決まることを押さえておきたい。

17 小球と台の間の摩擦力は「内力」だから，運動量保存則には影響しない。よって，③ **は成立する**。しかし，小球と台の間で摩擦熱が発生するので，力学的エネルギー保存則は破れ，④ **は成立しなくなる**。この場合，動摩擦力が一定ではないので，摩擦熱が計算できず，エネルギー保存則の式も事実上立てられない。

19 **Q**₁　蛙が皿Aから最も離れるのは，皿に対する相対速度が0となるとき，つまり，両者の速度が一致するときである。一次元化の見方をすると，運動量保存則が成り立ち，全運動量が0だから，一致した両者の速度は0でしかあり得ない。したがって，2つの現象は**同時に起こる**。計算でも確かめてみるとよい。

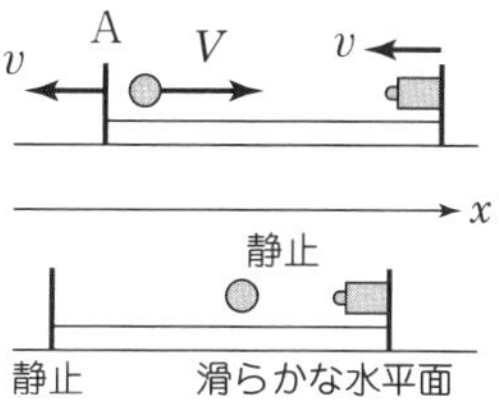

Q₂　（力積）＝（運動量の変化）より，鉛直上向きを正とすると

蛙：　$(N-Mg)\varDelta t=MV-0$　……❶

A：　$(T-mg-N)\varDelta t=-mv-0$　……❷

B：　$\{T-(M+m)g\}\varDelta t=(M+m)v-0$……❸

❶＋❷－❸ として，N と T を消去すると

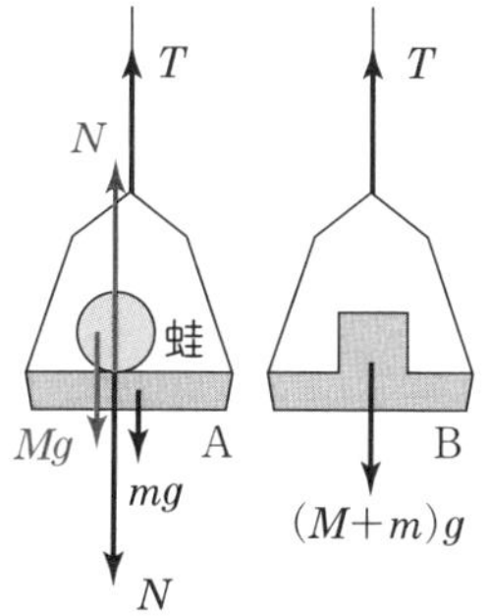

$$\mathbf{0 = MV - mv - (M + m)v}$$

一次元化に気づかず，運動量保存則を用いられるかどうか不明のときは，このように力積と運動量の関係に立ち戻ればよい。なお，❶～❸で0は書かなくてもよい。

21　見かけの重力の立場では，斜面ACが「水平面」，水平面ABが「斜面」となる（図②）。B点は「最高点」であり，力学的エネルギー保存則より運動エネルギー$\frac{1}{2}mv_0^2$はすべて位置エネルギーとなる。ABの中点Mでの位置エネルギーはB点の半分に等しいから，運動エネルギーは$\frac{1}{4}mv_0^2$となる。この値はθによらない。つまり，速さvもθによらない。

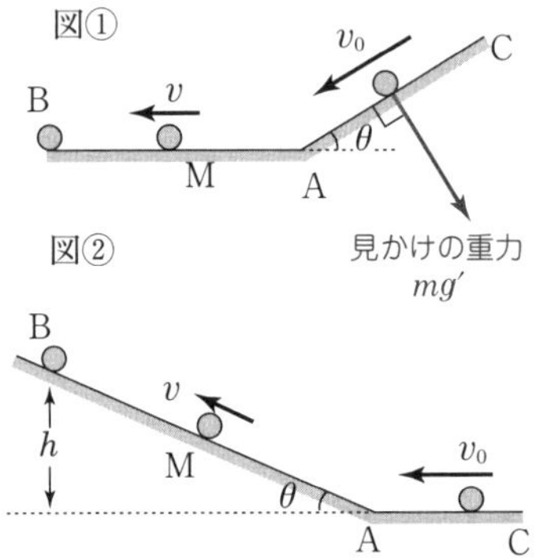

一応，計算で確かめてみる。B点の「高さ」をhとして

B点：　$\frac{1}{2}mv_0^2 = mg'h$　　　M点：　$\frac{1}{2}mv_0^2 = \frac{1}{2}mv^2 + mg' \cdot \frac{h}{2}$

hを消去すれば　　$v = \frac{v_0}{\sqrt{2}}$

見かけの重力加速度$g' = g/\cos\theta$はθによるが，vはθによらない。

22　慣性力で扱う方法Ⅰでは，斜面方向の加速度をαとして（αはQに対するPの相対加速度），運動方程式を立てると

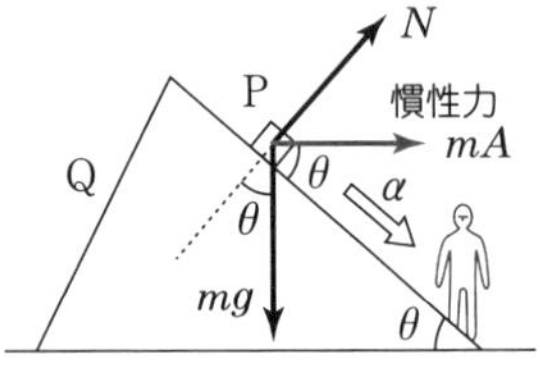

$$m\alpha = mg\sin\theta + mA\cos\theta$$

一方，①，②（p 67）より

$$A = \frac{mg\cos\theta\sin\theta}{M + m\sin^2\theta}$$　（(3)で求めたNを利用するとよい。）

$$\therefore\quad \alpha = g\sin\theta + A\cos\theta = \frac{(M+m)g\sin\theta}{M + m\sin^2\theta}$$

斜面に沿って$\frac{h}{\sin\theta}$の距離を滑りおりるので

$$\frac{h}{\sin\theta} = \frac{1}{2}\alpha t^2 \quad より \quad \boldsymbol{t = \frac{1}{\sin\theta}\sqrt{\frac{2(M + m\sin^2\theta)h}{(M+m)g}}}$$

一方，方法Ⅱでは鉛直方向の運動を調べる。①，③，④，⑤の連立方程式を解いて

$$a_y = -\frac{(M+m)\sin^2\theta}{M+m\sin^2\theta}g$$

y 軸は上向きを正としていて，床の y 座標は $-h$ なので

$$-h = \frac{1}{2}a_y t^2 \qquad \therefore \quad t = \sqrt{-\frac{2h}{a_y}}$$ （以下，略）

23　A（滑車を含める）に働く鉛直方向の力は右のようになっている。A は鉛直方向には動かないから，力のつり合いより

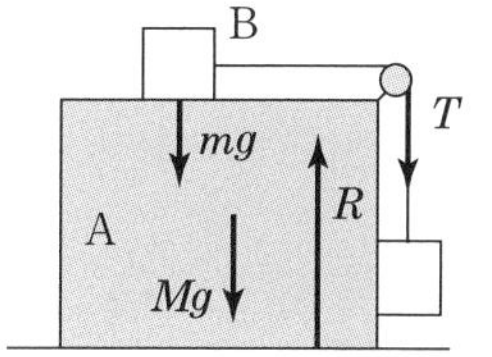

$$R = Mg + mg + T$$

$$= Mg + mg + \frac{3}{4}mg = \boldsymbol{\left(M + \frac{7}{4}m\right)g}$$

張力 T に気づくのがポイント。なお，mg は A が B を支える垂直抗力の反作用であって，B の重力そのものではない。

31　P は箱に対しては，O 点を中心に円運動をする。最下点での，箱に対する P の速さは $v+V$ だから，力のつり合いより，張力 T は

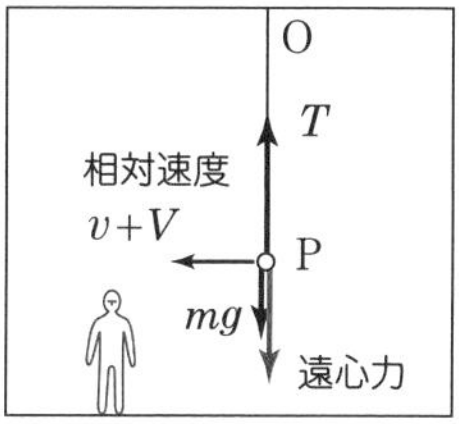

$$T = mg + m\frac{(v+V)^2}{l}$$

一方，問題 **18** (3)の結果より

$$v+V = \sqrt{\frac{2(m+M)}{M}gl(1-\cos\theta)}$$

$$\therefore \quad T = \boldsymbol{mg\left\{1 + \frac{2(m+M)}{M}(1-\cos\theta)\right\}}$$

なお，P は床に対しては円運動をしないことに注意（O 点が動くから）。また，上のような観測者を考えると慣性力を入れる必要があるが，水平方向に働くので影響しない。さらに，この瞬間は箱は糸から鉛直下向きの張力 T を受けていて，水平方向の加速度は 0 であり，慣性力も 0 となっている。

32　時刻 t_0 のとき（$x=0$ のとき），弾性力 F は 0 だから，加速度 a_A は 0 であり，その後，弾性力は左向きとなるから（図①），a_A は負となり，図②のように時間変化する。最大値 a_{max}

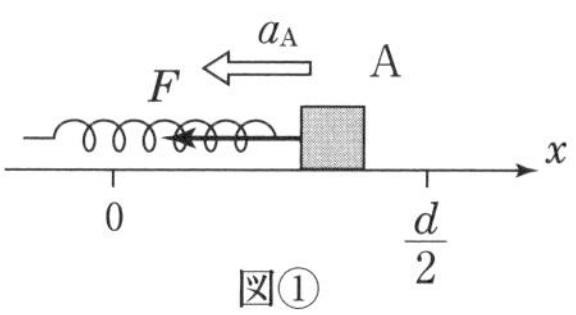

図①

は，振幅 $\dfrac{d}{2}$ と運動方程式より

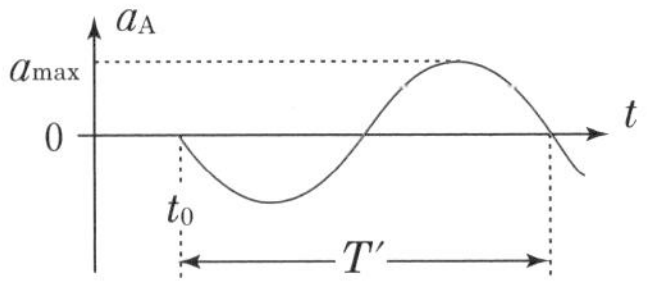

図②

$$ma_{max}=F_{max}\left(=k\cdot\frac{d}{2}\right) \qquad \therefore \quad a_{max}=\frac{kd}{2m}$$

図②は，t_0 以後は「$-\sin$ 型」のグラフだから

$$a_A=-a_{max}\sin\omega'(t-t_0)$$
$$=-\frac{kd}{2m}\sin\sqrt{\frac{k}{m}}\left(t-\pi\sqrt{\frac{m}{k}}\right)=\boldsymbol{\frac{kd}{2m}\sin\sqrt{\frac{k}{m}}\,t}$$

別解　(5)の答えと微分を用いて

$$a_A=\frac{dv_A}{dt}=\boldsymbol{\frac{kd}{2m}\sin\sqrt{\frac{k}{m}}\,t}$$

38　ばねが自然長より x だけ縮んでいるとする。Bについての運動方程式は　$ma_B=kx$

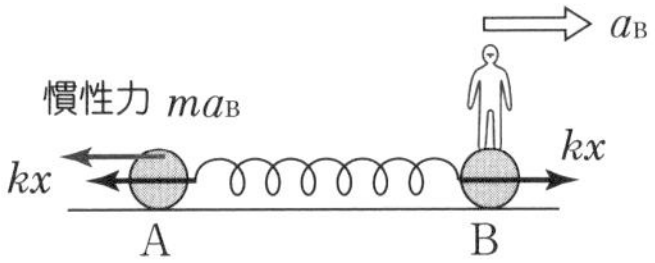

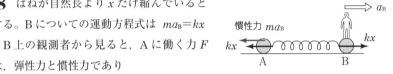

B上の観測者から見ると，Aに働く力 F は，弾性力と慣性力であり

$$F=-kx-ma_B=-kx-kx=-(2k)x$$

よって，Bに対してAは単振動をし，周期は　$T=\boldsymbol{2\pi\sqrt{\frac{m}{2k}}}$

また，Aは，はじめ v_0 で動き出す（相対初速度）ので

$$\frac{1}{2}mv_0{}^2=\frac{1}{2}(2k)(l_0-l_1)^2 \qquad \therefore \quad l_1=\boldsymbol{l_0-v_0\sqrt{\frac{m}{2k}}}$$

右辺を $\dfrac{1}{2}(2k)(l_2-l_0)^2$ とすれば　　$l_2=\boldsymbol{l_0+v_0\sqrt{\frac{m}{2k}}}$

この考え方は右のように質量 M の台B上で振動する質量 m の小球の運動にも適用できる。

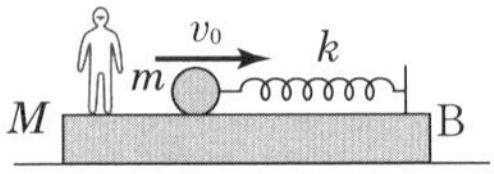

滑らかな水平面

$Ma_B=kx$　であり

$$F=-kx-ma_B=-\left(\frac{m+M}{M}k\right)x$$

よって　　$T=2\pi\sqrt{\dfrac{m}{\dfrac{(m+M)k}{M}}}=2\pi\sqrt{\dfrac{mM}{k(m+M)}}$

振幅 A は，比例定数 $K=\dfrac{(m+M)k}{M}$ を用いてエネルギー保存則で求めればよい。

はじめ，ばねは自然長で相対初速度を v_0 とすると，$\dfrac{1}{2}mv_0{}^2=\dfrac{1}{2}KA^2$ より

$$A=v_0\sqrt{\frac{mM}{(m+M)k}}$$

39 **Q**$_1$　重心Gは初速0，重力加速度gで落下する。PとQが衝突するとき，Gは正に衝突点である。(6)で求めたT_{PQ}のときのGの位置を調べればよい。図より

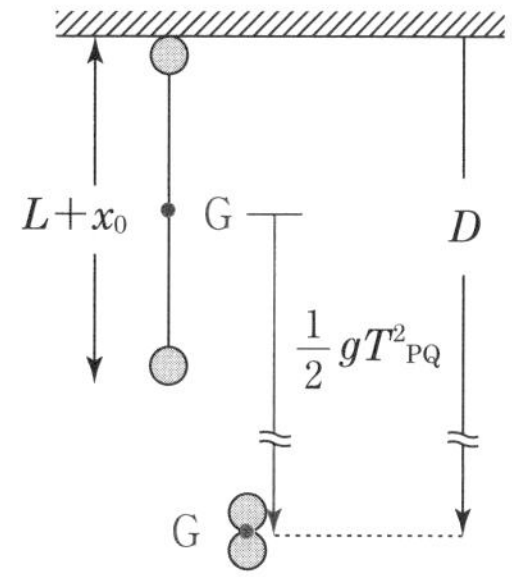

$$D=\frac{L+x_0}{2}+\frac{1}{2}gT^2{}_{PQ}$$
$$=\frac{1}{2}\left(L+\frac{mg}{k}\right)+\frac{g}{2}\left(\frac{\pi}{2}\sqrt{\frac{m}{2k}}+\frac{L}{g}\sqrt{\frac{k}{2m}}\right)^2$$
$$=\boldsymbol{\frac{2+\pi}{4}L+\frac{(8+\pi^2)mg}{16k}+\frac{kL^2}{4mg}}$$

Q$_2$ (i)　重心系では衝突によってPとQは静止する。

静止系で見れば，**PとQは接触したまま，一体となって重力加速度gで落下する**。P，Qの位置は重心Gなので，初速はgT_{PQ}である。

(ii)　重心系では，$e=1$の弾性衝突，かつ等質量なので，衝突により速度が入れ替わる。そして，衝突直前の速さが同じなので，単に逆運動が始まり，ゴムひもの長さは$L+x_0$に戻る。そして同じ衝突がくり返される。

静止系で見れば，**全体(の重心)は重力加速度gで落下し，PとQは距離$L+x_0$まで離れ，また衝突するという運動をくり返す**。

(iii)　まず重心系で考える。衝突時に力学的エネルギーの一部を失うので，ゴムひもの長さは$L+x_0$には戻れない。それでもLよりは長いので次の衝突が起こる。衝突がくり替えされ，ゴムひもの最大の長さは自然長Lに近づく。

静止系で見れば，**全体(の重心)は重力加速度gで落下し，PとQは衝突をくり返しながら離れる距離は縮まっていき，自然長Lに収束する**。

41　$x_c=\frac{\mu mg}{k}=0.5d$ と $x_c{}'=-0.5d$ は変わらない。

次図のように，振動中心と振幅に注意しながら運動を追うと，$x=+d$で止まったとき，最大摩擦力により完全に静止する。次の$x=0$には達しないので要注意。単振動の半周期を4回くり返すので，求める時間は

$$\frac{1}{2}\times2\pi\sqrt{\frac{m}{k}}\times4=\boldsymbol{4\pi\sqrt{\frac{m}{k}}}$$

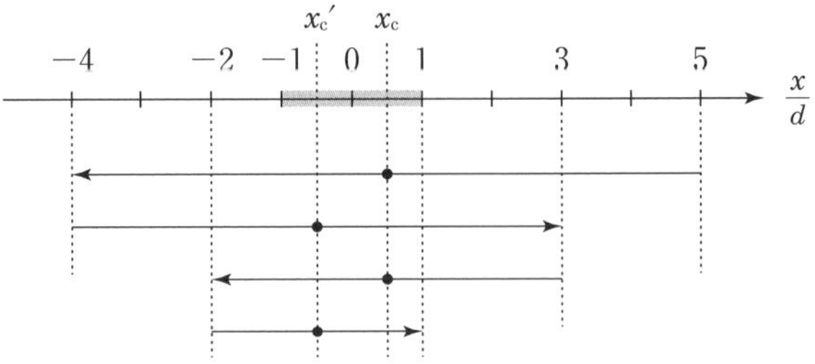

42 まず，浮きの上面が水面に達するまでの単振動の時間 t_1 は，次図のように等速円運動の120°回転に相当し

$$t_1 = T \times \frac{120^\circ}{360^\circ} = \frac{1}{3}T = \frac{2\pi}{3}\sqrt{\frac{2h}{3g}}$$

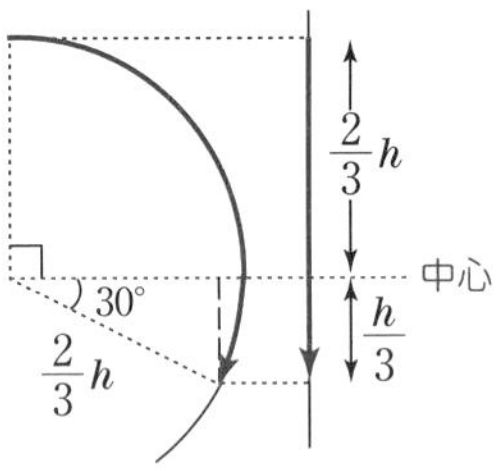

次に，最も深く沈むまでの時間 t_2 は，初速 $v=\sqrt{\frac{gh}{2}}$，加速度 $-\frac{g}{2}$ での等加速度運動だから

$$0 = \sqrt{\frac{gh}{2}} + \left(-\frac{g}{2}\right)t_2 \qquad \therefore \quad t_2 = \sqrt{\frac{2h}{g}}$$

「戻り」は「行き」の完全な逆運動だから(等加速度運動も単振動も同じ位置では同じ速さとなるから)，求める時間は

$$(t_1 + t_2) \times 2 = \mathbf{2\left(\frac{2\pi}{3\sqrt{3}} + 1\right)\sqrt{\frac{2h}{g}}}$$

44 衝突時の速さを v_2 とする。面積速度一定の法則より(左側が直角三角形でないことに注意！)

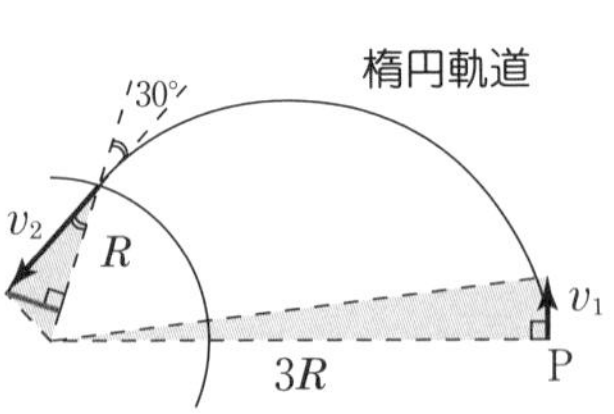

$$\frac{1}{2}(3R)v_1 = \frac{1}{2}R(v_2 \sin 30^\circ) \qquad \cdots\cdots①$$

力学的エネルギー保存則より

$$\frac{1}{2}m_0 v_1{}^2 - \frac{GMm_0}{3R} = \frac{1}{2}m_0 v_2{}^2 - \frac{GMm_0}{R} \qquad \cdots\cdots②$$

①, ②より v_2 を消去して　　$v_1 = \mathbf{2\sqrt{\frac{GM}{105R}}}$

49 体積が3％増すことは　$\dfrac{\varDelta V}{V}=0.03$

式③より　$\dfrac{\varDelta T}{T}=-\dfrac{2}{3}\cdot\dfrac{\varDelta V}{V}=-\dfrac{2}{3}\times0.03=-0.02$

よって，温度は**2％**減少する。

はじめの状態方程式は　$PV=nRT$ ……❶

変化後は　$(P+\varDelta P)(V+\varDelta V)=nR(T+\varDelta T)$ ……❷

$\dfrac{❷}{❶}$より　$\left(1+\dfrac{\varDelta P}{P}\right)\left(1+\dfrac{\varDelta V}{V}\right)=1+\dfrac{\varDelta T}{T}$

2次の微小量 $\dfrac{\varDelta P}{P}\cdot\dfrac{\varDelta V}{V}$ は無視できるので

$$\frac{\varDelta P}{P}+\frac{\varDelta V}{V}=\frac{\varDelta T}{T}$$

$$\therefore\quad \frac{\varDelta P}{P}+0.03=-0.02\qquad\therefore\quad \frac{\varDelta P}{P}=-0.05$$

よって，圧力は**5％**減少する。

55 エネルギー保存則より，気体がする仕事 W' は，ピストンの位置エネルギーの増加と弾性エネルギー，それに大気圧に対してする仕事の和になるから

$$W'=Mg(l_2-l_0)+\frac{1}{2}k(l_2-l_0)^2+p_0S(l_2-l_0)$$

$$=\left\{\boldsymbol{\frac{l_0+l_2-2l_1}{2(l_0-l_1)}Mg+p_0S}\right\}\boldsymbol{(l_2-l_0)}$$

56 はじめA内にあった気体 $\dfrac{3}{5}n$ モルに注目する（気体分子に注目する）。コックを開くと気体は容器全体に広がる。その内部エネルギーの変化を $\varDelta U_A$ とする。同様に，はじめB内にあった気体 $\dfrac{2}{5}n$ モルの内部エネルギーの変化を $\varDelta U_B$ とする。気体全体での内部エネルギーの変化はないから

$$\varDelta U_A+\varDelta U_B=0$$

公式 $\varDelta U=nC_V\varDelta T$ を用いると

$$\frac{3}{5}n\cdot C_V(T'-2T)+\frac{2}{5}n\cdot C_V(T'-T)=0$$

$$\therefore\quad T'=\boldsymbol{\frac{8}{5}T}\ \textbf{〔K〕}$$

熱量保存の法則のように，「高温物体が失った分＝低温物体が得た分」と，次のように立式してもよい。

$$\frac{3}{5}n\cdot C_V(2T-T')=\frac{2}{5}n\cdot C_V(T'-T)$$

いずれにしろ，結果は単原子分子かどうかにはよらないことが分かる。

別解　気体の内部エネルギー U は　$U=nC_VT$　と表せる（☞エッセンス(下) p 23）。

内部エネルギーの和が不変だから

$$\frac{3}{5}n \cdot C_V \cdot 2T + \frac{2}{5}n \cdot C_V \cdot T = nC_VT' \qquad \therefore\ \ T' = \boldsymbol{\frac{8}{5}T}\ \text{〔K〕}$$

58 (1)　大気の力 P_0S は左・右のピストンに等しくかかるので，ピストンの力のつり合いには影響しない。そこで，(1)の答えは変わらない。

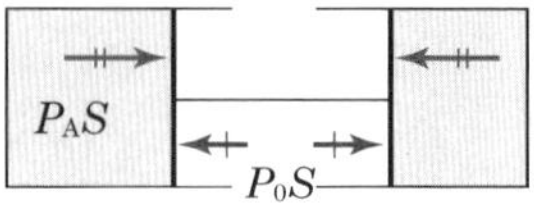

(2)　A内の気体の力とB内の気体の力は常に等しいので，仕事の大きさも等しい。そこで，(2)の答えも変わらない。気体全体について考えてもよい。大気の仕事は左・右でキャンセルしている。

(3)　ピストンのつり合いより

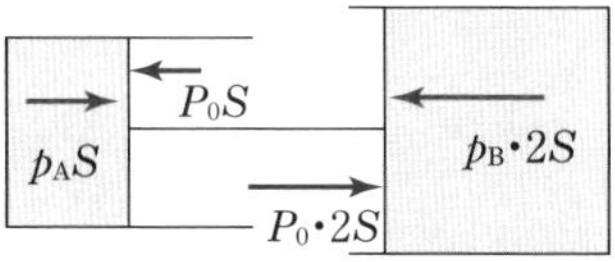

$$p_AS + P_0 \cdot 2S = p_B \cdot 2S + P_0S \quad \cdots\cdots ①$$

$$\therefore\ \ p_B = \frac{1}{2}(p_A + P_0)$$

はじめの状態方程式は

$$\text{A：}\ \ p_AV_0 = RT_0 \qquad \text{B：}\ \ \frac{1}{2}(p_A + P_0)V_B = RT_0$$

$$\therefore\ \ V_B = \frac{2RT_0}{p_A + P_0} = \boldsymbol{\frac{2RT_0}{RT_0 + P_0V_0}V_0}$$

(4)　①よりB内の気体の力 $p_B \cdot 2S$ はA内の気体の力 p_AS より常に P_0S だけ大きいから，A内の気体がした仕事を W_1 とすると，B内の気体がされた仕事 W_2 は $W_2 = W_1 + P_0S \times l$ と表せる。ここで l はピストンの移動距離で，

$$Sl = V_1 - V_0 \qquad \text{したがって} \qquad W_2 = W_1 + P_0(V_1 - V_0)$$

第1法則より　A：　$\frac{3}{2}R(T_1 - T_0) = q + (-W_1)$

B：　$\frac{3}{2}R(T_2 - T_0) = 0 + W_1 + P_0(V_1 - V_0)$

W_1 を消去すると　　$\boldsymbol{q = \frac{3}{2}R(T_1 + T_2 - 2T_0) - P_0(V_1 - V_0)}$

大気が気体全体に対して，$-P_0S \cdot l + P_0 \cdot 2S \cdot l = P_0Sl = P_0(V_1 - V_0)$ の仕事をしているので(気体はこの分のエネルギーを大気からもらうので)，真空のケースより q が小さくなっている。

59 断熱変化は等温変化より PV グラフの傾きが大きい(☞エッセンス(下)p 22)。断熱変化は「$PV^{\gamma} =$ 一定」で等温変化は「$PV =$ 一定」であり，$\gamma = C_P / C_V (> 1)$ から数学的に判断してもよい（単原子の場合，$\gamma = \frac{5}{2}R / \frac{3}{2}R = \frac{5}{3}$）。

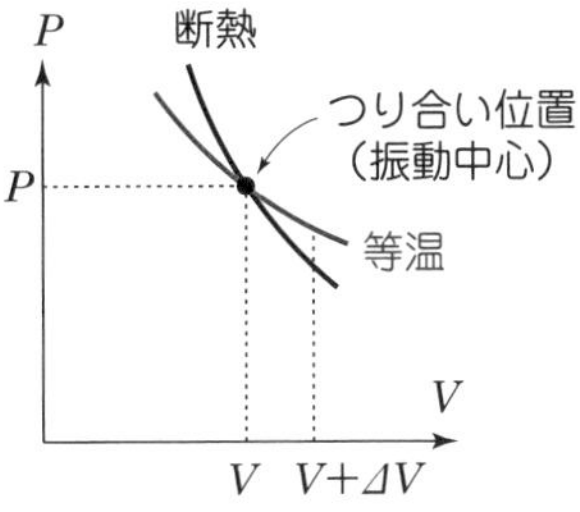

ピストンがつり合い位置より x 移動したとき（$\varDelta V=Sx$），断熱変化に比べて等温変化は圧力変化が小さいので，復元力も小さく，元へ戻すのに時間がかかり，**周期は長くなる**。復元力の比例定数 K が小さいと周期 $2\pi\sqrt{M/K}$ が長くなる，と式で考えてもよい。

60 はじめのつり合いの位置からA内の液面が x だけ上昇する間に気体がされる仕事 W は，微小変化だから，$W=PSx$ と表される（☞ p 170）。

気体の内部エネルギーの変化 $\varDelta U$ は　$\varDelta U=\dfrac{3}{2}nR\varDelta T$

熱のやりとりがないので，第1法則 $\varDelta U=W$ より

$$\frac{3}{2}nR\varDelta T=PSx \qquad \therefore\ \varDelta T=\frac{2PSx}{3nR} \quad \cdots\cdots①$$

はじめの状態方程式は　$PSl=nRT$　……②

あとは　$(P+\varDelta P)S(l-x)=nR(T+\varDelta T)$　……③

③−②とし，2次の微小量 $\varDelta P\cdot Sx$ を無視すると

$$-PSx+Sl\varDelta P=nR\varDelta T$$

①を代入して $\varDelta P$ を求めると　$\boldsymbol{\varDelta P=\dfrac{5P}{3l}x}$

復元力 F'' は　$F''=-(2\rho Sgx+S\varDelta P)=-\left(2\rho g+\dfrac{5P}{3l}\right)Sx$

よって，液体は単振動をする。その周期 τ_2 は

$$\tau_2=2\pi\sqrt{\frac{\rho SL}{\left(2\rho g+\dfrac{5P}{3l}\right)S}}=\boldsymbol{2\pi\sqrt{\frac{3\rho Ll}{6\rho gl+5P}}}$$

途中③−②でなく，③÷②として計算してもよい。

$$\left(1+\frac{\varDelta P}{P}\right)\left(1-\frac{x}{l}\right)=1+\frac{\varDelta T}{T}$$

2次の微小量 $\varDelta P\cdot x$ の項を無視し，①と②から得られる $\dfrac{\varDelta T}{T}=\dfrac{2x}{3l}$ を用いれば，$\varDelta P=\dfrac{5P}{3l}x$ にたどり着く。

なお，$\tau_1>\tau_2$ となっている。これは**59**の**Q**のように定性的にも理解できる。

62 (1) $\lambda=\boldsymbol{8}$〔cm〕，$T=0.4$〔s〕，$f=\boldsymbol{2.5}$〔Hz〕，$v=\boldsymbol{20}$〔cm/s〕に変わりはない。

(2) $x=100$〔cm〕での変位は，$x=4$ と同じで　$y=\boldsymbol{3}$〔mm〕

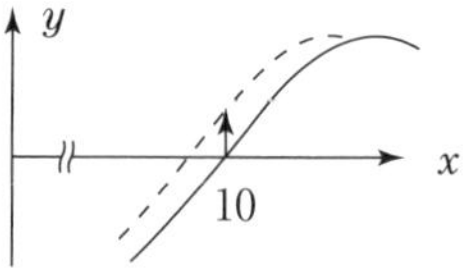

$x=10$〔cm〕, $t=2.5$〔s〕での変位は $t=\dfrac{T}{4}$ のときを調べればよい。波が左へ進み，図のように変位は0から正になっていくので， $y=\mathbf{3}$〔mm〕

⑶　疎密は図1のような波形から分かり，波の進む向きには関係しないので，密の位置は　$x=\mathbf{6,\ 14}$〔cm〕

$x=11$〔cm〕に最も近い密の位置は，波が左へ進むので，$x=14$ にある。

距離を波の速さで割って　$(14-11)\div 20=\mathbf{0.15}$〔s〕

⑷　媒質の速度が0の位置は山と谷で，$x=\mathbf{0,\ 4,\ 8,\ 12}$〔cm〕

媒質の速度が右向きで最大となっているのは，$y=0$ で，少したつと $y>0$ となる位置。波が左へ進んでいるので，　$x=\mathbf{2,\ 10}$〔cm〕

⑸　図2より，$t=0$ で $y=0$　そして少したつと　$y>0$ と読める。それは図1では波が左へ進むので，　$x=\mathbf{6,\ 14}$〔cm〕

これらの位置は⑶で調べたように $t=0$ で密なので，後は周期 T の整数倍のとき密になる。よって，$t=$ **0, 0.4**〔s〕

63　加速度 a が正で最大となるのは，運動方程式 $ma=F$ より，F が正で最大となっている所。媒質は x 方向に単振動しているから，復元力 F が右向きで最大となるのは左端の位置。横波で表したときには「谷」として現れる所だから，**B**

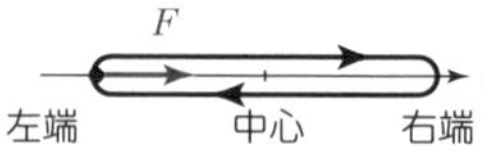

十分時間がたつと定常波が完成している。振幅は腹の位置で最大であり，$2A$

よって，媒質の速さの最大値 $u_{\max}$ は　　$u_{\max}=(2A)\omega=2A\cdot\dfrac{2\pi}{T}=\boldsymbol{\dfrac{4\pi A}{T}}$

なお，波が横波だとしても答えに変わりはない。

65　振動数 f のおんさを縦にすると，共振するときの弦の振動数は $\dfrac{f}{2}$ となる(☞エッセンス(上) p 112)。弦の波の速さは変わらないから，振動数が半分になると，波長は2倍になる。よって，腹の数は2個から1個になり，次のような基本振動の定常波ができる。

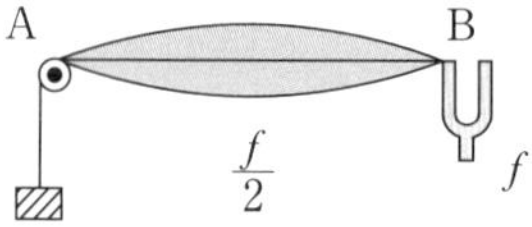

腹の数を3倍にするには，波長を $\dfrac{1}{3}$ 倍にすればよい。振動数は $\dfrac{f}{2}$ で一定だから，波の速さ $\sqrt{\dfrac{mg}{\rho}}$ を $\dfrac{1}{3}$ 倍に，つまり，m を $\boldsymbol{\dfrac{1}{9}}$ 倍にすればよい。

68 (2) 自由端反射なので壁Rの位置 $x=L$ での反射波の変位 y_2 は入射波の変位 y_1 に等しく，　$y_2=y_1=A\sin 2\pi\left(ft-\dfrac{L}{\lambda}\right)$

よって，反射波の式 y_2 は　$y_2=A\sin 2\pi\left\{f(t-\Delta t')-\dfrac{L}{\lambda}\right\}$

$$=A\sin 2\pi\left\{f\left(t-\frac{L-x}{f\lambda}\right)-\frac{L}{\lambda}\right\}=\boldsymbol{A\sin 2\pi\left(ft+\frac{x-2L}{\lambda}\right)}$$

別解 p196の別解のように考えると早い。点Oから出た波がRで反射されて位置 x に達するまでにかかる時間が $(2L-x)/v$ だから，反射波の式は

$$y_2=A\sin 2\pi f\left(t-\frac{2L-x}{v}\right)=\boldsymbol{A\sin 2\pi f\left(t-\frac{2L-x}{f\lambda}\right)}$$

(3) $y_{\mathrm{I}}=y_1+y_2=2A\sin \underset{(ア)}{\boldsymbol{2\pi\left(ft-\frac{L}{\lambda}\right)}}\cos \underset{(イ)}{\boldsymbol{2\pi\frac{L-x}{\lambda}}}$

t によらず，$y_{\mathrm{I}}=0$ となるには　$\cos 2\pi\dfrac{L-x}{\lambda}=0$　より

$$2\pi\frac{L-x}{\lambda}=\frac{2n+1}{2}\pi \qquad \therefore\ \ x=\boldsymbol{L-\frac{2n+1}{4}\lambda}$$

自由端Rは腹の位置であり，左へ $\dfrac{\lambda}{4}$ 離れた位置から節が $\dfrac{\lambda}{2}$ 間隔で並ぶことを示している $\left(x=L-\dfrac{\lambda}{4}-\dfrac{\lambda}{2}\cdot n\right)$。

(4) p197で求めた y_3 はそのまま使えるから

$$y_{\mathrm{II}}=y_2+y_3=2A\sin 2\pi\left(ft+\frac{x-L}{\lambda}\right)\cos\frac{2\pi L}{\lambda}$$

よって，振幅は　$\boldsymbol{\left|2A\cos\dfrac{2\pi L}{\lambda}\right|}$　これが最大となるのは　$\left|\cos\dfrac{2\pi L}{\lambda}\right|=1$ のケースで

$$\frac{2\pi L}{\lambda}=n\pi \qquad \therefore\ \ L=\boldsymbol{\frac{n\lambda}{2}}$$

干渉の立場では，距離差 $2L=n\lambda$ の条件式に相当している。

69 **Q₁** 中断している間は別の音（たとえば別の振動数の音）を出していると考えると分かりやすい。④や⑤のように，t_1 と T（あるいは t_2 と T）の関係は振動数によらないから，答えは**変わらない**。

Q₂ (a) Oはうなりを観測する。

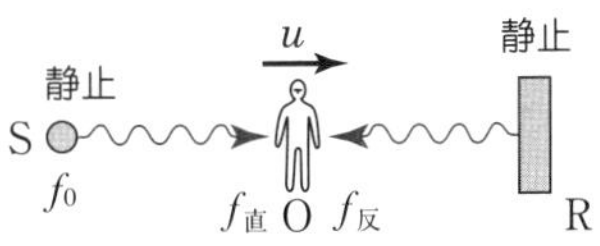

直接音の振動数 $f_{直}$ は　$f_{直}=\dfrac{V-u}{V}f_0$

一方，反射音の振動数 f_{R} は，Rを f_0 の

音源とみなせばよく(SとRは静止しているので)　$f_{反} = \frac{V-(-u)}{V} f_0$

よって，うなりの振動数 $f_{うなり}$ は　$f_{うなり} = f_{反} - f_{直} = \frac{2u}{V} f_0$

そこで，うなりの周期 $T_{うなり}$ は　$T_{うなり} = \frac{1}{f_{うなり}} = \boldsymbol{\frac{V}{2uf_0}}$

(b)　SR間では入射波と反射波が重なり合って定常波が生じる。節と節の間隔は半波長 $\frac{\lambda}{2}$ であり，この距離を動くたびに人は強い音を聞くから，時間は

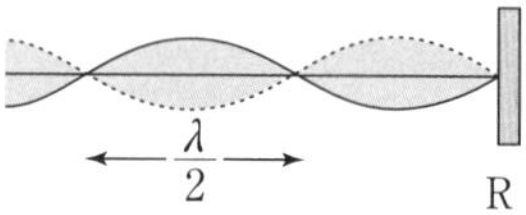

$$\frac{\frac{\lambda}{2}}{u} = \boldsymbol{\frac{V}{2uf_0}} \qquad (\because \quad V = f_0\lambda)$$

(a)と(b)はまったく異なる見方であり，このあたりにも物理の面白さの一面がよく現れている。

なお，人の耳は圧力変化が大きいほど，音が大きく聞こえる。鼓膜にかかる力の変動が激しく，鼓膜が振動させられるからである。縦波の定常波で圧力変化や密度変化が最大となるのは節の位置である。一方，腹の位置では圧力変化がないので音は聞こえなくなる。

71　Aからの音を聞き始めたとき（時刻 τ_1 とする）から，Bからの音を聞き終わるとき（τ_2 とする）までが，2つの音が同時にOに届いていて，うなりが聞こえる時間帯である。風によって音速が変わっていることに注意して

$$\tau_1 = \frac{d}{V-u} \qquad \tau_2 = T + \frac{d-uT}{V+u}$$

$$\therefore \quad \tau_2 - \tau_1 = \boldsymbol{\frac{VT+d}{V+u} - \frac{d}{V-u} = \frac{V}{V+u}T - \frac{2ud}{V^2-u^2}}$$

74　$l < 40$ の場合は，L_2 に対してレンズの公式を用いるとき，a は負として扱わなければならない。

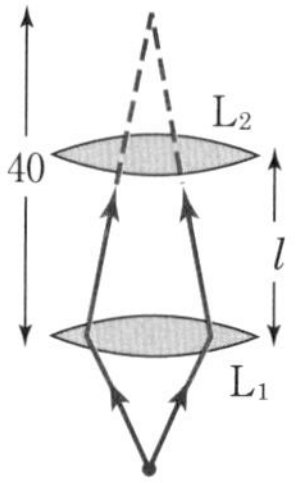

$$\frac{1}{-(40-l)} + \frac{1}{-24} = \frac{1}{12}$$

これは(4)で，$l \geqq 40$ として作った式と同じになっている。よって，**答えが変わるおそれはない**。

要するに，2通りの可能性がある場合は，「分かりやすいと思ったほうを選ぶ」のが鉄則。入試のときは別だが，時間に余裕のある

普段の勉強ではもう一つのケースについても同じ答えでよいか確かめてみるとよい。

75　光が歯車の歯の間を通り，鏡 B で反射されて戻るまでの間に，歯車が右のように回転していれば，光は検出されなくなる。歯の数が N なので図は $\dfrac{1}{N}\times\dfrac{1}{2}$ 回転にあたる。これを f_0 で割ると時間になる。その間に光は距離 l を往復しているから

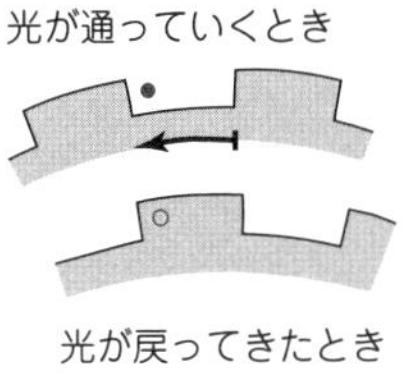

$$2l = c\times\left(\frac{1}{N}\times\frac{1}{2}\right)\times\frac{1}{f_0} \qquad \therefore\ f_0 = \boldsymbol{\frac{c}{4Nl}}$$

ミスしやすい（$\frac{1}{2}$）　周期とみてもよい（$\frac{1}{f_0}$）

これはフィゾーの実験とよばれる。高速回転する歯車を利用し，フィゾーは f_0 を測定して，光速 $c\,(=4Nlf_0)$ を求めることに成功した。